基于 3S 技术的
云南省松材线虫病风险评估

石 雷 著

中国林业出版社
China Forestry Publishing House

科学顾问：陈晓鸣　张星耀　周汝良

图书在版编目(CIP)数据

基于3S技术的云南省松材线虫病风险评估／石雷著. —北京：中国林业出版社，2010.8
ISBN 978 - 7 - 5038 - 5915 - 1

Ⅰ. ①基…　Ⅱ. ①石…　Ⅲ. ①遥感技术 - 应用 - 松属 - 线虫感染 - 风险评价 - 云南省②地理信息系统 - 应用 - 松属 - 线虫感染 - 风险评价 - 云南省③全球定位系统(GPS) - 应用 - 松属 - 线虫感染 - 风险评价 - 云南省　Ⅳ. ①S763.712.4

中国版本图书馆 CIP 数据核字(2010)第 170797 号

出 版 者　中国林业出版社(100009　北京西城区刘海胡同7号)
责任编辑　刘先银　何　鹏
发　　行　中国林业出版社
经　　销　全国新华书店
印　　刷　北京北林印刷厂
版　　次　2010 年 8 月第 1 版
印　　次　2010 年 8 月第 1 次
开　　本　889mm×1194mm　1/16
印　　张　13
字　　数　378 千字
印　　数　1～1000 册
定　　价　79.00 元

摘　要
Abstract

松材线虫（*Bursaphelenchus xylophilus*）是我国重要对外植物检疫线虫，可导致松属植物的一种毁灭性病害——松材线虫病（pine wood nematode disease），在国内外均被列为重要的植物检疫对象。具有发病速度快，传播速度快，发病症状表现类型多，早期诊断难的特点，因此被称为"松树癌症"，其新发疫点区域分布相对集中，后期呈现大跨度、长距离、跳跃式的扩散，外围新疫点相继增多的流行特点。2004 年，松材线虫病开始在云南省德宏傣族景颇族自治州瑞丽市畹町经济开发区发生，为云南省松材线虫病的防治敲响警钟。目前，云南共有针叶树种 6 科 20 个属，63 种左右（包括变种）。其中大面积分布的松属（*Pinus*）树种有云南松（*P. yunnanensis*）、思茅松（*P. kesiya* Royle ex Go-don var. *langbianensis*）、高山松（*P. densata*）等，均为松材线虫寄主。开展松材线虫病的风险评估研究，消除或减少松材线虫病的危害，是保护云南生态环境、保障生态安全、保障林业产业健康发展的重要任务。

传统的有害生物危险性评估（PRA）指标体系是在一种定性描述的基础上建立定量打分化指标体系，该指标体系适合于大尺度区域上的风险评估。本文提出一套适合于 GIS 系统进行连续化、精细化空间分析与运算的松材线虫病风险评估指标体系，该指标体系从影响松材线虫病风险的寄主、病原、媒介昆虫、环境、人为干扰等因子入手，能表达空间差异性、分布格局、多因子累积或交叉作用与影响，从小尺度区域上更精细地评价有害生物的危险性。指标体系共设一级层次指标 5 个，二级层次指标 10 个，三级层次指标 27 个，四级指标体系 69 个。

原有松材线虫风险评估，使用的主要数据是以各种台站的观测数据为行政区划单元内的代表数据，其实质是将地理区域看成是匀质的最小尺度空间单元，依此评估出这些单元的风险等级，该方法只能适用于大尺度区域的概略性评估，不能精细表达小尺度区域内的各种林分在不同小气候生态条件下、不同人为影响下的风险差异性。本文提出以 100m 空间栅格单元作为表达生物因子、交通因子及人为活动因子的最小载体，建立空间模型，利用 GIS 的空间分析、运算手段，从 100 m 的空间尺度开始，进行精细化的风险评估方法。在 100m 空间尺度下，通过调查、采集、建模、模拟等手段，建立了林分结构、气象分布、环境因子分布、人为活动因子分布的地图层。

当前的基础生物学、生态学研究较好地阐述松材线虫病发生、蔓延的主要影响因子，但各种因子对传播、流行的作用或贡献的定量描述成果较少。本文提出以专家打分，或以生物学、生态学规律的半定量描述为基础，建立连续化的多元回归模型，并利用回归模型建立空间因子影响的计算机模拟方法。实现基于气象因子的松材线虫病及媒介昆虫的精细化适应性评，人为活动因子、交通因子影响的精细化评估，并实现这些因子连续化空间影响的计算机模拟。

影响松材线虫病发生、发展、蔓延与流行的因子很多，它们具有极其复杂的空间分布结构，这些因子借助空间媒介交叉作用、叠加作用，构成了极其复杂的空间格局和模式。为体现小尺度区域上因子分布的不均匀性、不同距离空间对象的影响或作用的不一致性，本文提出一种基于空间位置与空间距离的累计作用影响模型，实现以上因子的空间格局累积影响的计算机模拟，较好地表达疫区、居民区、交通、大型企业、大中型在建工程等对位于不同空间格局上的寄主交叉与累积风险影响的基本规律。

长期积累的气象数据是描述云南省气象格局与规律的基础，对于风险评估模型的研究必不可少，风险评估模型投入实际应用后，则需要输入实时、动态的气象数据以及其他因子的采集数据，大面积基于地面采样的经典数据采集方法难以支撑应用。MODIS 卫星遥感数据能以天为单位获取地表的物理信息，利用这些信息可快速提取和反演出地面连续分布、连续变化的气象数据、地表森林健康变化数据，本文开展温度指标、湿度指标、森林叶面积覆盖指数变化、林分郁闭度的反演。为解决实际应用中的连续气象因子、森林健康状况因子采集提供一种全新的思想和手段。

在实现各个层次因子影响或作用的计算机模拟后，依据专家打分，建立基于各级指标多因子影响层次分析模型，并以 100 m 的空间栅格表达这些因子，在 GIS 系统支持下，实现各个因子的风险概率分布地图的叠加计算，并进行可视化表达处理，最后得到连续化、精细化的云南省松材线虫病风险评估图。结果表明：云南省 38.7% 国土面积处于松材线虫病发生的较高风险区，34.51% 针叶林分布区处于较高风险区。每个县级单位内，位于不同生态格局上的松林都有不同的风险值，这与松林离疫区、交通要道和居民区的距离有关，也与山地微气候等有关。利用云南省有两个疫点发生的实例，通过计算验证本风险评估模型具有较高的准确性。由于本风险评估模型的风险值可计算到每一个栅格点（大约 1 hm^2），这种风险测报值可以落实到具体林地，因此，该模型具有很强的实用性。

关键词： 3S；松材线虫病；指标体系；空间连续模型；风险评估

Abstract

Bursaphelenchus xylophilus is an important eelworm for external plant quarantine in China and it is a kind of withering diseases to coniferous genera and is regarded as important plant quarantine object in the China and abroad. It is very difficult to diagnose for its quick occurring and spreading and many other disease symptoms so it is called "pine cancer". The disease has the characters that the new disease regions initially appear to be concentrated distribution relatively and later it disperses in a large region discretionarily that add some new regions. In 2004, *Bursaphelenchus xylophilus* disease firstly occurred in Wanding development area which belongs to Ruili city of Dehong state in Yunnan province and it was alert for controlling the disease in Yunnan province. Up to now, there are about 63 species (including varieties) which belong to 20 genera of 6 families of coniferous trees in Yunnan province. Among them, *P. yunnanensis*, *P. kesiya* Royle ex Gordon var. *langbianensis* and *P. densata* which belong to coniferous genera and hosts of *Bursaphelenchus xylophilus* has the large area distribution. In order to protect ecological environment and develop healthy forestry, it is a very important task to eliminate or lessen *Bursaphelenchus xylophilus* disease and do some research of risk analysis evaluation.

Traditional Pest Risk Assessment (PRA) which is suited to risk analysis evaluation of large scale area is an index system to establish quantification score based on qualitative description. The risk analysis evaluation index system for *Bursaphelenchus xylophilus* disease fit to successive precise space analyzing and calculating by GIS which is brought forward in this chapter. By analyzing the influence of the factors such as hosts, pathogens, intermediary insects, environment, and human being disturbance to *Bursaphelenchus xylophilus* disease, the system that analyzes the danger of harmful biology more precisely from small scale areas can reveal space difference, distribution pattern, cumulative or intercrossed effects of many space factors. The index system has 5 first-grade indexes, 10 second-grade indexes, 27 third-grade indexes, and 69 fourth-grade indexes.

The original datum of risk analysis evaluation for *Bursaphelenchus xylophilus* disease are the representative datum of administrative district and are based on the observed datum of meteorological station. It is the essence that it regards geographic regions as the smallest scale space units with uniform quality and then analyzes the risk grades of these units. The method is only suited to schematic analysis of large scale area and cannot reveal precisely the risk difference of each kind of forest under different small climate and different influence of human being in small scale area. The method is to establish space model with 100m × 100m space grid unit as the smallest media to express biological factors, communication factors and human being action factors. GIS space analysis and space calculation to do precise analysis with 100m × 100m space scale are made in the chapter. Map layers such as forest structure, meteorological factors distribution, environmental factors distribution, and human being action factors distribution are established within 100m × 100m space scale by the method of investigating, collecting, making models and simulating.

Presently, many research works on basic biology and ecology have expounded the main influence factors of *Bursaphelenchus xylophilus* disease about its occurring and spreading, but there is only a few of research results about quantitative description of each factor action or contribution to spread and prevail. The method is brought out in this chapter that how to make successive multiple regression models and use them to analyze the influence of space factors by the method based on the scores that is made by experts or half-quantification description of biological and ecological laws. The precise assessment of adaptability of the disease and intermediary insects, influence of human being action factors and communication factors which are based on meteorological factors, and computer simulation of successive space influence of these factors are shown in the chapter.

There are many factors to influence occurring, developing, spreading and prevailing of *Bursaphelenchus xylophilus* disease. These factors have very complex space distribution structure. They interact and overlap each other in the space and form a very complex space pattern and model. In order to reveal non- uniformity of factors distribution at small scale area and different influence or function of objects in different distance space, a kind of cumulative function influence models based on space location and space distance is brought forward in this chapter. The model can reveal computer simulation of accumulative influence of above factors' space pattern and can explicitly reveal the basic law of cross and cumulative risk influence that epidemic zones, habitat, communication, large or medium enterprises and building engineering to host situated on different space patterns.

The long-term meteorological datum is the base of describing meteorological pattern and law and it is indispensable to the research of PRA models. When PRA models are put into practice, the datum of real-time and dynamical meteorology and other factors should be needed, so traditional datum collecting method based on large area land cannot be used. MODIS satellite remote sensing datum can get physical information of the land every day. The information can be used to quickly extract and reflect meteorological datum with successive distribution and change in the land and the datum of forest health changing. The reflections of temperature, humidity, forest leaf coverage index and crown density of pine forest are carried out in this chapter and then it gives a new idea and method to collect the datum of successive meteorological factors and forest healthy factors in the practical application.

After accomplishing computer simulation of influence or function of each grade factors, according to the scores made by experts, multiple factors influence analysis models based on each grade indexes are established. 100m * 100m space grids are used to reflect these factors and by the support of GIS system, risk probability distribution map of each relative factor is calculated to accomplish by overlapping. These visual expressions are dealt with and at last successive and precise risk analysis map of *Bursaphelenchus xylophilus* disease in Yunnan province can be accomplished. The results show that 38. 7% lands of Yunnan are at high risk areas which *Bursaphelenchus xylophilus* disease will occur and 34. 51% coniferous forests are at high risk areas. In each county, the pine forest situated in different ecological pattern has different risk value. This is relative to the distance of the forest in disease zones, communication roads and inhabitant zones and also it is relative to microclimate around hills. The risk analysis model is verified that it has high accuracy by calculating the datum of two zones which suffer from *Bursaphelenchus xylophilus* disease. Due to the precise risk value of this model can be calculated to every grid (approximately 1ha), the risk forecasting can be detailed to each land, so it is very useful in the practical application.

Keywords: 3S; pine wilt disease; index system; space successive model; Pest risk assessment

目　录
CONTENTS

表目录

图目录

第1章 绪 论

1.1 引 言

1.1.1 背 景

松材线虫 *Bursaphelenchus xylophilus*（Steiner& Buhrer，1934）Nickle，1981，是国际上公认的重要检疫性有害生物。欧洲和地中海地区植物保护（OEEPPEPPO）、亚太地区植物保护组织（APPPO）、加勒比地区植物保护委员会（CPPC）、泛非植物检疫理事会（PAPQS）以及很多国家，相继将其列为检疫性有害生物。松材线虫是一种能引起林业上最具危险性、毁灭性的病害——松材线虫病，亦称松树萎蔫病或松树枯萎病，英文名 pine wilt disease[1]。

1905 年，日本九州长崎就记载有松材线虫病死松树的症状。在以后的十几年中，虽然病害迅速蔓延全日本国，但很长时间里，该病被认为是昆虫危害所致。引起松树发生萎蔫病的线虫最早是由日本学者真宫和清远[2]确定并定名为 *Bursaphelenchus lignicolus* Mamiya & Kiyohara。1981 年 Nickle 等人和真宫[3]合作研究认为，它和 1970 年 Nickle 重新命名的 *Bursaphelenchus xylophilus* 相同，这种线虫早在 1934 年由 Steiner 和 Buhrer 发现并定名为 *Aphelenchoides xylophilus*，当时并不知道它和松树枯萎病之间的关系。最后将松材线虫学名订正为 *Bursaphelenchus xylophilus*（Steiner & Buhrer，1934）Nickle 沿用至今。

松材线虫病主要寄生松属植物，通过墨天牛属的几个种传播[4]，松树感病后可在数月内枯萎死亡，目前还没有有效可行的防治办法，被称为松树的"癌症"，由于其危害严重和防治困难，许多国家地区将其列为检疫对象[5]。

松材线虫原产于北美大陆，经多年的适应，北美的土生树种大多抗病，当地传媒天牛传播松材线虫的效率也较低，同时北美生态环境保护得好，鸟类多，对控制天牛的数量起了一定的作用[6~7]。所以松材线虫病在美国、加拿大等国家并没有造成危害，只是影响其木材的出口[8]。而在东亚的日本、韩国则受害严重。松材线虫病自 1905 年就传入日本[9]，到目前已经扩散到全国 47 个县府的 46 个，每年木材损失量 100 万 m³ 左右。韩国 1988 年在釜山首先发现松材线虫，1997～1998 年又在南部发生松材线虫病，受害松林达 770 hm²，目前虽然分布零星范围有限，但对韩国松林有很大威胁[10~11]。

松材线虫病自 1982 年首次在我国南京发现以来[12]，疫区不断扩散，蔓延势头不减。直至 2007 年我国松材线虫病疫区已经扩大到江苏、浙江、安徽、福建、江西、山东、湖北、湖南、广东、重庆、贵州、云南等 12 个省（直辖市）的 113 个县（区）[13]。

1.1.2 目的和意义

我国是世界上自然灾害发生最严重的国家之一，灾害发生具有种类多、发生频率高、分布地域广、造成损失大等特点。我国每年因洪涝、干旱、台风、地震、滑坡和泥石流、森林火灾、农林病虫害等七大类自然灾害造成的直接经济损失相当于当年国内生产总值的 3%～6%。目前自然灾害造成的经济损失呈明显上升趋势，各种灾害已经成为影响经济发展和社会安定的重要因素，其中森林病虫害的危害是一类不可忽视的自然灾害，全国森林病虫鼠害每年发生面积超过 800 万 hm²，其中中度以上受害面积 426.7 万 hm²，相当于年均人工造林面积的 80%，远远高于世界的平均水平[14]。

森林作为地球环境的"净化器"，在维护生态平衡的同时，也产出了动物、植物和大型菌类等多种资源服务于人类。在林业产业发展中，林木不可避免会受到各种病虫害的侵袭，如不采取及时有效的防治措施，将会造成很大的经济损失。例如，2003 年云南省共发生森林病虫害 471.95 万亩*，依据危

---

* 1 亩 = 666.7m²。

害种类划分，其中病害38.98万亩，虫害422.4万亩，鼠害12.57万亩。松材线虫是我国对外植物检疫线虫，具有发病速度快，传播速度快，发病症状表现类型多，早期诊断难，新发疫点区域分布相对集中，早期的扩散态势是以疫区为中心，逐步向四周蔓延和扩展，后期在以疫区为中心向四周扩散的同时，出现大跨度、长距离、跳跃式的扩散，外围疫点相继增多等特点[15]，因此被称为"松树癌症"，是松属植物的一种毁灭性病害，在国内外均被列为重要的植物检疫对象。松树一旦感染此病，最快的40多天即可枯死；病害流行很快，一般从发病到松林毁灭只需3～5年[16]。

2004年，松材线虫病开始在云南省德宏傣族景颇族自治州瑞丽市畹町经济开发区发生[17]，为云南省的松材线虫病防治工作敲响了警钟。目前云南共有针叶树种6科20属63种左右（包括变种）。其中大面积分布的松属 Pinus 树种有云南松 P. yunnanensis（500万 hm²）、思茅松 P. kesiya Royle ex Gordon var. langbianensis（100万 hm²）、高山松 P. densata（17万 hm²）、华山松 P. armandii（600 hm²），均为松材线虫的寄主[18~20]。由此可见，消除或减少松材线虫病的危害是保护生态环境、保障林业产业发展的重要任务。

空间高新技术，如卫星遥感、地理信息系统、全球定位系统和计算机技术的集成化应用，提供了空间格局与分布的计算机模拟、空间作用与影响的计算机分析、空间规律与机理的计算仿真与推演、三维现实的可视化表达与理解、大面积及宏观性的地表信息获取、数字化生态系统的构建等重要的技术方法，为深度研究人为活动对松材线虫病发生、发展的影响，为开展大规模、综合性的多生态因子交互作用的影响的研究提供了重要的技术手段，为精细化、连续化的地表现象的模拟到发生与发展机理研究、到测报应用系统研发提供了前所未有的技术平台和技术工具。基于卫星与航空遥感探测技术，基于空间高新技术开展风险评估、综合预警与测报，可为森林病虫害的科学防治提供第一手科学数据，以更好地服务于云南森林病虫害防治工作，对保护云南森林资源和绿化造林成果，保护生态环境和生物多样性，调节气候保持水土，发挥森林生态效益、经济效益和社会效益，促进云南社会经济可持续发展，有十分重要的意义。

本着"预防为主，综合管理"的方针，做好松材线虫防治的首要任务是完成病情、虫情的探测、测报与预警工作。以现代空间科学研究方法、空间高新技术为支撑，把地表物理现象的获取、时空变化分析与计算机模拟的科学方法与技术手段引入到松材线虫病的研究中，充分利用历史以来沉淀、积累的研究成果，利用空间科学方法与空间技术工具，开展关于松材线虫病的发生、发展、蔓延的探测、预报、预警等方面的创新性研究，更有利于将预报成果快速转化为生产力，达到方法创新的目的。

本书旨在利用"3S"技术、信息化技术等来研究松材线虫病的空间传播规律，研究松材线虫病的风险评估与预警方法，为研发具有实用价值的基于"3S"技术的森林病虫害风险评估、预警测报等业务系统奠定基础；为保护生态环境、保障生态安全、保障林业产业的可持续发展提供科技支撑。

1.2 松材线虫病研究概述

因为松材线虫病的高危性，松材线虫病研究一直是国际性的热点问题，1982～1996年的15年间，仅我国就发表有关松材线虫病研究的中文文献205篇，年平均13.6篇。每5年文献量都在成倍增长。这表明我国对松材线虫病研究非常重视，松材线虫病的研究队伍较稳定，领域逐步拓宽，水平稳步提高[21]。

1.2.1 松材线虫病的起源及病源研究概况

松材线虫原产于北美大陆，传入日本后该病于1905年首先在日本长崎爆发，但直到1969年后，才开始广泛深入的研究。目前松材线虫的分布区域包括美国、加拿大、墨西哥、日本、中国、韩国、朝鲜、法国、尼日利亚、葡萄牙等[22~24]，日本是损失最严重的国家[25]。我国自1982年在南京中山陵首次发现该病后，仅仅20多年的时间，到2007年已扩散至江苏、浙江、安徽、云南等12个省（直辖市）的113个县（区）。目前已确认松材线虫是松材线虫病唯一的病原[24]，松材线虫病是由松材线虫和细菌共同引起的，至于松材线虫病致病机理有很多的争论，包括酶学说、空洞化学说[26]、毒素学说等[27]。

松材线虫是一种菌食性线虫，松树树脂道薄壁细胞也是其食源。松材线虫喜寄生于枯死木或其他因素导致的衰弱木。其生活史包含繁殖和扩散 2 个周期(图 1-1)。繁殖周期经历卵、1~4 龄(L1，L2，L3，L4)幼虫及两性成虫各虫态的变化[1]。松材线虫的寄主主要为松属植物。松材线虫可寄生 70 种针叶树，其中松属 *Pinus* 植物有 57 种，非松属针叶植物有 13 种。我国的常见松属树种如马尾松 *P. massoniana*、黄山松 *P. taiwanensis* 都是易感病的树种[28]。包括云南最主要的松属树种云南松 *P. yunnanensis*、思茅松 *P. kesiya* Royle ex Gordon var. *langbianensis* 都被证明为易感树种[17, 19~20]。

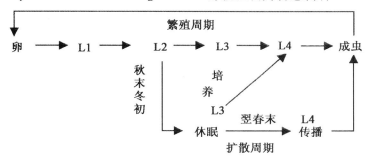

图 1-1　松材线虫生活周期(宁眺仿 Wingfield et al . 1982[1])
Fig. 1-1　The life cycle of *B. xylophilus*

松材线虫为寄生专化性较强的植物寄生线虫，对寄主植物松树的侵入可分为侵入前、侵入和侵入后 3 个时期。松材线虫在接种点初期几乎不移动或移动较慢，在树体内的分布是全树性的，在树脂道分布处均能存在，但松针、松芽和当年生球果内尚未分离到松材线虫，线虫寻找食物主要是由寄主或食物释放的化学因子决定的[29]。

1.2.2　松材线虫病的媒介昆虫研究概况

松材线虫的传播途径主要有：①借助媒介天牛或线虫本身的移动自然传播途径；②借助人为运输并在媒介天牛的携带下实现远距离蔓延的人为传播途径。因此不管是自然传播还是人为传播，松材线虫的传播都离不开媒介昆虫，在美国松材线虫的媒介昆虫主要是卡罗莱纳墨天牛(*Monochamus carolinensis*)[30]，在亚洲日本主要是松墨天牛(*M. alternatus* Hope)[31]，中国的情况和日本相似[32]，在欧洲(葡萄牙)主要是加洛墨天牛(*M. galloprobincialis*)[33]。

中国、美国、日本、朝鲜、加拿大、墨西哥、斯堪的纳维亚、芬兰及整个欧洲中部等国专家对松材线虫传媒的研究调查结果显示：天牛科的 28 个种、吉丁科的 1 个属、象虫科的 1 个属等的昆虫可以携带松材线虫，其中 12 个种为墨天牛属 *Monochamus* 昆虫。松墨天牛 *M. alternatus*、白点墨天牛 *M. scutellatus*、南美松墨天牛 *M. titillator*、卡罗莱纳墨天牛 *M . carolinesis*、云杉花墨天牛 *M . saltuarius* 及松褐斑墨天牛 *M. mutator* 6 个种最常见。这些媒介天牛中，松墨天牛的传播效率最高，1 头松墨天牛的携带线虫量最高达 28，9000 条。它是亚洲松材线虫萎蔫病的主要传播媒介[1]。

松墨天牛又称松褐天牛，是危害松树的主要蛀干害虫，因它也是传播松材线虫病最主要的媒介昆虫，被列为国际国内检疫性害虫。主要危害松类，也危害云杉、落叶松、桧属等林木。幼虫钻蛀生长势衰弱或新伐倒的树干，而成虫是松材线虫的传播媒介，凡有松材线虫发生地，几乎都有松墨天牛存在[34]。

松墨天牛的世代数随地理位置不同而略有不同。如广西贺州地区 1 年发生 2 代[35]，在云南滇中地区 1 年 1 代[36]，在福建闽北 1 年发生 1 代[37]。松墨天牛在云南滇中地区以 3、4 龄幼虫在被害木木质部的幼虫坑道内越冬，翌年 3 月上旬化蛹，化蛹时间可延续至 5 月上旬；成虫出现于 3 月下旬，4 月中旬为羽化高峰期，4 月下旬到 5 月上旬为交尾高峰期，5 月中旬为产卵高峰期，6 月下旬成虫消失；4 月下旬进入卵期，7 月上旬卵期结束；幼虫从 5 月上旬开始孵化，到翌年的 4 月中旬幼虫期结束[36]。

松墨天牛成虫补充营养是其传递松材线虫的关键环节，成虫在寄主上传递线虫数量多少与寄主的种类无关，成虫传递线虫是随机[38]。宁眺（2004）非常形象地对松材线—寄主—媒介昆虫三者之间的生物学关系进行了说明：早春天牛化蛹时，三龄（L3）扩散型线虫向天牛蛹室聚集[32]，当松墨天牛的蛹羽化为成虫飞到健康的松树时，松墨天牛体内携带了大量线虫，天牛成虫取食新鲜枝叶过程中，线虫从天牛气门散发出来，通过天牛成虫危害造成的伤口侵入树体。线虫侵入树体后，经过 3～4 周的补充营养大量繁殖，被害寄主表现出感病症状：树木长势减弱，树脂减少。此时正值天牛成虫性成熟，病树对其产卵有强烈诱集作用。天牛产卵时，线虫可经产卵刻槽再次侵入树体。天牛卵孵化后幼虫蛀入树皮下，初龄时在树皮下蛀食，秋季幼虫在木质部蛀坑道及蛹室，整个坑道呈"U"型（图 1-2）[1]。

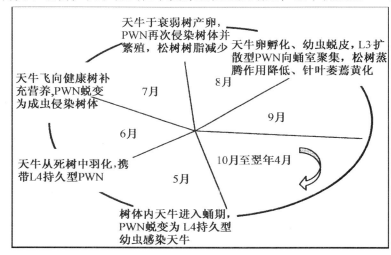

图 1-2　松材线 – 寄主 – 媒介昆虫三者之间的生物学关系（宁眺[1]）

Fig. 1-2　The biological relationship among _B. xylophilus_, host and mediated insect

PWN：松材线虫，L3：三龄线虫幼虫，I4：四龄线虫幼虫

1.2.3　松材线虫病的监测及防治研究概况

目前，中国的松材线虫疫区为 12 个省（直辖市）的 113 个县（区），已造成 3500 万株松树死亡，累计直接经济损失 25 亿元人民币，造成森林生态效益损失 250 亿元人民币[13,15]。松材线虫对中国社会和环境的影响更大，具体表现在以下四个方面：一是引发难以遏制的生态灾难；二是对旅游资源和众多名胜古迹的造成巨大破坏；三是影响国际贸易，一些防止生物入侵的贸易限制条款被一些国家用作国际贸易的技术壁垒；四是导致无可估量的生态效益损失[28]。因此，松材线虫病的监测及防治也日益显示出其重要性。

对松材线虫的防治首先必须完善监测网络，加强监测工作。重点对木材加工存放场所、码头、机场、车站等周围松林以及与疫点交界的松林进行监测，设立监测点，专人负责，实行重点监测防范，同时结合病虫监测网，进行面上全方位监测，做到点面结合。一旦发现松树异常枯死，应及时报告了取样送检，以做到早发现早除治[39]。同时，为了获取及时可靠的虫灾信息，人们开始借助 3S 等现代科学技术为监测松材线虫病的暴发和松墨天牛的种群动态提供更快捷、可靠的方法[40]。

其次，是要加强检疫。杜绝人为传播是防治松材线虫病最重要的一环，要严禁将病树、病苗、受侵染的木质包装材料和木质铺垫材料等从疫区运到非疫区，对检疫中发现的病木、病林应及时彻底处理。

在化学及生物防治方面，目前对松材线虫病的治疗主要是利用高效内吸性杀虫剂进行树干打孔注射或根部浇灌，有几种树干注射剂的疗效显著，但目前情况看，如果大面积应用成本太高，所以只适用于小面积观赏树种和名贵树种。在对媒介昆虫的防治方面，日本对松墨天牛天敌花绒坚甲进行了较为深入研究[41]，中国也有利用肿腿蜂防治天牛的报道，同时有利用病毒、真菌来防治线虫和媒介昆虫的成功案例[42]，另外通过引诱剂、饵木等来诱杀媒介昆虫也有很好的效果[43]。

加强中幼林抚育管理，改善林分质量；调整林种、树种结构，适地适树，增加物种和生态系统的多样性，提高其天然防御病虫害的能力；培育抗病品种，提高林分抗性等才是防治松材线虫病的根本措施之一[39]。

1.3 3S 技术及其在森林病虫害监测与预警中的应用概述

1.3.1 3S 技术概述

3S 是 RS、GPS、GIS 的简称。其中，RS 是遥感，即遥远的感知，不与目标对象直接接触的情况下感知并获取地物信息。遥感技术按遥感平台的不同又可分为航天遥感(利用卫星或空间站)和航空遥感(利用飞机、热气球等)。依靠 RS 采集和解译空间数据，可实现对害虫产生的危害的监测和对害虫栖息环境的监测[44]，实现对病虫害发生区域、危害状况的监测，实现病虫害发生的关联生态因子的采集与监测。GPS 即全球定位系统。在 RS 提供的数据源的基础上，利用 GPS 可以准确定位，找到灾害发生点，在飞防施药时，GPS 导航定位可以提高精度，准确性。GIS 即地理信息系统，其强大的数据库能管理森林病虫害相关的海量数据，其空间分析技术能够对病虫害发生、发展进行分析、模拟，再根据病虫生态因子的关系，结合专家知识建立病虫害预测预报模型[45]，再由 RS 提供的实时数据，从而实现病虫害的监测与预警。

以 RS 提供多时相的遥感数据作为信息源，由 GPS 定位和导航，利用 GIS 对图像数据进行综合分析处理，提供动态的资源数据和丰富的图文数表，再提出决策实施方案[46]，这就是 3S 应用于病虫害监测的模式。相对于传统的病虫害监测管理，3S 有及时、准确、直观、节省劳力等优点。以 3S 为基础，综合专家知识、决策知识、通信技术和网络技术等现代信息技术，在各种辅助信息的支持下，建立的集监测、预测预警与优化管理为一体森林病虫害管理系统[47]，使实时监测森林病虫动态及防治进行科学决策和快速反应成为可能，病虫害的防治和评估将更加科学、准确。

1.3.2 3S 技术及在森林病虫害监测与预警中的应用

鉴于松材线虫病的毁灭性危害和难以防治，许多学者对松材线虫病进行了研究。这些研究主要集中在生理生物学特性，综合治理，媒介昆虫，调查监测以及病害治病原理，病害发生因子[48]，而在松材线虫病发生发展规律与流行学研究的较少，仅调查分析了松材线虫病的发生情况和分布范围，初步阐明了其流行规律，利用 3S 来进行松材线虫病监测预警的研究才刚刚起步。

1.3.2.1 RS 在森林病虫害监测与预警中的应用

早在 20 世纪 30 年代，国外就开始了对铁杉尺蠖落叶林进行了航摄试验观察，揭开了森林病虫害遥感监测的序幕[49]。1972 年，美国发射了第一颗地球资源卫星之后，又开创了卫星遥感监测森林病虫害的应用研究[50]。

我国最早在 1978 年，中国科学院和林业部林业调查规划院对云南腾冲地区 0.2 万多公顷松叶蜂虫灾进行监测。武红敢(1994～1995)、崔恒建(2002)等分别利用 TM、AVHRR 数据对松毛虫的危害进行了监测，通过分析，建立针叶损失率与数据图像的关系，找出临界值，可辨别出各级松毛虫的危害程度[51~54]。韩秀珍(2000)、王薇娟(2002)等利用 TM 影像对蝗虫生活的芦苇样地和各类草原类型进行监测，得出蝗虫在各类草原上的危害程度，提出了监测预测蝗灾的遥感方法[51~56]。

在松材线虫病的监测上，1994～1996 年安徽省森防总站利用航空摄像技术共监测发生松材线虫病的松林约 1133 万 hm^2[57]。2000 年 11 月和 2001 年 10 月，中国林业科学院资源信息研究所与安徽省森林病虫防治总站合作，在安徽的宣城、黄山两市的部分区域进行了松材线虫病灾害航空监测试验，取得了一定成效[28]。

目前，RS 对松材线虫病的监测，主要是对其产生危害的监测，即利用航空摄像技术对受害变色萎蔫的病木进行监测，在对其生境的监测上，尚无相关报道。而病虫害的发生发育情况与赖以生存的周围生态环境息息相关，受到气候、水文、土壤、植被等生境因子的影响较大[47]。遥感可以监测的环境因子有寄主植物、降雨和大气温湿度等[58]。对松材线虫病生境因子进行监测，通过对这些环境因子的分析和统计可以建立这些因子与松材线虫病的发生发育之间的关系模型，能更好地认识灾害爆发规律，对松材线虫病的适生性、传入的风险性评估上，以及其扩散蔓延的预测研究方面都有重要意义，将是今后研究的一个很有前景的方向。

1.3.2.2 GPS 在森林病虫害监测与预警中的应用监测预警中的应用

GPS 在病虫害动态监测中的应用主要体现在林地标准地放样、辅助遥感数据处理与信息提取、病虫害防治地理信息系统的建立和数据更新及飞机防治与监测路线导航等[58]。王福贵（1996）等应用航空录像对松毛虫害研究时，应用 GPS 进行了图像辐射校正 GCP 点的定位，达到了灾害点的准确定位[59]。黄向东等（1999）在飞防松毛虫的研究中，在生物农药喷洒的过程中将 GPS 应用其中，有效地提高了防治效果[60]。

石进（2006）等通过航空录像技术获取林木健康信息，再以手持式 GPS 地面定位变色树木，结果表明，遥感监测所获取的地面变色的树木数据资料能够较为准确地与地面对应，此方法能够对有松材线虫病症状的松林准确、快速定位[61]，对松材线虫病的监测和预警的作用不大。

1.3.2.3 GIS 在森林病虫害监测与预警中的应用

森林病虫害的发生和影响与一定地理空间相关[62]，具有明显的空间位置特征[63]，因此需要对调查所获得的森林病虫害发生及其生态因子等数据进行空间分析和管理，GIS 在森林病虫害的监测预警中，可对有关病虫害的数据进行统计，输出病虫害分布地理位置图，对病虫害动态监测遥感数据进行处理，通过 GIS 的扩散模拟功能，建立病虫害的扩散模型，从而对病虫害的发展趋势进行预测预报[45]，还可结合专家知识、网络知识等建立森林病虫害的系统管理。

在应用 GIS 对病虫害的监测研究中，我国的发展相对较为成熟，涉及的害虫包括舞毒蛾、马尾松毛虫等十余种[44]。张洪亮等（2002）分别对草地蝗虫的发生与各地形、气候变量进行了叠置分析，得知海拔高度、坡度及选中的 5 种气候指标对蝗虫空间分布的影响极为显著，并建立了用于该区草地蝗虫发生预测的气候学模型[64~66]。武红智、陈改英等（2004）利用 GIS 的空间分析功能，探讨了松毛虫灾害的发生发展、扩散、蔓延与地形、道路、居民地等环境因子的相关关系，研究马尾松毛虫的空间发展规律[67]。刘书华等（2003）开发了集人工智能与植保专家知识具有多媒体功能的空间 DSS，能将病虫害的险情转化成电子地图，实现了虫害动态预测及空间决策[68]。

1.4 国内外松材线虫病风险评估研究现状与评述

1.4.1 国外研究现状

国外在利用 3S 技术对森林病虫害的监测、预警方面的研究比我国起步较早，1972 年美国成功发射了第一颗地球资源卫星之后，就开创了卫星遥感监测森林病虫害的应用研究，如美国应用卫星遥感监测舞毒蛾危害阔叶林的面积和程度，日本 1982 年开始应用美国资源卫星调查森林病虫害，加拿大 1988 年进行了卫星遥感监测花旗松林卷叶蛾虫害的发生动态等[69]。

Shepherd（1988）将失叶频率图与森林类型图、生物地理气候图叠加用于研究黄杉毒蛾引起的失叶与生境和气候带的空间关系，预报害虫的暴发地区[70]。SCHELL 等（1997）利用叠置法，分析了草地蝗虫的发生与土壤、海拔等因子的关系，定量分析了各因子对种群动态的影响[71]。

在松材线虫病的监测与预警方面，Knayekui Nkanae 等（1991）曾用 TM 数据对松枯萎灾害进行了详估，并断言 TM4/TM3 与林冠覆被的变化呈明显的负相关[72]。Joon – Bum 等（2001）还用 IKONOS 影像图对位于韩国南部遭受松材线虫危害的地区进行了监测和研究。他们分别用 2000 年 2 月 13 日和 2001 年 2 月 20 日两个不同时期 IKONOS 影像图，结合 1:5000、1:25000 的数字地图和 1:25000 的数字林相图、GPS 地面调查等辅助资料，通过对未受害地区和受害地区每一种地形条件下红光波段和近红外波段 NDVI、DN 值的提取与平均值的比较得出其与坡度、坡向、高程等地形因子间的关系，分析出在海拔 120~160 m、坡度 21°~40°和坡位是西坡的地区受害最严重[73~74]。

1.4.2 基于传统方法的松材线虫病风险评估国内研究现状

杨宝君(1988)采用从全国各地采集濒死或已死亡的松树样本进行分离、签定,得出松材线虫在全国的分布情况[75]。宋玉双(1989)从我国感病松树、媒介昆虫的分布以及气象因素等情况得出我国松材线虫病易发生区包括海南、广东、广西、福建等9省(自治区)及江苏、安徽、云南等6省的一部分[76]。白兴月(1993)通过对我国"北、中、南"三条马尾松种源对松材线虫感病性的测定,预测松材线虫病在我国南方各省流行的风险性极大[77~79],王峰(2004)通过建立松材线虫风险评估数据库,其中包括松材线虫、寄主植物和气象信息等7个数据库来为松材线虫病的风险评估提供基础数据[80]。

蒋金培(1997)对松材线虫病在广西发生的风险[81],史东平(1997)对江西的风险[82],王存宝(1997)对传入丽水的风险[83],魏初奖(1997)对在福建的风险[39],王明旭(2001)对湖南的风险性[84],赵锦年(2002,2004)对黄山风景区的危险性[85~86],屠新虹(2003)河南的风险[87],李莉(2004)对陕西的风险[88],黄海勇(2005)对贵州的风险[89],汪志红(2005)对辽宁的风险分别进行了评估分析。

针对云南省松材线虫病的风险评估,金昊(1993)从云南乡土松树树种的感病性、气温、土壤、媒介昆虫等环境条件等最早对云南省松材线虫病风险进行评价,提出云南对松材线虫病的防治任务艰巨[90~91]。冯士明(2000)通过寄主、媒介以及适宜的环境条件等因素进行分析后认为松材线虫病病原不可避免的要进入云南,使生态环境条件十分脆弱的云南松林受到十分严重的威胁[92],王峰等(2002)从地理和管理标准,定殖可能性,定殖后扩散的可能性,对环境的潜在影响,对经济的潜在危害性和引进的可能性6个方面对松材线虫进行了风险评估[18],蒋小龙(2004)报道2002年云南口岸检验检疫局4次在美国进口的机械木包装材料中发现松材线虫。通过气候因子的适生性分析表明,松材线虫在云南的中甸县和德钦县为不发生区,宁浪县等5县为零星发生区;马龙县等14个县为流行区;昆明等17个市(州)的80多个县(市)属于爆发流行区。根据松材线虫的传入风险和对云南森林的潜在威胁,提出了检疫管理对策[93]。

1.4.3 基于3S技术的我国松材线虫病风险评估研究现状

高景斌、周卫等(1997)运用GIS对可对影响松材线虫病的各个相关因素进行管理,通过其分析功能,根据生产实践的需要对松材线虫病的除治、隔离、保护、检疫做出科学的规划和管理[94]。

吕全、王卫东(2004、2005)利用全国639个台站的气象数据,选取(6~8月)均温、海拔和25℃以上的天数和年降水量5项气候生态因子,用地理信息系统Mapinfo 7.5来模拟松材线虫在我国的潜在适生区,得出各个台站适生值,从而得出松材线虫的适生区主要集中在我国的华东和华南地区[95~96]。

刘震宇(2004)通过航空录像获得航片信息,GPS技术采集地面信息,实时获得松材线虫病的属性数据和空间数据,运用GIS的技术优势,根据松材线虫病发生和防治数据、松树资源及监测信息、气象信息等因素进行综合分析,对不同区域、不同时期发生和危害情况的预测预报。对广州市松材线虫病发生、传播、迁移、扩散动态过程进行模拟,并建立相应的灾情损失评估模型。研制了基于"3S"技术的广州市松材线虫病管理信息系统,实现对松材线虫病的发生发展进行实时、动态的监测、防治、预测预报系统[97]。

安树杰(2006)以松材线虫入侵的森林生态系统为主要研究对象,通过航天遥感数据以及地面遥感测定,结合土壤数据、小班数据、气象数据和地面调查,并应用GIS的空间分析功能,提取研究区的坡度、坡向等信息,再结合其他方法对马尾松的受害程度、受害时间进行预测,达到预警的目的[74]。

蒋丽雅、武红敢等(2007)将安徽省各级管理单元的空间数据和松材线虫病历年疫情资料分别建库,实现了松材线虫病信息的数字化管理和应用,并且可以应用空间查询、分析和可视化等功能实现松材线虫病扩散规律的空间分析,指导管理者决策[98]。

张志诚(2005)年利用GIS对媒介昆虫、寄主树木、病源线虫以及气候等空间信息处理和分析,得出松材线虫在中国发生的趋势预测[99]。于2006年,利用GIS对安徽省松树萎蔫病发生的空间分布和气候特征进行了分析,得出安徽省松树萎蔫病主要发生区的气候因子特征。通过GIS对安徽省内松材线虫发病地区的空间定位以及发病林型几何质心的挖掘,对空间点发病属性数据建立矩阵,研究了安徽滁州地区松树萎蔫病发生的空间扩散机制[100~101]，于 2007 年对松树萎蔫病发生中心化趋势和扩散模式进行了研究，其结果通过对不同时间尺度上大量发病空间点位的分析，可以为疫病控制在时间—空间扩散模拟认知上提供科学参数[102]。

王峰等(2007)用 ArcView3.2 对云南省 129 个县(市、区)的年平均气温、年平均降雨、日照、寄主分布和媒介昆虫等信息进行分析，对松材线虫进入可能性、定殖可能性和经济影响等方面进行了风险评估。划定松材线虫病发生低风险区 2 县、中度风险区 20 县(市、区)、较高风险区 49 县(市、区)，其余县 58 县(市、区)为松材线虫病发生高度风险区。划定云南省北纬 26 以南地区为重点防护区。并绘制寄主分布图、年平均气温图、松墨天牛分布图等风险评估地图[103]。

1.4.4　研究评述

经过几十年的研究，依靠经典的生物学、生态学研究方法，认识了松材线虫的起源、发生与发展、流行的基本规律，以此为基础，开展预警、预报、风险评估等方面的应用研究。特别是 20 世纪 90 年代中期后，有害生物风险评估由定性分析逐步过渡到定量分析，如开始使用多指标量化体系模型、GIS 分析工具、遥感技术、数据库与信息管理手段等。一般使用非概率与非统计手段的方法，对个别或局部区域特征的总结、阐述，依据专家经验等进行风险或危害评价多以定性研究为主要特征，已经被多变量、多空间与时间尺度的全局化规律的定量研究方法替代。从方法学来看，定量评估更注重风险事件的时空关系，常用严密的流行规律来预测风险出现的情况，而定性评估则将风险事件分解为多个风险要素，并将这些要素按某种方式进行多维向量运算后得到整体的风险评估值。从结果看，定量风险评估得出的结果为具体数值，一般以概率分布为基础、以时空变量为参数的函数描述；定性风险评估的结果常用风险等级表示，不需要用严密的时、空变量作为预报参数。不确定性是风险的最根本特性，概率分布能够更准确地描述这种不确定性，从这一角度来看，定量方法更为科学、合理[96]。

目前有关松材线虫病的基础生物学、生态学研究成果较多，而有关松材线虫病的风险评估及发生预报的研究较少，需要开展更多的与生产单位应用关联的预防防治的风险评估、预测预报研究。

当前基础生物学、生态学研究成果已经较好地阐述了松材线虫病发生、蔓延的主要影响因子，但各种因子对传播、流行的作用或贡献的定量描述成果较少，需要开展更多的定量化研究，以体现各种因子对松材线虫病的传播、流行的贡献率。

许多经典生态学研究表明，人为活动是松材线虫病发展与蔓延的主要因子之一，但目前很多风险评估研究主要使用气象因子为风险预测变量，而很少使用人为活动影响因子作为预测变量，因而，需要将人为活动因子作为重点测报变量进行考虑。

目前的风险评估定量模型研究，只考虑到预测变量直接、线性的影响，没有考虑复杂的空间分布与格局的影响，也没有建立真正体现空间交互作用的空间模型。影响松材线虫病发生、发展、蔓延与流行的因子很多，它们具有极其复杂的时间与空间分布格局，影响因子的时间空间格局与关联森林分布的时间空间格局交叉、叠加作用，构成了极其复杂的空间格局和模式，经典的非空间变量约束模型，多元线性或非线性回归模型或层次分析模型，如 $Y = a_1 \times f(x_1) + a_1 \times f(x_1) + \cdots + a_n \times f(x_n) + C$，它考虑到了预测变量如疫点 X_1 对确定区域上的林分的风险 Y 的作用，但该模型未能考虑林分周边的疫点 X_1 有若干个，它们与该林分的距离有远近、传播的空间媒介格局不同，因而对该林分的风险影响也不同。类似，生物因子等其他因子的影响也与空间模式有关联，只用经典模型不能阐明复杂的空间关系，需要建立空间交互作用模型，才能较好地表达风险评估与预报中的空间交互影响。所以，今后的研究中要更多的考虑各种因子在空间上分布格局及其对周边林分的综合影响，考虑多种因子对周边林分的叠加效应影响、协同作用影响，建立实用的、合理的 GIS 空间风险评估模型。

一些风险评估研究使用了 GIS 技术，但该工具仅仅限于空间内插与风险级别制图，严格的测报因子的空间关系、叠加效应和累计作用空间分析研究几乎没有，已有研究未能充分利用 GIS 时空表达与时空建模手段，所以 GIS 的应用有待开拓和研发。

现有的风险评估研究多以大尺度的空间上的气象因子为测报变量，这些因子为离散的气象站点数据，而与复杂的森林分布格局、山地环境变化格局相比，气象站点数据较稀疏，因而预报结果只能是概略、综合，预报成果难以精细化，对于基层单位预防、防治的指导性不强，所以，有必要开展各种因子地表分布的连续化模拟研究，用连续化、可视化的方法表达测报因子与风险评估结果。

现有的风险评估研究中，以离散、稀疏的气象站点数据为测报变量进行风险评估，其测报结果的空间尺度大，生产实践中，获取这些数据有一定难度，而遥感技术能为人们提供时间上、空间上连续的现实数据，并且可以无偿免费接收，作为替代变量，可以取代部分气象因子与环境变量。所以，有必要研究遥感变量与气象因子的反演模型，以期望用遥感指数作为替代气象因子的预报变量，同时，还可用遥感图像解译地面林分现状与林分因子的连续变化数据，以获得精细、连续森林状况数据。

利用 RS，可以获取森林病虫害管理的各个尺度的动态数据。利用航空摄像系统，其主观性小，能迅速提供永久的病虫害记录，及时获取反映病虫害发生情况的真实图像，分辨率高，但易受天气影响，成本较高，后期数据处理工作量较大。GPS 主要应用于导航、样地和线路调查中的定位以及林业专题图测绘和图像定位，常与其他技术联合使用。利用 GIS，通过计算机对地理、气候等与病虫害发生相关的因素进行空间分析[40]，可综合分析各因子的权重，在 GIS 平台上得出风险评估的直观评价图。

由于我国发生松材线虫病在 20 世纪 90 年代初，因此基于 3S 技术的松材线虫病的风险评估研究起步晚于国外，但我国在这方面的研究进展很快，如吕全、张志诚、王峰等专家已利用 3S 技术，透过各种方法、分析不同的因子对松材线虫病在我国或特定的地区的发生风险等级、发生扩散趋势等进行了比较全面的研究，并得出了基于较大尺度(一个省或一个县区)的风险等级或适宜分布区。

随着经济的发展、科技和技术的进步，实际森防工作中对测报的准确性、时间的动态性变化、信息连续性的要求越来越高，必然要求高空间分辨率、近实时、能落实到山头地块的风险评估及预警，希望能针对松材林分(山头地块)的现状，给出有针对性的决策参考，以支持有效、科学的防治行动。

以历史沉淀、积累的关于松材线虫的基础生物学、生态学研究为基础，开展基于微小尺度生态因子的风险评估研究，基于微小尺度、近实时的预警，才可以将病虫情况预警落实到具体的山头、地块，落实到确定的时间段内。就目前的研究来看，基于微小尺度多因子的风险评估模型很少，由于技术手段的限制，前人所做研究具有一定的局限性，因此有必要在基于微小尺度上，时间连续的"精细"的松材线虫病的风险评估研究上做一些新的尝试。

1.5 技术路线

利用 ESRI 生产的 ArcGIS 平台软件工具，开发基于"3S"技术的森林病虫害测报 GIS 业务软件；利用 ASP，SQLServer，VB 等软件工具，开发基于 Web 的数据交换、信息发布与信息应用软件，从而构建云南松材线虫风险评估信息系统。通过示范县的研究，阐述和推广应用遥感技术、微小生态环境指数、GIS 空间分析方法来构建"空间分析模型"的方法，对云南省松材线虫进行精细风险评估与评估。

1.5.1 数据采集与处理

(1) 气象数据：部分由 MODIS 数据解译，部分通过气象台站发布的数据获取；

(2) 空间数据：基础地理底图(1:25 万、重点区域 1:5 万)，云南省寄主树种分布(由二类资源调查数据或 Landsat TM 解译得到)，云南省林业规划院、各森防站、林科院资信所获取；

(3) 线虫病情数据：线虫发生面积、线虫发生程度、虫口密度等，向云南省各市、县森防站获取；

(4) 线虫生物学数据：查阅相关资料获得。

1.5.2 寄主分布及感病性

采集全国(一类资源数据)和重点地区——云南省(二类资源数据或 Landsat TM 自动解译)，获取感病寄主树种分布格局，通过查阅有关文献得到寄主感病性数据，并进行分级、定级。

1.5.3 松材线虫与媒介昆虫适生性格局分析

(1) 筛选线虫与媒介昆虫适生性关键因子。例如：年平均气温、海拔、坡向、降水量、有效积温等；

(2) 查阅有关文献，并通过专家打分经主分量相关性分析，确定各因子权重；

（3）采用模糊数学综合评判方法，确定各因子隶属函数，由隶属函数求出各个林分各因子隶属度，综合因子权重，计算台站综合适生值；

（4）应用空间统计学方法，结合 GIS 技术，拟合线虫与媒介昆虫适生值空间模型，分析线虫与媒介昆虫适生性分布格局。

1.5.4 松材线虫发生、危害风险等级模型初建

（1）分别对松材线虫适生值和媒介昆虫适生值给予权重，计算各个林分松材线虫发生风险值；

（2）应用空间统计学方法，结合 GIS 技术，拟合松材线虫发生风险值空间模型，以此分析松材线虫发生风险值的空间分布格局；

（3）松材线虫发生风险值分布格局与寄主树种分布格局进行空间叠加分析，实现松材线虫风险发生区的等级划分与区划模型初建。

1.5.5 样地反演校验及建立空间分布格局

（1）在松材线虫发生区建立样地；

（2）实地调查气象、环境等生态因子、寄主林分状况、以及线虫及媒介昆虫的实际空间分布格局数据，对利用"3S"技术得到的数据进行反演校验；

（3）根据校验结果拟合松材线虫适生值空间模型，分析适生值空间分布格局，建立松材线虫风险发生区的等级划分与区划模型。

具体实施技术路线见图 1-3。

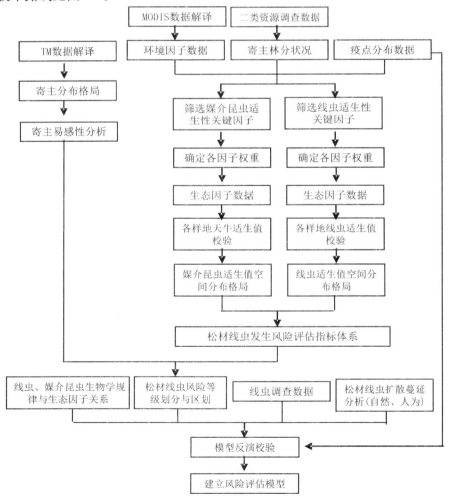

图 1-3 技术路线

Fig. 1-3 The table of technical way

第2章　松材线虫病风险评估研究方法

2.1　试验地概况

云南是中国四大林区之一，其林业用地面积2400万hm²，居全国第2位；活立木蓄积量15.5亿m³，占全国的1/8，居第3位；云南林业用地面积占云南全省土地面积的61.5%，森林覆盖率占云南国土面积的49.9%。云南活立木蓄积量所形成的木材存量，按50%的利用率和最低的木材价格每立方米400元来计算，其经济价值远远超过云南多数资源的平均值，至少达到3096亿元，接近2005年云南GDP值3472亿元的水平，而且每年还在继续增长[104]。云南目前共有针叶树种6科20属63种左右（包括变种）。其中松属 *Pinus* 大面积分布的树种有云南松(500万hm²)、思茅松(100万hm²)、高山松(17万hm²)、华山松(600 hm²)，均为松材线虫的寄主[18]，云南松材线虫的危险等级较高[103]，一旦大面积发生松材线虫病，对云南林业的发展将是致命的打击。

2004年6月和11月，在德宏州的畹町经济开发区和瑞丽市的松林内相继发生思茅松枯死，经鉴定：病原为国家重要的森林植物检疫对象–松材线虫，这在云南省系首次发现。德宏州位于我国西南边陲，东经97°31′~98°43′、北纬23°50′~25°20′，最高海拔3404 m，最低海拔210 m，属南亚热带气候，其南、西、西北面与缅甸接壤，是我国通往南亚、东南亚的窗口。全州森林覆盖率为62.79%，林业用地面积81.92万hm²，其中有林地面积65.16万hm²，疏林地面积1.98万hm²，灌木林地面积5.35万hm²。全州有松林面积4.67万hm²，主要为思茅松(*P. kesiya* var. *langbianensis* (A. Chev.) Gaussen)，其中瑞丽市和畹町经济开发区的松林面积约0.67万hm²。

2.2　地图调绘

空间分析、空间建模需要的各类影响变量的地图，都需要建立在国家基础地理底图坐标系统之下，很多专题地图与数据采集，需要使用地面调绘方法实现。采用基础地理地图电子化、叠加信息等制作工作底图，现地调查时，依靠GPS、目视判别等方法，使用工作底图为基础，手工标绘、采集地面数据，回到实验室后，数据化采集为电子地图。

2.3　空间数据的处理

2.3.1　空间数据的内插

空间内插是极为重要的GIS空间分析方法。对于观测台站稀少，或地面样本观测点数据少，观测点或取样点不合理的区域，要得到观察指标的连续描述或空间可视化，空间内插是不可少的方法[105]。空间内插算法是一种通过已知点的数据推求同一区域其他未知点数据的计算方法。此种方法是从存在的观测数据中找到一个函数关系式，使该关系式最好地逼近这些已知的空间数据，并能根据函数关系式推求出区域范围内其他任意点或任意分区的值。

空间内插方法包括整体内插方法(global methods)和局部插值方法(local methods)，前者用于研究区所有采样点的数据进行全区特征拟合，后者是用邻近的数据点来估计未知点的值。

2.3.1.1　趋势面分析

趋势面分析方法常常被用来模拟资源、环境、人口及经济要素在空间上的分布规律，它在空间分析方面具有重要的应用价值。趋势面分析法实际上是多项式回归法的一种。基本思想是用多项式表示的线或面、按最小二乘法原理对数据点进行拟合，线或面多项式的选择取决于数据是一维还是二维或三维。

用于地形模拟的趋势面一般为3类:

一次趋势面方程 $z = b_0 + b_1 x + b_2 y$ (2.1)

二次趋势面方程 $z = b_0 + b_1 x + b_2 y + b_3 x^2 + b_4 xy + b_5 y^2$ (2.2)

三次趋势面方程 $z = b_0 + b_1 x + b_2 y + b_3 x^2 + b_4 xy + b_5 y^2 + b_6 x^3 + b_7 x^2 y + b_8 xy^2 + b_9 y^2$ (2.3)

趋势面分析的优点是:极易理解,计算简便,多数空间数据都可以用低次多项式来模拟。

2.3.1.2　最邻近点法——泰森多边形方法

泰森多边形是由荷兰气象学家 Thiessen A. H. 先提出的。泰森多边形围绕已知点样本构建而成,使得在泰森多边形内的任意点与多边形内的已知点更接近,它实际上是假设空间属性在边界上发生突变,在区域内均匀分布。这种方法适用于站点密集的地区,并且该地区的地形应该大致相同。对于逐渐变化的空间变量(如温度、降水)的插值则不太合适。同时,该方法忽略了高程的影响,对于高程变化较大的区域,用泰森多边形插值所得的插值数据的误差很大。

2.3.1.3　移动平均插值方法——距离倒数插值

距离倒数插值方法综合了泰森多边形的邻近点方法和趋势面分析的渐变方法的长处,它假设未知点 x_0 处属性值是在局部邻域内中所有数据点的距离加权平均值,因此又叫距离加权平均法。其计算公式在4.3.3节论述。

2.3.1.4　空间自协方差最佳内插法——克里金插值

克里金插值法又叫地学统计法,该方法由南非矿山工程师克里金(Kriging)于20世纪50年代提出,20世纪60年代由法国数学家马特隆(Matheron)将其上升为理论。克里金插值法充分吸收了空间统计的思想,认为任何空间连续性变化的属性非常不规则,不能用简单的平滑数学函数进行模拟,但是可以用随机表面给予较恰当的描述。从数学角度抽象来说,它是一种对空间分布数据求最优、线性、无偏内插的估计(Best Linear Unbiased Estimation,简写为BLUE)方法。较常规方法而言,它的优点在于不仅考虑了各已知数据点的空间相关性,而且在给出待估计点数值的同时,还能给出表示估计精度的方差。克里金方法的关键在于权重系数的确定。该方法在插值过程中根据某种优化准则函数来动态地决定变量的数值,从而使内插函数处于最佳状态。

克里金方法的插值公式为:

$$\hat{z}(x_0) = \sum_{i=1}^{n} \lambda_i \cdot z(x_i) \quad \sum_{i=1}^{n} \lambda_i = 1 \tag{2.4}$$

式中: $z(x_0)$ 为 x_0 处的估计值; $z(x_i)$ 为 x_i 处的观测值; λ_i 为克里金权重系数; n 为观测点个数。

2.3.2　空间分析

2.3.2.1　栅格空间分析方法

栅格化空间分析方法是最常用的 GIS 分析方法。假设存在一主题地图 Ω,用正方形的格网将 Ω 进行均匀剖分, Ω 被分解为不相交的等面积的小正方形,称为一个栅格,每一小栅格代表地面的一个地块,地图的数据或信息被定义在每个栅格上,并记录在与栅格地图连接的数据库中,见示意图。

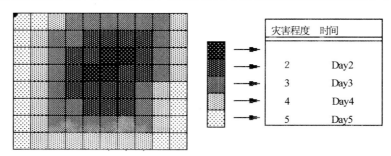

灾害程度	时间
2	Day2
3	Day3
4	Day4
5	Day5

图 2-1　GIS 分析法示意图

Fig. 2-1　The sketch map of GIS analysis

将所有影响因子制作为栅格地图后，即可实现多因子综合作用的影响分析。

栅格面积由用户需求确定。栅格面积太大不利于描述空间变化复杂的地图，如具栅格面积太小则地图运算量大，影响栅格分析的效率。

2.3.2.2　空间交叉作用模型

假设 Ω 为二维地图，Ω 中存在两类空间实体 π_1，π_2，其中 $\pi_1 = \{a_1, a_2, \cdots, a_n$，$\pi_2 = \{b_1, b_2 \cdots, b_n$，如果考虑 π_1 与 π_2 的相互作用，或是 π_1 对 π_2 的作用时，必须考虑 π_1 与 π_2 在空间分布中的各个个体的作用，即这些作用是交叉的，这种交叉作用大小与空间距离有关，则 π_2 受 π_1 的作用立由 π_1 的每个栅格点受 π_2 的所有栅格点的累计作用描述，这种空间格局上的累计作用模型，即为空间格局的交叉作用模型。

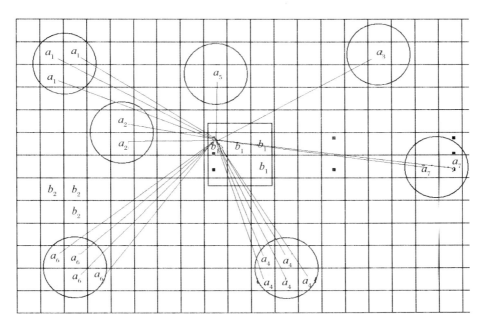

图 2-2　π_2 中的个体 b_1 受 π_1 中的每个栅格点作用的关系描述意图
Fig. 2-2

这种交叉作用关系能很好地表达描述病虫害流行的空间影响关系。假设 π_1 表示云南松林，b_1 是某片云南松林的一个部分，π_2 表示现在发生的疫区，则 π_2 中的多个疫区的向 b_1 传播由各个栅格点的作用构成，b_1 受感染的风险由所有感染源的贡献组成。

经典的解析函数模型难以表达这种空间作用模型。

2.3.2.3　缓冲区分析

缓冲区分析（Buffer）是对选中的一组或一类地图要素（点、线或面）按设定的距离条件，围绕其要素而形成一定缓冲区多边形实体，从而实现数据在二维空间得以扩展的信息分析方法。

缓冲区建立的形态多种多样，这是根据缓冲区建立的条件来确定的，常用的对于点状要素有圆形，也有三角形、矩形和环形等；对于线状要素有双侧对称、双侧不对称或单侧缓冲区；对于面状要素有内侧和外侧缓冲区，虽然这些形体各异，但是可以适合不同的应用要求。点状要素、线状要素和面状要素的缓冲区示意图（如图 2-3）。

在 arcinfo 中可以用 costdistance 命令生成连续渐变的距离效果。这种连续的效果能较形象地反映病虫害的影响因素随距离的渐变效果。

2.3.2.4　成本分配地图与成本距离分析

（1）成本分配。成本分配函数是在最邻近分析基础上确定可以到达最少累积成本的单元属于哪个

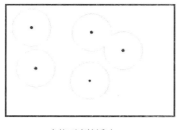
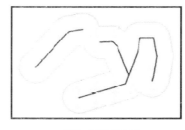
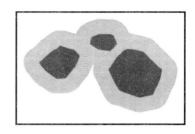

点状要素的缓冲　　　　　　　　线状要素的缓冲区　　　　　　　　面状要素的缓冲区

图 2-3　点、线和面状要素的缓冲区

Fig. 2-3

源，也就是将所有栅格单元分配给离其最近的源，输出格网的值被赋予了其归属源的值。分配函数可以通过直线距离或成本距离加权函数来完成，前者单元分配的值是在直线距离上最邻近源的值，后者考虑通行成本而不是直线距离的结果。成本分配函数具有重要的使用价值，其本质是对源的控制和服务范围的划分。

　　（2）成本距离。成本距离函数是计算每个单元格到达源单元的最少累积成本，它需要一个源格网和一个成本格网，即两个数据集——目标地理实体和计算成本的权重格网。源格网可以包含一个或多个类型区。这些类型区可以是相互连接或不连接的。在源格网中源单元格的数量是没有限制的。成本格网中的每个单元的成本可能是几种不同成本之和，该成本可以是金钱、时间等。

　　（3）成本的计算。在栅格图像上计算成本时，需要将栅格数据抽象成图的结构加以计算。

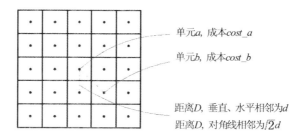

単元a, 成本cost_a

単元b, 成本cost_b

距离D, 垂直、水平相邻为d

距离D, 对角线相邻为$\sqrt{2}d$

图 2-4　成本距离计算原理

Fig. 2-4　The sketch map of calculation principle of cost – distance

$$accum\_cost = a_1 + ((cost\_a + cost\_b) / 2) \times D \tag{2.5}$$

式中：$accum\_cost$——某一单元 b 的累计通行成本；

　　　　a_1——上一个相邻单元 a 的累计通行成本；

　　　　$cost\_a$——单元 a 的成本；

　　　　$cost\_b$——单元 b 的成本。

2.3.3　空间数据可视化表达

　　可视化（visualization）是指人通过视觉观察并在头脑中形成客观事物的影像的过程，这是一个心智处理过程，促使对事物的观察能力及整体概念的形成等[106~107]。可视化技术在空间数据分析中起着重要的作用，其目的是帮助人类更直观、更形象地理解、认识、分析、改造和利用客观世界，更加全面和准确地了解空间信息，分析空间规律，甚至可以为空间信息领域的生产及宏观规划进行辅助决策。在病虫害的风险评估中主要体现在三个方面：①可视化通过空间对象的空间分布与特征的展现，使得风险评估的结果易于理解、易于认知；②可视化作为空间数据分析的一种方法和工具被用于风险因子知识、病虫害流行的发现过程；③可视化作为空间信息和知识的展现方式被用于展示空间数据分析的结果。

可视化是地理信息系统所具备的主要功能。GIS 可以将空间数据转化为"地图"，来可视化这些数据所表达的空间关系，人们可以在地图、影像和其他图形中分析它们所表达的各种类型的空间关系。基于 GIS 的可视化主要用于分析空间对象的空间展布规律和进行空间对象的空间性质计算。同时可以直接查询需要做进一步分析的数据。GIS 可视化技术由于受到计算机图形软硬件显示技术的限制，早期的可视化是在二维平面显示空间对象，但由于现实世界是真三维空间，二维 GIS 无法表达真三维数据场，继而发展到了把三维空间数据投影显示在二维屏幕上来表示对象的空间关系。基于 GIS 的真三维可视化是在 20 世纪 80 年代末发展起来的 GIS 中包含大量的空间地理信息，能够提供丰富的图形图像信息并同相关的数据和资料建立联系，可利用可视化结果过来分析对象的属性空间位置的变化规律[108]。

2.4　风险评估模型的建模方法

2.4.1　多元回归分析

回归分析是一种处理变量的统计相关关系的一种数理统计方法。回归分析的基本思想是：虽然自变量和因变量之间没有严格的、确定性的函数关系，但可以设法找出最能代表它们之间关系的数学表达形式。

回归分析主要解决以下几个方面的问题：

①确定几个特定的变量之间是否存在相关关系，如果存在的话，找出它们之间合适的数学表达式；②根据一个或几个变量的值，预测或控制另一个变量的取值，并且可以知道这种预测或控制能达到什么样的精确度；③进行因素分析。确定因素的主次以及因素之间的相互关系等。

多元回归分析是研究多个变量之间关系的回归分析方法，按因变量和自变量的数量对应关系可划分为一个因变量对多个自变量的回归分析（简称为"一对多"回归分析）及多个因变量对多个自变量的回归分析（简称为"多对多"回归分析），按回归模型类型可划分为线性回归分析和非线性回归分析。

回归模型是在一个方程式中建立一个因变量和多个自变量的关系，可用于预测和估算。多元线性回归统计模型的一般形式为：

$$y_i = \beta_0 + \beta_1 x_{1i} + \cdots + \beta_p x_{pi} + \varepsilon_i; \quad i = 1,2,\cdots,n$$

式中：p 是自变量的个数，当 $p=1$ 时为一元线性回归模型。

建立多元线性回归方程后，我们需要进行检验，其中 F 检验是关于方程显著性的检验，T 检验是针对回归系数显著性的检验。

F 检验是检验模型 $y_i = \beta_0 + \beta_1 x_{1i} + \cdots + \beta_p x_{pi} + \varepsilon_i;$ 　　$i = 1, 2, \cdots, n$ 中的系数 $\beta_1, \cdots, \beta_p$ 是否显著不为 0，即检验

$$H_0: \beta_1 = \cdots = \beta_p = 0 \leftrightarrow H_1: \beta_i \ (i = 1,\cdots,p) \text{ 不全为 } 0$$

T 检验是检验某个自变量对因变量的影响是否显著，等价于检验相应的回归系数是否显著的不为 0。

用 c_{jj} 表示矩阵 $(X^T X)^{-1}$ 主对角线上第 i 个元素，由

$$y_i = \beta_0 + \beta_1 x_{1i} + \cdots + \beta_p x_{pi} + \varepsilon_i; \quad i = 1,2,\cdots,n$$

可得 $\hat{\beta}_j \sim N(\beta_j, \sigma^2 c_{jj})$

记 $\hat{\beta}_j$ 的标准差的估计为：$S_{\hat{\beta}_j} = \sqrt{\hat{\sigma}^2 c_{jj}} = \sqrt{\dfrac{SSE}{n-p-1} c_{jj}}$ 　　　　　　　　　　(2.6)

可构造 T 统计量：

$$t = \frac{\hat{\beta}_j - \beta_j}{S_{\hat{\beta}_j}} \sim t(n-p-1) \tag{2.7}$$

对于回归系数 $\beta_j(j=1, \cdots, p)$ 的检验为：

$$H_0:\beta_j = 0 \leftrightarrow H_1:\beta_j \neq 0$$

当 H_0 ： $\beta_j = 0$ 成立时，有 $t = \dfrac{\hat{\beta}_j}{S_{\beta_j}} \sim t(n-p-1)$ 　　　　　　　　　　　　　　(2.8)

对于给定显著水平 α ，当 $|t| > t_{\alpha/2}(n-p-1)$ 时，拒绝 H_0 。

2.4.2　德尔菲法(专家打分法)

2.4.2.1　基本概念

德尔菲法(Delphi Method)是在 20 世纪 40 年代由 O·赫尔姆和 N. 达尔克首创，经过 T·J·戈尔登和兰德公司进一步发展而成的。1946 年，兰德公司首次用这种方法用来进行预测，后来该方法被迅速广泛采用。

德尔菲法依据系统的程序，采用匿名发表意见的方式，即专家之间不得互相讨论，不发生横向联系，只能与调查人员发生关系，通过多轮次调查专家对问卷所提问题的看法，经过反复征询、归纳、修改，最后汇总成专家基本一致的看法，作为预测的结果。这种方法具有广泛的代表性，较为可靠。

2.4.2.2　实施程序

(1) 向团队成员发出第一份初始调查表，收集参与者对于某一话题的观点(注：德尔菲法中的调查表与通常的调查表有所不同，通常的调查表只向被调查者提出问题，要求回答，而德尔菲法的调查表不仅提出问题，还兼有向被调查者提供信息的责任，它是团队成员交流思想的工具)；

(2) 向团队成员发出第二份调查表(列有其他人意见)，要求其根据几个具体标准对其他人的观点进行评估；

(3) 向团队成员发出第三份调查表(列有第二份调查表提供的评价结果、平均评价、所有共识)，要求其修改自己原先的观点或评价；

(4) 总结出第四份调查表(包括所有评价、共识和遗留问题)，由组织者对其综合处理。

2.4.2.3　典型特征

(1) 吸收专家参与预测，充分利用专家的经验和学识；

(2) 采用匿名或背靠背的方式，能使每一位专家独立自由地作出自己的判断；

(3) 预测过程几轮反馈，使专家的意见逐渐趋同。

德尔菲法的这些特点使它成为一种最为有效的判断预测法。

2.4.3　层次分析建模

层次分析法是由美国著名运筹学家 T. L. Satty 于 20 世纪 70 年代中期提出，它是系统分析的数学工具之一，它把人的思维过程层次化、数量化，并用数学方法为分析、决策、预报或控制提供定量的依据。该方法是一种定性和定量相结合的系统化分析方法。其本质是一种决策思维方式，基本思想是把复杂的问题按其主次或支配关系分组而形成有序的递阶层次结构，使之条理化，然后根据对一定客观现实的判断就每一层次的相对重要性给予定量表示，利用数学方法确定表达每一层中所有元素的相对重要性的权值，最后通过排序结果的分析来解决所考虑的问题。

在应用层次分析法时，首先要把系统中所要考虑的各因素或问题按其属性分成若干组，每一组作为一层，同一层次的元素作为准备对下一层的某些元素起着支配作用，它同时受上一层次元素的支配，这种从上而下的支配关系就构成了一个递阶层次结构，通常划分为：最高层，表示解决问题的目标或理想结果；中间层，表示采用某种措施和政策来实现预定目标所涉及的中间环节，一般又可称为策略层、约束层和准则层；最低层，表示决策的方案或解决问题的措施和政策。

层次分析结构模型如图 2-5 所示：

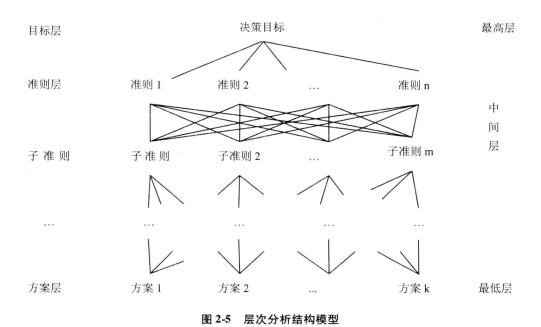

图 2-5　层次分析结构模型
Fig. 2-5　Structure model of stratified analysis

第3章 松材线虫病风险评估指标体系的建立

北美植物保护组织(North America Plant Protection Organization，NAPPO)将有害生物风险分析(Pest risk analysis，PRA)定义为：针对有害生物一旦传入某一尚未发生的地区，或某一时期内才发生的地区，由于其传播而引起的潜在风险进行判断的系统评价过程。有害生物风险分析包含有害生物风险评估(Pest risk assessment，PRA)、有害生物风险管理(Pest risk management，PRM)和有害生物风险交流(Pest risk communication)3部分。有害生物风险评估，是评估某一有害生物进入某一地区，在此定殖并造成经济损失和环境损失的可能性(概率)，主要内容是有害生物传入可能性评估、经济影响评估和环境影响评估[103]。

一种病害的发生和流行必定与其周围环境的许多因子相关。松材线虫病的发生不仅涉及松材线虫的生物学特性，还因为它的传播有短距离的媒介昆虫自然传播和长距离的人为传播，所以松材线虫病的发生和蔓延扩散则尤为复杂。在寄主、病原、媒介昆虫、环境以及人为干扰等五大影响松材线虫病风险等级的因子上，前人做了大量研究。同时在PAR的指标体系的建立方面蒋青(1995)制定了大尺度的指标体系[109]，能从一个国家、一个地区的尺度上进行半定量化的风险评估。为了对松材线虫病的风险进行更精细评估，本章拟在前人研究的基础上，通过分析相关的文献，在寄主、病原、媒介昆虫、环境以及人为干扰五大因子中，评估筛选出恰当的下层因子，建立一套基于3S技术的松材线虫病风险评估指标体系。

3.1 指标体系关联因子的评估与筛选

3.1.1 寄主因子评估指标的筛选

3.1.1.1 寄主的感病性

松材线虫病发生的前提是必须有寄主的存在，而寄主主要为松属植物，松材线虫可寄生70种针叶树，其中松属植物有57种，非松属针叶植物有13种[25]。据研究[20, 110~113]，寄主对松材线虫病的抗性与树种、树龄、种源有关，这种抗病性是直接影响松材线虫病发生和流行的因素之一。

徐福元对南京地区的几个松种进行接种试验观察，结果松种的感病死亡率顺序为：黑松 > 赤松 > 晚松 > 湿地松 > 马尾松 > 刚松 > 短叶松 > 火炬松。火炬松、短叶松、刚松为抗性松种，马尾松中龄为该松种抗性期，3~14年生为高抗期，1~2年生(苗期)和16年生以上各龄期均有不同程度的感病性。徐福元还对同龄(14年生)的40个马尾松种源对松材线虫病的感病抗性进行测定，有5个种源表现为抗松材线虫病，它们分别为贵州都匀、广东英德、广东信宜、广西恭城和广西宁明等感病指数均为0，主要为我国南方的广西、广东和贵州种源。可见不同树龄，不同种源的马尾松对松材线虫病的抗性有很大差异[111~114]。

对寄主的抗性有一定认识之后，人们开始有目的的培养抗松材线虫的松树苗木。日本在选择育种和杂交育种方面做了大量工作[115~116]，认为马尾松是高抗树种，并把它与高感的黑松杂交，获得了具抗性的杂种"和华松"。日本在松树对松材线虫的抗性育种方面较为先进，为我国在这方面的研究提供了有用的参考依据[117]。在此领域还有许多问题，比如松材线虫的抗性机理、抗性实生后代的特性、环境适应性等，还有待进一步的研究。

因为以松墨天牛为主的媒介昆虫取食对象几乎遍及松科的树木，因此根据气候条件以及寄主的生理条件等因素，在自然状况下松材线虫的危害可能涉及一些新的松科树木[118]。

3.1.1.2 林分因子

寄主的林分因子对松材线虫病的影响主要是通过影响松墨天牛的扩散来实现。松墨天牛的发生与林分树种组成、树龄、郁闭度等均有密切关系。

混交林有抑制天牛发生的作用，马尾松纯林的被害率比混交林高 6.8 倍以上[28]。松墨天牛成虫在马尾松纯林中扩散的能力强于在其他混交林中的扩散能力[119]。据报道，松墨天牛喜欢在健康木上取食，而在衰弱木和病害木上产卵，主要通过补充营养取食时侵入寄主体内。张世渊对松墨天牛成虫补充营养的研究，松墨天牛成虫取食对树种有明显的选择性，对供试松树的选择性为火炬松 > 马尾松 > 雪松 > 黑松 > 湿地松 > 金钱松；对枝龄的取食选择性表现为在 5 月下旬前主要不取食当年新枝，至 5 月底才明显选择 1 年生枝，而自当年新枝至 13 年生枝都能被取食[120]。徐福元对松墨天牛补充营养的研究，取食面积顺序为马尾松 > 赤松 > 雪松 > 火炬松 > 黑松 > 铅笔柏 > 杉木[121]。郝德君对松墨天牛产卵选择寄主进行研究，产卵痕数的排序为黑松 > 火炬松 > 湿地松 > 马尾松[122]。在不同的试验中出现取食树种的选择顺序不同，可能是由于供试树种不同，形成刺激成虫食欲的挥发性物质的组分不同而致[123]。

天牛的发生和危害与树龄有密切的关系。20 多年生的大树容易遭受天牛的危害，而且危害较重；8 ~ 9 年生的中、幼龄树则被害较轻。

林分郁闭度（影响天牛扩散）郁闭度在 0.7 ~ 0.8 的条件下，成虫向外扩散能力较强[119]。松材线虫病在地势较平缓的纯松林内自然扩散方向，主要受松墨天牛羽化初期补充营养取食时趋光性较强影响，向地势较高处（如缓坡上部）、阳坡、林缘（林间空地周围）等光线充足方向扩散为主[124]。

3.1.2　病原因子评估指标的筛选

3.1.2.1　疫区病原的自然扩散能力

松材线虫病的发生和扩散蔓延必须要有病原的存在。疫区的病情基数，包括疫区发病面积、发病株数、采伐剩余物的堆积等都影响其扩散速度。早期病情基数小，扩散能力弱，不会导致松林重大损失；中后期随着基数积累，扩散速度加快，不加控制会爆发成灾。来燕学把新疫点的形成划分为人为传播、火灾诱发、原发生未防治和自然传播四种情况。对松林火灾与松材线虫的发生和传播的关系进行研究，发现从火烧松林内羽化的松墨天牛，平均每头可携带 7364 条松材线虫，侵入松林后就会导致松材线虫病的发生和蔓延。另外，林内的采伐剩余物会招引松墨天牛，也会成为新的侵染源。由此推断，提前采伐改造防治松材线虫病的做法不但人为的消耗了松林资源，还会促进松材线虫病的流行扩散[125 ~ 127]。

3.1.2.2　病原的适生性

松材线虫病发生流行必须有松材线虫能正常生长完成世代的环境条件。对松材线虫的生物学特性研究发现，松材线虫的生长发育需要一定的环境条件。这些环境因子包括温度、降水等。松材线虫发育的起始温度为 9.5℃，适宜生长温度 25℃，28℃以上繁殖受到抑制，当温度超过 33℃时，松材线虫就失去繁殖能力[28]。在室内的对比试验结果，30℃时，松材线虫生长最快，3 天可以完成一个世代，在 25℃时，则需要 4 ~ 5 天，20℃时要 6 天，15℃情况下 12 天。Mamiya 认为，一个地区的年平均温度可作为该地区松材线虫病发生的重要指标。如日本发病最严重的南部地区，年平均温度就在 15 ~ 17 ℃以上；而日本北部，年均温在 10 ~ 12℃以下，故发病较轻。来燕学（1996）研究宁波 1992，1993，1994 这 3 年的气象资料与松树枯死的关系，发现松树萎蔫数量多少与夏季高温，降水量多少有关。持续高温，降水少会使当年枯萎松树增加。徐克勤的试验认为干旱胁迫能加快感病黑松的死亡速度[128]。余海滨[129]对广东松材线虫病发生规律进行探讨，也认为降水量对病害的发生有一定影响，降水量大，当年新发病面积小，还推测降水量是通过影响松墨天牛来影响病害，因为松墨天牛喜高温干燥。吕全、王卫东等[96, 130]根据松材线虫发生的这些特性，选取（6 ~ 8 月）均温、海拔、25℃以上的天数和年降水量 5 项因子，通过数学方法处理和 GIS 软件分析，制作出松材线虫在我国的适生值图，比前人的仅用温度和水分少数因子做的适生图要精确，但用 639 个气象台站的数据来做全国的适生图，所得适生值结果仍显粗糙。要得到精细的结果，需要更多的基础数据和进行一定的数据处理，结合 3S 技术，以 RS 数据作为来源和以 GIS 进行数据分析处理，是一个可行的途径，但其技术和方法还有待完善和提高。

3.1.3　媒介昆虫因子评估指标的筛选

松材线虫的自然扩散主要是靠媒介昆虫的传播。在亚洲，松墨天牛是松材线虫的关键传媒，松墨天牛成虫在取食补充营养和产卵时携带并传播松材线虫。

松墨天牛的生长、发育、扩散行为与温度、降水等气象因子关系密切。松墨天牛的发育起点温度是10.8℃，有效积温为690日度时能完成发育，适宜温度下限是15℃，上限是30℃，限制性高温是33℃[131]。当温度降低到18℃时，成虫便停止了取食和扩散活动。成虫取食松树皮的数量随温度升高而呈几何级数增加。在较冷的发生地，由于不能获得足够的积温，天牛的死亡率很高。在晴天成虫昼夜都能飞翔活动，具有弱趋光性，但在阴雨天成虫不飞行。

张华峰对松墨天牛成虫扩散原因的分析，认为松墨天牛成虫的扩散是由于环境因素引起，而不是其本身的聚集习性所致[119]。松墨天牛在松林内的扩散能力和范围受诸多因素影响，除补充营养所需食物和产卵场所这两个主要因素外，温度、湿度、光照、降水量、林分密度、林内成虫密度和日龄等均对松墨天牛成虫在林间的扩散产生影响。

我国有关研究资料表明：在广东，1年1代的松墨天牛种群向外扩散50 m、100 m、150 m的百分比分别为41.2%～60.7%、18.8%～32.6%及3.5%～6.7%。1年2～3代的，1年之中可扩散300～450m[132]。在安徽，朋金和等对松材线虫病自然扩散规律的研究报道："中心侵染源"外围350m范围内54株枯萎和濒死树中，距"中心侵染源"50 m以内、50～100m、100 m以上（最远115m）株数占总株数的百分比分别为70.4%、25.9%、3.7%，距侵染源100 m范围内的枯萎和濒死松树占96.3%[124]。两人的研究结果都说明松墨天牛在纯松林内自然扩散距离有限，这主要是由于在纯松林中有其本身生命活动所需的食料和栖居的场所等条件。从目前对墨天牛属成虫的扩散能力研究来看，墨天牛属成虫具有一定的长距离扩散能力，在寄主植物缺乏或生境条件恶化的情况下，为寻找适宜寄主和产卵场所，松墨天牛成虫的飞行潜能会被激发，在野外可一次性飞行0.8～1.0 km[133]，少数个体可扩散到3.3 km[125,134～135]。来燕学认为，我国实施"控制、压缩、补灭"的松材线虫病防治指导思想，要求开隔离带和皆伐松林，会激发松墨天牛飞行潜力，导致松材线虫病进一步扩散；"留住，压空，无害"新的指导思想要求用健康松树留住松墨天牛，同时清理死松树压缩松墨天牛种群基数的方法，能使松材线虫病防治走上了一条新道路[136]。

3.1.4　环境因子评估指标的筛选

环境条件是病虫害流行的必要条件，主要包括气象因子、地形因子等。气象因子主要影响病原及媒介昆虫的适生性，已在3.1.2及3.1.3中论述。本节主要针对地形因子指标进行筛选。

松材线虫病易在低海拔地区发生和流行，随着海拔增高发病程度逐渐减弱。在不同海拔高度的松树上接种松材线虫，一般海拔在400m处接种树均发病枯死，而高于400m处有部分枯死，日本调查结果，海拔在700m以上的松林几乎没有发生[23]。但各个地方会有很大差异，云南德宏州的瑞丽和畹町发现松材线虫病的两个地方海拔达800m和1000m以上。海拔高度的不同，气温、降水等一些环境因子也就不同，从而间接影响松材线虫病的扩散。

对不同坡向的马尾松林受害情况调查表明，阳坡比阴坡严重，被害率和虫口密度阳坡比阴坡高0.49倍和1.8倍[28]。松墨天牛在阳坡的扩散能力比在阴坡强的扩散能力强。同时还发现不同坡位对松墨天牛成虫的扩散影响不大[119]。余海滨的调查也发现，发病率与坡向有一定关系，南坡（阳坡）发病较重，北坡（阴坡）发病较轻。通常南坡先发病，进而才波及北坡，几乎所有新病点都是如此[129]。

3.1.5　人为干扰因子的评估与筛选

人为活动是松材线虫病传播扩散的另一重要因素。在防治过程中，清理病木不彻底，处理不及时，管理不善等，都可能导致松材线虫病的扩散和流行。经济发展，贸易活动频繁，各种建设项目的增加，病木制成的包装材料在货物运送目的地被拆卸后随意丢弃，这也造成新的侵染源形成。由日本松材线虫的发生发展历史就可见一斑。松材线虫在日本扩散蔓延的主要原因是病木运输，新的发病点大多数发生在工厂、矿山、军事单位周围、铁路沿线。1940年，香川县高松市某砖瓦厂从冈山运来大批松木做燃料，引起松材线虫病。1942 年，佐贺县伊万里町等地大量松树枯死，这是由于该地煤矿运入大量枯死松木作为坑道支撑木，松材线虫病从煤矿向四周蔓延。1997 年，在日本冲绳举办海洋博览会，由于建筑房屋需要大量木材，有的木材是从松材线虫病区运来，同时也给冲绳带来了松材线虫病[5]。熊本县八代市（1939 年），静冈县富士市（1947 年），歌山县新宫市（1957 年）和宫城县石卷市（1975 年）都是先在纸浆厂周围先发生松材线虫病，都是由于纸浆厂运入感病枯死松木所致。我国 1991 年浙江省最开始在象山县县政府后面的山上发现松材线虫病，正是由于在该山上建电视塔从日本进口木质包装设备的缘故[137]。

宋红敏分析松材线虫在浙江省的入侵过程，发现在松材线虫入侵初期，危害区域主要分布在人为活动频繁区，且多集中在铁路和公路两侧。借助人类及交通工具实现跳跃式的传播[131, 137]。

2004 年 11 月，在瑞丽市勐秀林场再次发现松材线虫病枯死木。德宏州林业局迅速组织技术人员进行发病区进行重点调查，查明枯死松树最先出现于通讯基站和输电线路附近，林间同时散落有修建通讯基站时各种设备的木质包装材料，经送检，这些木质包装材料上同时检出松材线虫，因此，在林区的通讯基站建设工地，各大型工程建设工地等都是人为活动传播松材线虫病的重要途径和场所。

3.2　松材线虫病风险评估指标体系的建立

3.2.1　寄主因子指标体系的建立

根据 3.1.1 对寄主因子相关文献的综述和分析，寄主因子主要包括其对病原及媒介昆虫的易感性及林分的结构三个二级指标层次，在林分状况的指标层次中，又包括森林结构、树龄、郁闭度 3 个三级指标层次，包含森林的结构组成，如纯林、混交林，寄主的龄组组成以及林分指数等参数（表 3-1）。

表 3-1　寄主因子指标体系
Table 3-1　The system of *B. xylophilus* host indexes

指标层次一	指标层次二	指标层次三	包含参数
1. 寄主	1.1 寄主对病原的易感性 1.2 寄主对媒介昆虫的易感性 1.3 林分结构	— 1.3.1 森林结构 1.3.2 树龄 1.3.3 郁闭度	不同寄主对病原和媒介的易感程度或寄生率的等级划分 包含寄主林的结构组成，如纯林、混交林等情况包含寄主林的中幼龄、近成熟林以及林分指数等参数及矢量数据等

3.2.2　病原因子指标体系的建立

根据 3.1.2 对病原因子相关文献的综述和分析，病原因子主要包括病原的自然扩散力和病原的适生性 2 个二级指标层次，在疫区自然扩散能力的指标层次中，又包括又分为轻、中、重 3 个区，每个区又包括 100m 以内、100～500m、500～1000m 三个自然传播所能达到的范围，主要参数包括疫区的分布地点坐标，疫区发生程度等。在病原因子适生性中，主要包括：适生的温度、每月平均气温，各月日最高气温≥30.0℃日数，有效积温等参数（表 3-2）。

表 3-2　病原因子指标体系
Table 3-2　The system of pathogeny indexes

指标层次一	指标层次二	指标层次三	包含参数
2. 病原	2.1 病原自然扩散能力 2.2 病原适生性	2.1.1 轻度发生区 2.1.2 中度发生区 2.1.3 高度发生区 —	包含疫区分布地点坐标，疫区发生程度等参数 病原的适生的温度、每月平均气温，各月日最高气温≥30.0℃日数，有效积温等

3.2.3 媒介昆虫因子指标体系的建立

根据3.1.3对媒介昆虫相关文献的综述和分析,影响媒介昆虫分布的主要因子为媒介昆虫的适生性,主要包括:适生的温度、每月平均气温,各月日最高气温≥30.0℃日数,有效积温等参数(表3-3)。

表3-3 媒介昆虫因子指标体系
Table 3-3 The system of vector insect indexes

指标层次一	指标层次二	指标层次三	包含参数
3. 媒介昆虫	3.1 媒介昆虫适生性	—	媒介昆虫的适生的温度、每月平均气温,各月日最高气温≥30.0℃日数,有效积温等

3.2.4 环境因子指标体系的建立

根据3.1.4对环境因子相关文献的综述和分析,环境因子主要包括气象因子和地形因子2个二级指标层次,气象因子主要影响病原及媒介昆虫的适生性,已在3.2.2及3.2.3中论述。地形因子则包含坡度、坡向、坡位、海拔等第三层次指标,参数主要有坡度数据、阴坡、阳坡的朝向参数,上、中、下等不同坡位参数以及不同的海拔梯度数据等(表3-4)。

表3-4 环境因子指标体系
Table 3-4 The system of environmental indexes

指标层次一	指标层次二	指标层次三	包含参数
4. 环境	4.1 气象因子	—	各参数已包含在寄主及病原层次中
	4.2 地形因子	4.2.1 坡度	包含不同的坡度数据
		4.2.2 坡向	包含阴坡、阳坡等坡向的朝向参数
		4.2.3 坡位	包含上、中、下等不同的坡位参数
		4.2.4 海拔	包含不同的海拔梯度数据

3.2.5 人为干扰因子指标体系的建立

人为干扰是松材线虫病扩散蔓延的重要原因,通过文献的分析和云南疫点的实地调查,人为活动对松材线虫病的风险等级影响主要包括交通和居民点的人为干扰2个二级指标,交通因子主要包括道路情况,机场分布、火车站分布等,居民点主要包括城镇规模,在建的大型工程以及大型企业的分布等,根据人为活动将疫木或病原带到新区后媒介昆虫的传播距离和人为的二次搬运等因素,再分别设1 km以内、1~5 km、5~10 km等四级指标(见表3-5)。

3.3 小 结

根据欧洲和地中海地区植物保护组织(EPPO,1997)制定的有害生物风评估方案和蒋青(1995)制定的有害生物危险性评价指标体系[109](表3-6),建立基于大尺度(例如以一个国家、一省区或县为单位)一种有害生物的风险评估指标体系,此方法得到广泛的认同和引用。

表 3-5　人为干扰因子指标体系

Table 3-5　The system of indexes for human activities

指标层次一	指标层次二	指标层次三	包含参数
5. 人为干扰	5.1 交通因子	5.1.1 国道 5.1.2 高速公路 5.1.3 省道 5.1.4 其他道路	包含国道、省道、高速公路、其他道路等不同等级道路的矢量化数据及影响半径
		5.1.5 枢纽火车站 5.1.6 中型火车站 5.1.7 小型火车站 5.1.8 飞机场	包含枢纽火车站、中型火车站、小型火车站等不同级别的火车站的地理位置及影响半径
	5.2 居民点	5.2.1 市、州 5.2.2 区、县 5.2.3 乡镇及以下	包含各机场的等级地理位置及影响半径 包含城市、县区、乡镇及以下等不同行政单位的地理位置及影响半径
		5.2.4 大型企业 5.2.5 在建工程	包含大型企业、以在建设大、中、小型水电站为主的各在建工程的地理位置及影响半径

表 3-6　有害生物危险性评价指标体系

Table 3-6　The evaluation system of baneful biological indexes

序号	评价指标	评判标准
1	国内分布状况(P_1)	国内无分布，$P_1=3$；国内分布面积占 0%～20%，$P_1=2$；占 20%～50%＞$P_1=1$；大于 50%，$P_1=0$
2.1	潜在的经济危害性(P_{21})	据预测，造成的产量损失达 20% 以上．和/或严重降低作物产品质量，$P_{21}=3$；产量损失在 20%～5% 之间，和/或有较大的质量损失，$P_{21}=2$；产量损失在 5%～1% 之间，和/或有较小的质量损失，$P_{21}=1$；产量损失小于 1%，且对质量无影响，$P_{21}=0$（如难以对产量/质量损失进行评估，可考虑用有害生物的为害程度进行间接评判。）
2.2	是否为其他检疫性有害生物的传播媒介(P_{22})	可传带 3 种以上的检疫性有害生物，$P_{22}=3$；传带 2 种，$P_{22}=2$；传带 1 种，$P_{22}=1$；不传带任何检疫性有害生物，$P_{22}=0$
2.3	国外重视程度(P_{23})	如有 20 个以上的国家把某一有害生物列为检疫对象，$P_{23}=3$；19－10 个，$P_{23}=2$；9－1 个，$P_{23}=1$；无，$P_{23}=0$
3.1	受害栽培寄主的种类(P_{31})	受害的栽培寄主达 10 种以上，$P_{31}=3$；9－种，$P_{31}=2$；4－1 种，$P_{31}=1$；无，$P_{31}=0$
3.2	受害栽培寄主的面积(P_{32})	受害栽培寄主的总面积达 350 万 hm² 以上，$P_{32}=3$；350－150 万 hm² $P_{32}=2$；小于 150 万 hm²，$P_{32}=1$；无，$P_{32}=0$
3.3	受害栽培寄主的特殊经济价值(P_{33})	根据其应用价值、出口创汇等方面，由专家进行判断定级，$P_{33}=3,2,1,0$
4.1	截获难易(P_{41})	有害生物经常被截获，$P_{41}=3$；偶尔被截获，$P_{41}=2$；从未截获或历史上只截获过少数几次，$P_{41}=1$。因现有检验技术的原因，本项不设"0"扩级。
4.2	运输中有害生物的存活率(P_{42})	运输中有害生物的存活率在 40% 以上，$P_{42}=3$；在 40%～10% 之间，$P_{42}=2$；在 10%～0 之间，$P_{42}=1$；存活率为 0，$P_{42}=0$
4.3	国外分布广否(P_{43})	在世界 50% 以上的国家有分布，$P_{43}=3$；在 50%～25% 之间，$P_{43}=2$；在 25%～0 之间，$P_{43}=1$；0，$P_{43}=0$

（续）

序号	评价指标	评判标准
4.4	国内的适生范围（P_{44}）	在国内50%以上的地区能够适生，$P_{44}=3$；在50%～25%之间，$P_{44}=2$；在25%～0之间，$P_{44}=1$；适生范围为0，$P_{44}=0$
4.5	传播力（P_{45}）	对气传的有害生物，$P_{45}=3$；由活动力很强的介体传播的有害生物，$P_{45}=2$；土传及传播力很弱的有害生物，$P_{45}=1$。该项不设0级.
5.1	检验鉴定的难度（P_{51}）	现有检验鉴定方法的可靠性很低，花费的时间很长，$P_{51}=3$；检验鉴定方法非常可靠且简便快速，$P_{51}=0$；介于之间，$P_{51}=2,1$
5.2	除害处理的难度（P_{52}）	现有的除害处理方法几乎完全不能杀死有害生物，$P_{52}=3$；除害率在50%以下，$P_{52}=2$；除害率在50%～100%之间，$P_{52}=1$；除害率为100%，$P_{52}=0$
5.3	根除难度（P_{53}）	田间防治效果差，成本高，难度大，$P53=3$；田间防治效果显著，成本很低，简便，$P_{53}=0$；介于之间的，$P_{53}=2,1$

注：R为有害生物危险性综合评价值；用Pi和Pij表示一级及二级指标的评价值

在这个PRA指标体系中，因为考虑的因子主要是大尺度的定性的指标，包括国内分布状况、潜在的经济危害性、是否为其他检疫性有害生物的传播媒介、国外重视程度、国外分布广否、根除难度等等，而定量、基于小尺度的指标较少，因此，基于这个指标体系所得到的结果中只能是大尺度，如：可以得到松材线虫病在云南发生低风险区共有2县：香格里拉县、德钦县；中度风险区共有东川区、嵩明县、宣威市等20县（市、区），高风险区有巧家县、永善县、绥江县、水富县等58县（市、区），其他49县（市、区）为松材线虫病发生较高风险区[103]。这个体系的分析结果不能精确到具体的林班或具体山头地块的风险等级，有它一定的局限性。

由于科学技术发展和研究手段的提升，可以利用GPS定位，通过RS解译寄主分布和环境情况，在GIS系统上可建立一套完整的精细的松材线虫病风险评估模型。为了使模型的建立能充分考虑到各种因子的影响，考虑到技术成熟度以及数据的可采集性，经对前人大量研究结果进行分析整理，并咨询了相关专家的基础上，本文初步建立基于3S技术精细的松材线虫病风险评估指标体系。

这套评价体系最大的特点是将3S技术的应用贯穿到整个体系的构建中，每个指标都可在GIS系统上模拟，并可在此系统上进行运算和拟合、校准、反演，它得到的结果精度就是所采用的基础地理数据的分辨率，例如，采用Quick Bird（快鸟）卫星数据，其全色波段分辨率为0.61m，彩色多光谱分辨率为2.44m，幅宽为16.5km，如采用MODIS卫星数据，其星下点的空间分辨率1～2通道为250m，3～7通道为500m，8～36通道为1000m，扫描速度20.3RPM，扫描宽度2330km×10km。即基于该体系计算出的风险等级是该分辨率下每一个像素点的风险等级，它的精度比前人的方法提高了多个数量级。

该指标体系共设一级层次指标5个，二级层次指标10个，三级层次指标27个，四级层次指标69个，如图3-1。

因为该指标体系只是初次建立，还需要大量的验证和修订工作，不断提高它的实用性和可靠性。这需要在将来的工作中继续完善和提高。

基于3S技术的松材线虫病风险评估指标体系各指标的指标权重及评判标准将根据专家打分的结果在第六章中单独论述。

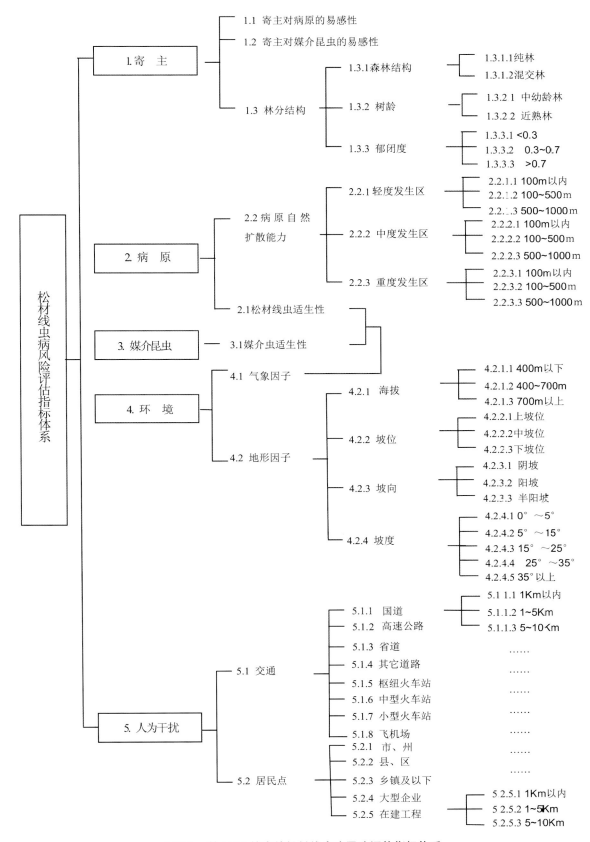

图 3-1　基于 3S 技术的松材线虫病风险评估指标体系

Fig. 3-1　3S technical system of indexes for risking analysis of Pine wilt disease

第4章　生物因子数据采集与数据处理

生物因子主要包括寄主、病原、媒介昆虫三个一级指标，主要包括寄主分布、寄主易感性、松材线虫适生性、媒介昆虫适生性以及疫区发生程度及自然扩散能力等指标。数据采集与处理工作通过 RS 遥感数据解译、GPS 定位、GIS 模型建立以及实地调查等手段处理获取。

4.1　寄主分布数据采集与解译

云南省分布的主要针叶树种有云南松、思茅松、华山松、高山松、马尾松、杉木林等。它们几乎都是松材线虫的寄主或潜在的寄主，获取这些树种空间分布情况主要有两种途径，即森林资源二类调查和遥感解译。森林资源二类调查所得数据较为精确，但其工作量巨大，成本较高，存在实用性较差的缺点。而通过遥感解译的方法获得寄主情况，其程序简单易行，成本较低，所得数据具有一定的准确性，能够满足本研究的要求，具有很好的实用性。本研究将采用遥感解译的方法来获得松材线虫的寄主空间分布情况。

4.1.1　数据来源

本文使用的遥感数据为美国陆地卫星 Landsat7 数据，卫星影像成像于 2003 年，共涉及 28 景，轨道号分别为 p127r043、p127r044、p128r041、p128r042、p128r043、p128r044、p129r040、p129r041、p129r042、p129r043、p129r044、p129r045、p130r041、p130r042、p130r043、p130r044、p130r045、p131r041、p131r042、p131r043、p131r044、p131r045、p132r040、p132r041、p132r042、p132r043、p133r040 和 p133r041。该数据从中国科学院卫星遥感地面站购得。

4.1.2　数据预处理

寄主分布数据是本研究中的基础图层，其他指标影响的靶点，因此，寄主数据的采集后的处理、解译的精度和准确性将直接影响风险评估的准确性。

理想的遥感图像能够真实地反映地物的辐射能量分布和几何特征，但由于遥感探测器、卫星高度、大气、地形、扫描方式等的影响，使地面所的图像都在不同程度上与地物本身的辐射能量或分布有差异，存在着畸变和失真。为了真实地反映地物信息，必须对遥感图像进行相应的处理，以尽可能地减少由于上述原因所带来的差异。这些处理主要包括影像的定标、投影转换、几何精纠正、去除影像背景和消除地形影响等。

4.1.2.1　影像定标、投影转换

科学院卫星遥感地面站所提供的数据产品的基本格式为 Fast - 17 - A 格式，已经作了系统级的纠正，其后缀为：∗.FST。该数据格式不能直接被 ArcGIS 系统读取，因此，需要对数据格式进行转换，转换成 ArcGIS 系统识别的数据格式。转换方法为利用上面头文件的数据说明，用 Arc/info 读取函数，将数据读入到 ArcGIS 系统中，再用 gridwarp 等 arc/info 命令对数据进行定标，将其转换为 ArcGIS 下的 GRID 格式的栅格地图文件。再用 project 命令将其投影到高斯坐标系统下。由于云南省跨 17 和 18 两个投影带，考虑到本研究处理数据的方便性，在投影转换时可灵活运用，将整个云南省的影像投影到一个高斯 6 度带中，为了保证其变形最小，中央经度选用 102 度。

4.1.2.2　几何精纠正

完成上面的操作后，经过投影实现遥感图像由原来的阵列坐标到高斯坐标的变换，使得遥感图像有了一个真正意义的坐标系统，但其表达的地物的坐标位置与地物实际的空间分布位置还有较大误差，最大可达到百米，达到十几个像元。为提高信息及数据叠加的精度，必须对系统级纠正的图像进行几何精纠正处理。常用的几何精纠正方法是利用水系选取地面控制点进行，但这种方法由于控制点数量

有限，不能满足精纠正控制点的数量要求。因此，本研究采用沟谷线和山脊线结合作为参考层的方法对影像进行纠正。

利用地形图数字化所采集的高程数据生成数字高程模型 DEM，从 DEM 中提取山脊线和沟谷线，即地形轮廓线，作为选取地面控制点的矢量数据，通常情况下一景影像要选取一到两千个控制点，这样就保证了足够的控制点，能够提高几何精纠正的处理精度，使图像的几何误差控制在 1~2 个像元之内。

整个精纠正处理过程均在 ArcGIS 系列软件中进行。以 3、4、5 波段的灰度值为三原色显示彩色图像，并将其作为背景，再以山脊线和沟谷线作为参考数据层，创建控制点层，采集控制点，最后保存控制点数据层，利用 ArcInfo 中的多项式几何变换函数，分别对每个波段进行纠正计算。最后得到具有较为准确现实坐标的卫星影像。

4.1.2.3　遥感影像的背景去除

遥感数字影像，其数学本质是 M 行 × N 列的一个二维的矩阵表，由于传感器在获取地面信息时，卫星的飞行轨道与经线并不平行，因而导致所获得的每景影像不是一个矩形，而是一个平行四边形。在利用计算机对影像进行存储和处理时，仍然对影像以一个影像的外接矩形去填充，所填充的范围是以 Nodata 来表示的，但本研究所使用的影像其图像外部不是以 Nodata 来填充，而使以 0 值来表示，这样，在影像的存储和应用方面都带来了很多弊端。因此，需要对影像的黑色背景部分进行去除，以 Nodata 的形式来表示。具体过程在 Arc/Info 中进行，结合每个波段的波谱特征，使用 con 命令使背景的 0 值转换为 Nodata，这样对图像统计分析时，就不会将背景值计入，消除了背景的干扰。

4.1.2.4　消除地形影响

卫星遥感影像是通过卫星上搭载的传感器捕获地物的电磁辐射信息形成的，由于地表起伏、地形影响的存在，使得位于不同坡向的地物因接收到的太阳辐照度的差异，表现出不同的色调，导致位于阴坡的地物难于识别，或误判，从而使得遥感影像信息提取产生不准确性。对于多山地区设计有效消除或减弱地形影响的算法非常必要。由于云南省是一个多山省份，地形变化起伏复杂，故对该区域的遥感影像进行地形影响去除具有重要意义。国内外不少专家，提出了关于地形阴影去除的方法，如 C–correction、Minnert correction 等模型。根据几种方法的应用对比，认为高级 C 校正有最佳的去除效果最好。不同的算法模型，由于其根本出发点不同，作出的图像效果也不尽相同，而且即使使用同一模型对不同的图像，也有不尽相同的应用效果。本研究采用滑动比值法进行地形影响去除，其设计思想是，假设遥感图像是关于地形信息与地物覆盖信息的一矩阵函数，以 TM 第三、第四波段为例：

$$\left.\begin{aligned} TM_3 &= band_3 \times DEM + b \\ TM_4 &= band_4 \times DEM + d \end{aligned}\right\} \tag{4.1}$$

其中 $band_3$、$band_4$ 为只表现地表覆盖信息的图像数据；TM_3 及 TM_4 为传感器上获取的波段数据；DEM 为地形影响因子，其表达的地形起伏与基础测绘上的数字高程模型的起伏状况是相反的，b、d 为常数；通过两个波段数据的比值，调节常数 b、d 至获得效果较好的地形影响去除后的新图象。利用该方法，完成了对整个云南省 28 景影像的地形影响去除。

4.1.3　遥感解译

通过以上的各种预处理工作，影像已经能够满足应用要求。将影像数据载入 ENVI 软件中，通过该软件的分类功能，对遥感影像进行监督分类，从多光谱中提取出有光谱特征和空间特征区别的图斑，再将识别出的图斑根据其值的不同进行矢量归并，转化成矢量多边形，栅格–矢量化，图斑的光谱属性值即本征覆盖类型集成到属性库中，再通过人机交互工作对图斑进行识别和判读，修改属性库属性。解译是一个人机互动的过程，在这个过程中，首先要对典型样地进行实地踏察，明确植被和影像的对应关系，根据影像的纹理、色调和饱和度等特征建立解译标志，再通过人机交互进行类型识别。另外，还要对该矢量图层中非常小的、破碎的多边形进行去除，该研究中去除了面积小于 5 hm² 的多边形，即小于 55 个像元的斑块将被去除，合并到相邻的大的图斑中，最后利用 Arc/Info 提供的 ArcEdit 模块对部分矢量边界进行手工修改与编辑。

由于本研究只涉及松材线虫的寄主分布情况，因此，从植被类型图层中只提取松材线虫的寄主分布信息。提取过程可在 ArcView 软件中进行，使用 ArcView 中的查询功能对植被数据库进行选择和提取，将提取出来的信息转换成 .shp 格式的文件。图4-1 为由 ETM 卫星影像解译得到的云南省主要针叶林分布情况。

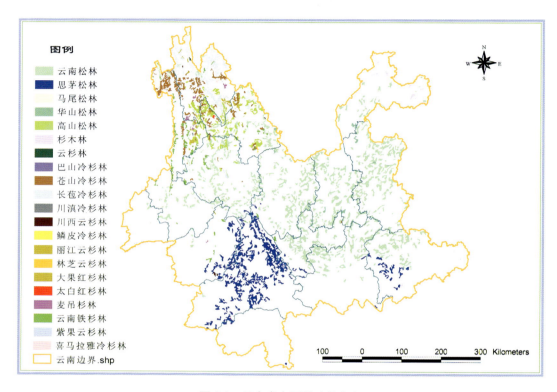

图4-1 云南省主要针叶林分布
Fig. 4-1 The map for the distribution of *B. xylophilus* hosts in Yunnan Province

从获得的数据可采集和解译到的针叶树种共21种，分属6属，松属树种4种，非松属树种17种，共计696.12万 hm²，见表4-1。

表4-1 云南省松材线虫寄主分布情况
Table 4-1 The table for the distribution of *B. xylophilus* hosts in Yunnan Province

序号	寄 主	面积/hm²	比例
1	巴山冷杉林 *Abies fargesii* Franch	1739.68	0.02
2	苍山冷杉林 *Abies delavayi* Franch	498712.87	7.16
3	长苞冷杉林 *Abies veitchii*	509347.36	7.32
4	川滇冷杉林 *Abies forrestii* . C. Rogers	2678.97	0.04
5	川西云杉林 *Picea balfouriana* Rehd . et Wils	8017.18	0.12
6	大果红杉林 *Larix potaninii* var. *macrocarpa Law.*	17586.36	0.25
7	高山松林 *Pinus dentata*	511381.18	7.35
8	华山松林 *Pinus armandii* Franch.	54230.53	0.78
9	丽江云杉林 *Picea likiangensis*（Franch.）Pritz	61796.04	0.89
10	林芝云杉林 *Picea likiangensis*（Franch.）Pritz. var. linzhiensis Cheng et L. K. Fu	6006.55	0.09
11	鳞皮冷杉林 *Abies squamata* Mast	202.68	0.00

（续）

序号	寄主	面积/hm²	比例
12	马尾松林 Pinus massoniana Lamb.	1928.64	0.03
13	麦吊云杉林 Picea brachytyla（Franch.）Pritz.	29197.85	0.42
14	杉木林 Cunninghamia lanceolata（Lamb.）Hook	52151.30	0.75
15	思茅松林 Pinus khasya	1184031.61	17.01
16	太白红杉林 Larix chinensis Beissn.	4531.66	0.07
17	喜马拉雅冷杉林 Abies spectabilis	10102.13	0.15
18	云南松林 Pinus yunnanensis Franch.	3778572.04	54.28
19	云南铁杉林 Tsuga dumosa	213120.10	3.06
20	云杉林 Picea asperata Mast	3962.04	0.06
21	紫果云杉林 Picea purpurea Mast.	11859.95	0.17

4.2 寄主易感性数据的采集与处理

4.2.1 寄主对松材线虫病的易感数据采集

通过查阅文献中关于寄主易感松材线虫病的不同程度或寄主抗病性的研究和论述，经分析与整理后得到松材线虫寄主感病综合情况（附件 B，表 B-1），所涉及的寄主树种共包括 98 种针叶树，其中松属（Pinus）植物共 72 种，非松属针叶植物共 26 种。自然条件下感病的松属树种 48 种（中国 11 种）；非松属 12 种。人工接种感病的松属寄主 27 种（中国 7 种），非松属寄主 16 种[1, 9, 17~21, 28, 42, 76, 90, 103, 113, 138~144]。

在通过遥感解译得到的云南分布的 21 种主要针叶树种中，有 6 个树种通过人工接种试验表明感病，其中 3 个树种被证明在自然条件下感病，有 15 个树种在文献中没有描述它们的感病情况（表4-2）。

表 4-2 云南省松材线虫寄主感病性情况
Table 4-2 The table for the infectious situation of *B. xylophilus* hosts in Yunnan Province

树种名称		自然条件下感病情况		人工接种感病情况	
		感病程度①	论述次数	感病程度①	论述次数
云南松 Pinus yunnanensis				感病	8
				较易感	1
思茅松 P. kesiya Royle et Gordon var. langbianensis		感病	1	感病	1
华山松 P. armandii		感病	2	感病	6
		较易感	1	抗病	1
高山松② P. densata				感病	13
				较易感	1
				较抗病	1
马尾松 P. massoniana		抗病	3		
		感病	6	感病	1
		较抗病	2	较抗病	1
		抗病	4	抗病	1
		高度抗病	1	高变抗病	1
杉木 Cunninghamia Lanceolata				感病	1
铁杉属③针叶林 Tsuga. spp	云南铁杉 T. dumosa			感病	2
落叶属③针叶林 Larix spp.	太白红杉林 L. chinensis Beissn.	感病	4	感病	5
	大果红杉林 L. potaninii var. macrocarpa Law.				
冷杉属③针叶林 Abies spp.	苍山冷杉林 A. delavayi Franch	感病	4	感病	12
	鳞皮冷杉林 A. squamata Mast				
	巴山冷杉林 A. fargesii Franch				
	川滇冷杉林 A. forrestii . C. Rogers				
	喜马拉雅冷杉林 A. spectabilis				
	长苞冷杉林 A. veitchii				

（续）

树种名称		自然条件下感病情况		人工接种感病情况	
		感病程度①	论述次数	感病程度①	论述次数
云杉属③针叶林 Picea spp.	云杉林 Picea asperata Mast 麦吊云杉林 Picea brachytyla（Franch.）Pritz. 川西云杉林 Picea balfouriana Rehd. et Wils 林芝云杉林 Picea likiangensis（Franch.）Pritz. var. linzhiensis Cheng et L. K. Fu 丽江云杉林 Picea likiangensis（Franch.）Pritz 紫果云杉林 Picea purpurea Mast.	感病	16	感病	7

注：①感病程度划分为：自然条件下和人工接种两种情况下，高感、感病、较易感、较抗病、抗病、高抗病6个级别；

②高山松（Pinus densata）是云南松（P. yunnanensis）与油松（P. tabulaeformis）自然杂交产生的二倍体杂种，因此，将云南松和油松的描述情况应用于高山松；

③部分种没有关于感病性的描述，以该属下各个种描述的综合情况代替。

4.2.2　寄主对松材线虫病易感数据的处理

通过对相关文献的查阅，本文将感病程度划分为自然条件和人工接种条件两种情况，每种情况又有：高感、感病、较易感、较抗病、抗病、高抗病6个级别，而不同的研究对每个树种又会出现不同的结果，为了对寄主对松材线虫病的易感性进行数字化的表达，我们将两种情况的6个感病程度分别赋值，最高为1，最低为0.1（表4-8），通过所赋值来计算寄主的易感程度，以易感指数表示。

表4-3　易感程度赋值

Table 4-3　The valuation table of susceptible level

易感程度	自然条件下感病程度						人工接种条件下感病程度					
	高感	感病	较易感	较抗病	抗病	高抗病	高感	感病	较易感	较抗病	抗病	高抗病
赋值	1	0.9	0.8	0.3	0.2	0.1	0.9	0.8	0.7	0.5	0.4	0.3

因为考虑到自然条件下的感病情况比人工接种情况下对自然规律的反应更加客观，因此在赋值时，将自然条件下的赋值高出了一个等级。

根据表4-3的赋值，就可对4.2.1中收集的各文献对99种寄主的研究和描述情况赋予分值，通过平均就可求出各寄主的易感指数（附件C，表C-1），属的易感指数以属下下的各个种的易感指数的平均值代替，云南分布的主要松材线虫寄主的易感指数计算结果如表4-4。

表4-4　松材线虫主要寄主易感指数

Table 4-9　The table of susceptible indexes of main B. xylophilus hosts in Yunnan Province

树种名称		易感指数
云南松 Pinus yunnanensis		0.79
思茅松 P. kesiya Royle ex Gordon var. langbianensis		0.85
华山松 P. armandii		0.48
高山松 P. densata		0.71
马尾松 P. massoniana		0.52
杉木 Cunninghamia Lanceolata		0.8
铁杉属针叶林 Tsuga. spp	云南铁杉 T. dumosa	0.8
落叶属针叶林 Larix spp.	太白红杉林 Larix chinensis Beissn. 大果红杉林 Larix potaninii var. macrocarpa Law.	0.83

（续）

树种名称	易感指数	
冷杉属针叶林 *Abies* spp.	苍山冷杉林 *A. delavayi* Franch 鳞皮冷杉林 *A. squamata* Mast 巴山冷杉林 *A. fargesii* Franch 川滇冷杉林 *A. forrestii.* C. Rogers 喜马拉雅冷杉林 *A. spectabilis* 长苞冷杉林 *A. veitchii*	0.81
云杉属针叶林 *Picea* spp.	云杉林 *Picea asperata* Mast 麦吊云杉林 *Picea brachytyla*（Franch.）Pritz. 川西云杉林 *Picea balfouriana* Rehd. et Wils 林芝云杉林 Picea likiangensis（Franch.）Pritz. var. linzhiensis Cheng et L. K. Fu 丽江云杉林 Picea likiangensis（Franch.）Pritz 紫果云杉林 Picea purpurea *Mast.*	0.86

4.2.3　寄主对媒介昆虫的寄生程度数据采集与处理

松墨天牛在松属树种中有广泛的寄主，几乎所有松树都有可能被其危害。在云南主要危害云南松、思茅松、华山松、云南油杉、和杉木[145]。其中又以为害云南松和华山松程度最高，其他针叶林次之，由于云南松和华山松的分布范围涉及全省的 16 个地级行政区，为松墨天牛在全省的扩大危害提供了最基本的寄主条件[36]。根据云南省林业有害生物防治检疫局提供的数据，截至目前松墨天牛已在云南省分布有针叶林的林区广泛分布，而对松墨天牛对不同寄主的取食程度的文献又相对较少，因此，本文将寄主对媒介昆虫的易感程度分为两个程度，"极易"、"易"，并赋值为 0.8 和 0.5（表 4-5）。

表 4-5　云南省主要针叶林松墨天牛寄生情况
Table 4-5　The table of the autoecious circs of conifers with *M. alternatus* Hope in Yunnan Province

寄主名	拉丁学名	寄生程度	赋值
苍山冷杉林	*Abies delavayi* Franch	易	0.5
鳞皮冷杉林	*A. squamata* Mast	易	0.5
巴山冷杉林	*A. fargesii* Franch	易	0.5
川滇冷杉林	*A. forrestii* . C. Rogers	易	0.5
喜马拉雅冷杉林	*A. spectabilis*	易	0.5
长苞冷杉林	*A. veitchii*	易	0.5
杉木林	*Cunninghamia lanceolata*（Lamb.）Hook	易	0.5
太白红杉林	*Larix chinensis* Beissn.	易	0.5
大果红杉林	*L. potaninii* var. *macrocarpa* Law.	易	0.5
云杉林	*Picea asperata* Mast	易	0.5
麦吊云杉林	*P. brachytyla*（Franch.）Pritz .	易	0.5
川西云杉林	*P. balfouriana* Rehd . et Wils	易	0.5
林芝云杉林	*P. likiangensis*（Franch.）Pritz. var. linzhiensis Cheng et L. K. Fu	易	0.5
丽江云杉林	*P. likiangensis*（Franch.）Pritz	易	0.5
紫果云杉林	*P. purpurea* Mast.	易	0.5
华山松林	*Pinus armandii* Franch.	极易	0.8
高山松林	*P. dentata*	易	0.5
思茅松林	*p. khasya*	易	0.5
马尾松林	*P. massoniana* Lamb.	易	0.5
云南松林	*P. yunnanensis* Franch.	极易	0.8
云南铁杉林	*Tsuga dumosa*	易	0.5

4.3　松材线虫及媒介昆虫适生性数据的采集与处理

4.3.1　基础气象数据的采集

松材线虫及媒介昆虫适生分布格局主要依靠传统的病原及媒介昆虫的生物学特性及其生长发育与

环境关系的研究结果，依据云南省的长期气象数据，建立模糊综合评判矩阵，得出各个台站适生值再经插值加密而得到各像素点的适生分布值，因此，松材线虫及媒介昆虫适生分布数据主要采集的是气象数据，利用MODIS卫星数据反演的实时气象数据的采集将在4.4节中论述。

云南省20年，134个气象站点的基本情况、气象数据通过云南省气象局编写的《云南省农业气候资料》[146]整理得到，数据包括各站点每月平均气温，各月日最高气温≥30.0℃日数，日平均气温稳定≥0、5、10、18℃初终期及积温（见附件1），Modis数据校验所需的资源昆虫所禄丰试验站及元江试验站的气象数据由两个试验站提供，两个试验站的数据包括观测站的地理坐标，一天至少三次的气温、湿度及降水量等气象观测数据（见附件A，表A－1、A－2、A－3）。

4.3.2 气象台站的空间分布

云南80%以上的地区为山区，山高、坡陡谷深、地形变化快是其基本地理特征，从而导致云南小气候特征突出，"一山分四季、十里不同天"是云南山地气候的真实写照。云南一个县有一个气象站，每个县的平均面积约为2000多平方公里，任何一个县的气象站点的观测数据，还不能完全反映该县的适合松材线虫生存的环境变化以及松材林分的分布格局变化，所以，要准确的评估云南松材线虫的适生环境，首先要准确描述云南山地地形的微气候的变化的基本规律，即将每个县气象站点的观测数据，推广到这个县的所有区域上。

一个地区的山地微气候基本规律由这个地区正常年份的气象数据体现，结合前述的松材线虫病的生理发育的需求，首先根据云南省的134个气象台站的坐标（见附件1）绘制云南省气象台站空间分布图（图4-2）。

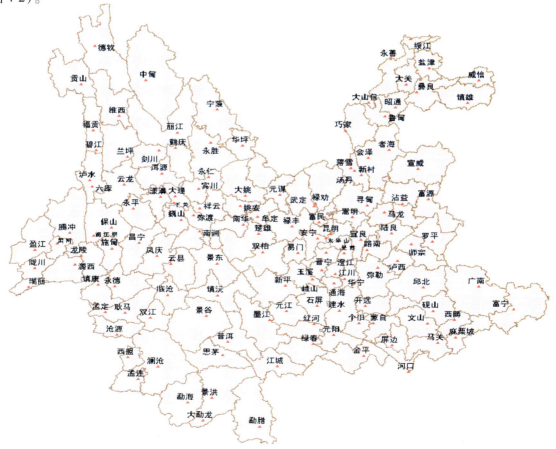

图4-2　云南省气象台站空间分布

Fig. 4-2　The map of the space distribution for observatories in Yunnan Province

因松材线虫的传播、侵染期发表在 6～8 月，因此，对松材线虫病的适生性的气象数据是利用 6～8 月的平均气温，而松墨天牛则利用全年的平均气温，以下数据的处理和空间连续化模拟以 6～8 月的平均模拟为例进行论述。

4.3.3　气象因子的空间连续化模拟

空间内插法是用离散、有限的地面样本观测数据集，来描述和表达连续、整体分布的地表物理指标变化的方法。由于地面气象观测站点的稀疏性，如果要描述地表的气象因子的连续性变化，要得到气象指标的连续描述或空间可视化表达，必须使用空间内插方法。空间内插包括利用独立的观测指标的内插法与借助已有的其他空间连续指标的关联内插法。内插的本质是通过已知点的数据推求同一区域的其他未知点数据的计算方法，它的依据是：地球表面上的很多空间观测指标往往存在某种关联关系，如果能找出这种关联规律，就可用较少的地面观测数据来描述连续的地表过程与现象。这种方法对于许多的宏观生态学、气象学研究、地表过程与规律研究等是非常有用的，因为对于任何一种大面积的地面规律研究领域，人类所提供的工具和手段，几乎难以支撑密集的或者连续的地面现象观测，使用空间规律和空间内插方法是表达地面的连续变化规律的必不可少的方法。

空间内插方法包括整体内插方法和局部插值方法，前者用于研究区所有采样点的数据进行全区特征拟合，后者是用邻近的数据点来估计未知点的值。趋势面分析、泰森多边形方法、距离倒数插值、克里森金插值和关联函数插值是最常用的 5 种空间内插方法。

4.3.3.1　趋势面分析

趋势面分析是根据采样点的属性数据与地理坐标的关系，进行多元回归分析得到平滑数学平面方程的方法。该方法的思路是先用已知采样点数据拟合出一个平滑的数学平面方程，再根据该方程计算无测量值的点上数据。其理论假设是地理坐标 (x, y) 是独立变量，属性值 Z 也是独立变量且是正态分布的，同样回归误差也是与位置无关的独立变量。

多项式回归分析是描述长距离渐变特征的最简单方法。多项式回归的基本思想是用多项式表示线、

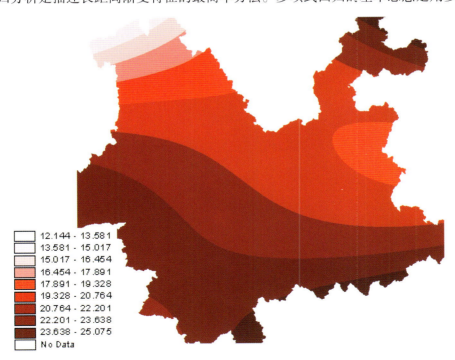

图 4-3　3 次多项式曲面模拟

Fig. 4-3　The simulating map of cubical polynomial surface

面，按最小二乘法原理对数据点进行拟合，二维平面的多元回归分析的曲面多项式的基本形式如下：

$$f\{(x,y)\} = \sum^{r+s\leqslant p}(b_{rs}\cdot x^r\cdot y^2)\qquad(4.2)$$

将134个气象站点的6～8月平均温进行趋势面分析，得到3次趋势面分析图（图4-3）及7次势面分析图（图4-4）。

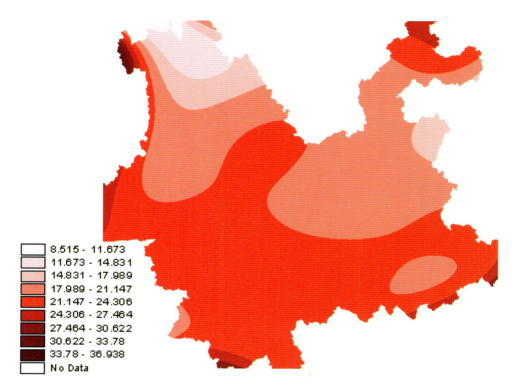

8.515 - 11.673
11.673 - 14.831
14.831 - 17.989
17.989 - 21.147
21.147 - 24.306
24.306 - 27.464
27.464 - 30.622
30.622 - 33.78
33.78 - 36.938
No Data

图4-4　7次多项式曲面模拟

Fig. 4-4　The simulating map of septuple polynomial surface

趋势面分析的优点是：它是一种极易理解的技术，至少在计算方法上是易于理解的。另外，大多数数据特征可以用低次多项式来模拟。

趋势面拟合程度的检验，同多元回归分析一样可用 F 分布进行检验，其检验统计量为：

$$F = \frac{U/p}{Q/(n-p-1)}\qquad(4.3)$$

式中：U 为回归平方和，Q 为残差平方和（剩余平方和），p 为多项式的项数（但不包括常数项 b_0），n 为使用资料的数目。当时，则趋势面拟合显著，否则不显著。

4.3.3.2　最邻近点法——泰森多边形方法

泰森（Thiessen）多边形采用一种极端的边界内插方法，只用最近的单个点进行区域插值。此方法按数据点位置将区域分割成子区域，每个子区域包含一个数据点，各子区域到其内数据点的距离小于任何到其他点的距离，并用其内数据点进行赋值。连接所有数据点的连线形成三角形，与不规则三角网TIN 具有相同的拓扑结构。

GIS 和地理分析中经常采用泰森多边形进行快速的赋值，实际上泰森多边形的一个隐含的假设是任何地点的气象数据均使用离它最近气象站的数据。而实际上，除非是有足够多的气象站，否则这个假设不恰当，因为降水、气压、温度等现象是连续变化的，用泰森多边形插值方法得到的结果图变化只发生在边界上，在边界内体现为均质或无变化（图4-5）。

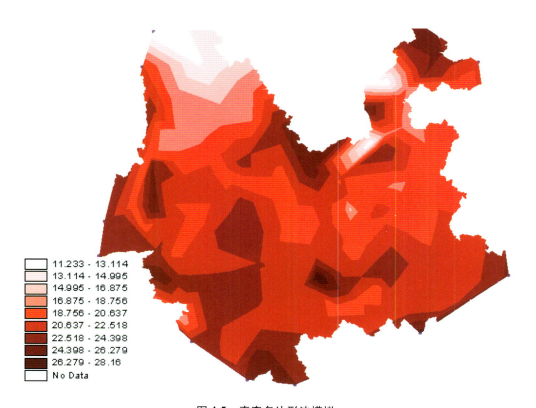

图 4-5　泰森多边形法模拟

Fig. 4-5　The simulating map of Thiessen polygon way

实质：用于生成"领地"或控制区域。适合专题数据内插。

优点：算法简单，未采样的值等于与它距离最近的采样点的值。

缺点：对于大多数情况下的连续变化的数据差值无能为力（空间数据建模中的内插方法讨论）.

4.3.3.3　移动平均插值方法——距离倒数插值

距离倒数插值方法综合了泰森多边形的邻近点方法和趋势面分析的渐变方法的长处，它假设未知点 x_0 处属性值是在局部邻域内中所有数据点的距离加权平均值。距离倒数插值方法是加权移动平均方法的一种。加权移动平均方法的计算公式如下：

$$\sum_{i=1}^{n} \lambda_i = 1 \tag{4.4}$$

式中：权重系数由函数计算，要求当 $d \to 0$ 时，一般取倒数或负指数形式 d^{-r}，e^{-d}，e^{-d^2}

其中最常见的形式是距离倒数加权函数，形式如下：

$$\hat{z}(x_j) = \sum_{i=1}^{n} z(x_i) \cdot d_{ij}^{-r} / \sum_{i=1}^{n} d_{ij}^{-r} \tag{4.5}$$

式中：x_i 为未知点，d_{ij} 为已知数据点。

加权移动平均公式最简单的形式为线性插值，公式如下：

$$\hat{z}(x_0) = \frac{1}{n} \sum_{i=1}^{n} z(x_i) \tag{4.6}$$

距离倒数插值方法是 GIS 软件根据点数据生成栅格图层最常见方法。距离倒数法计算值易受数据点集群的影响，计算结果经常出现一种孤立数据明显高于周围数据点的"鸭蛋"分布模式，可以在插值过程中通过动态修改搜索准则进行一定程度的改进（图 4-6）。

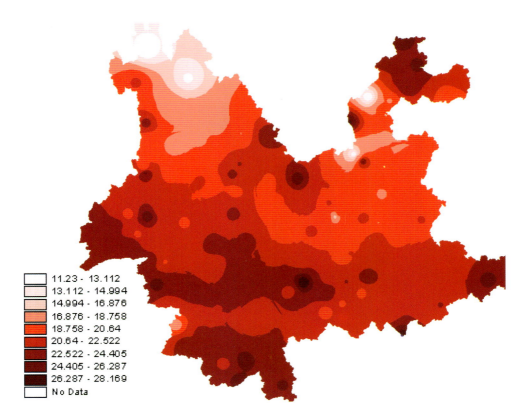

图 4-6　距离倒数插值法模拟

Fig. 4-6　The simulating map of interpolation methed of distance reciprocal

4.3.3.4　空间自协方差最佳内插法——克里金插值

依据：由于任何地质、土壤、水文等区域特性变量过于杂乱，即空间连续变化的属性非常不规则，不能用平滑数学函数进行模拟，但能用随机表面给予较适当的描述。这种连续变化的空间属性称为"区域性变量"，可以描述气压、高程及其连续性变化的描述指标变量。这种应用地理统计方法进行空间插值的方法，被称为克里金插值。地理统计方法为空间插值提供了一种优化策略，即在插值过程根据优化准则函数动态的决定变量的数值。

内插过程：首先是探查区域性变量的随机分布状况，然后模拟这些变量的随机状况，最后用前两步产生的信息估计内插的权因子。

克里金法(区域变化理论)假设任何变量的空间变化都可以用下述三个主要成分的和来表示：①与均值或趋势有关的结构成分；②与空间变化有关的随机变量，即区域性变量；③与空间无关的随机噪声项或剩余误差项。

克里金插值方法的目的是提供确定权重系数最优的方法和并能描述误差信息。由于克里金点模型(常规克里金模型)的内插值与原始样本的容量有关，当样本少的情况下，采用简单的点常规克里金值的内插结果会出现明显的凹凸现象。可以通过修改克里金方程以估计字块 B 内的平均值来克服这一缺点。该方法叫块克里金插值，对估算给定面积实验小区的平均值或对给定格网大小的规则格网进行插值比较适用。

块克里金插值估算的方差结果常常小于点克里金插值，所以生成的平滑插值表面不会发生点模型的凹凸现象(图 4-7)。

对于整体规律较强、观测点密度高的样本数据，使用该方法效果较好。

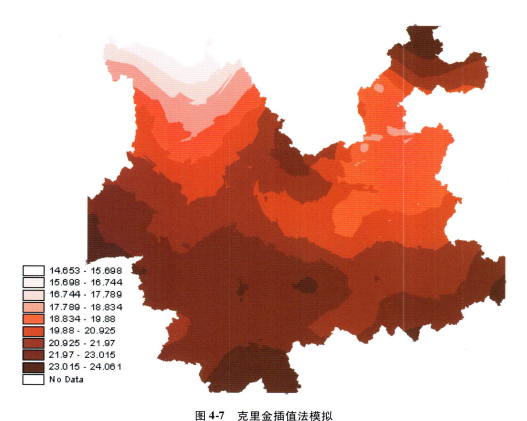

图 4-7　克里金插值法模拟

Fig. 4-7　The simulating map of kriging interpolation method

4.3.3.5　关联函数内插法

关联函数法是从存在的某种地面连续数据集中找到一个函数关系式，使该关系式最好地逼近这些已知的空间数据，并能根据函数关系式推求出区域范围内其他任意点或任意分区的值。

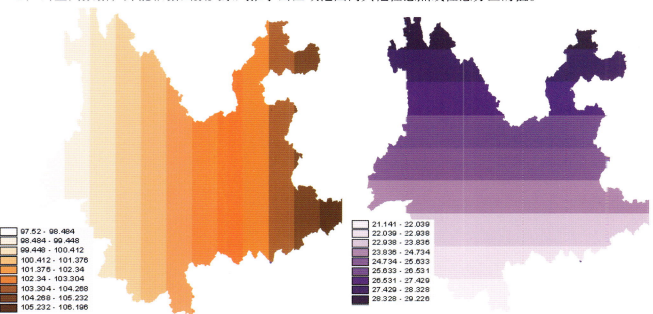

图 4-8　经纬度数据

Fig. 4-8　Datum of longitude and latitude

已有的研究表明，云南的气温分布呈北低南高的趋势，海拔（*ELEV*）、地理纬度（*N_ DD*）、经度（*E_ DD*）、坡向（坡向指数 *ASPECT*）、坡度（沟谷指数 *CUV*1、坡型指数 *IND*1）对其有影响。利用空间分析和处理出坡度、坡向、经度、纬度的栅格地图，利用空间分析和再采样方法，在气象样本数据中，再采集地理经度、纬度（图 4-8）海拔（图 4-9）、沟谷指数（图 4-10）、坡度数据（图 4-11），构成了样本数据集合。

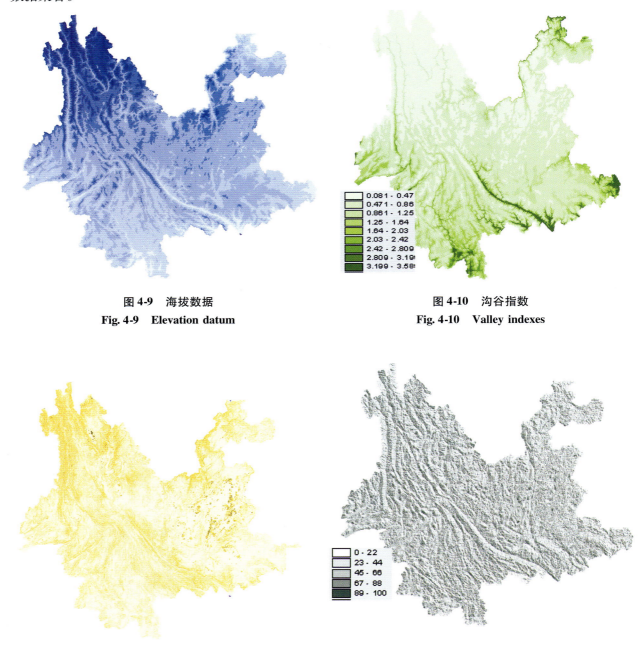

图 4-9　海拔数据
Fig. 4-9　Elevation datum

图 4-10　沟谷指数
Fig. 4-10　Valley indexes

图 4-11　坡度数据及转化后的坡度指数
Fig. 4-11　Gradient datum and gradient indexes which have been transformed

坡向数据转化为坡向指数按 5.2.2.4 的方法进行转化，结果见图 4-11。各气象观测台站的点状空间数据，重采样为栅格数据，栅格像元为 180 米。利用空间选取手段进行叠加分析，得到每个气象台站点的坡度、坡向、坡型指数等。该数据与附件 A 中的站点点名、海拔、年平均气温、6 ~ 8 月均温、积温等关联，生成新的样本数据集，并将其制作为 Excel 格式文件，见附录 B 表 B-1。利用 Spss 统计软件包进行多元回归分析，分别建立 6~8 月均温的回归方程（各简写含义：北纬：N_DD、东经：E_DD、高程：$ELEV$、坡向指数：$ASPECT$、沟谷指数：$CUV1$、坡型指数：$IND1$）：

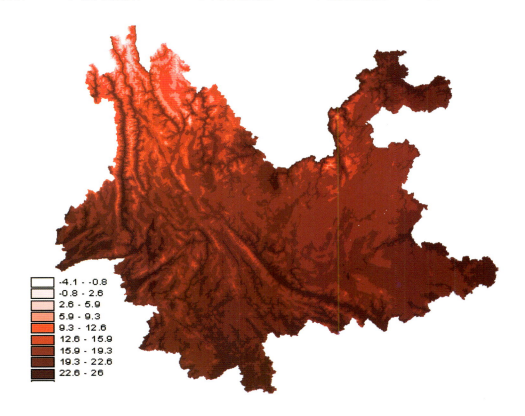

图 4-12 关联函数内插法模拟 6~8 月均温连续空间温度示意图
Fig. 4-12 The simulating sketch map of continuity space temperature with incidence function

$$Y_{6\sim8月均温} = 32.354 + 0.213 \times N\_DD - 7.282E - 02 \times E\_DD - 5.703E - 03 \times ELEV - 3.572E - 0.4 \times ASPECT - 1.219E - 0.2 \times CUV1 + 5.160E - 03 \times IND1 \tag{4.7}$$

根据回归方程计算出每个栅格像元的值，并绘制 6~8 月均温空间分布示意图（图 4-12），用同样的方法建立年均温、$T \geqslant 10.8℃$ 积温的回归方程：

$$y_{年均温} = 45.943 - 0..536 \times N\_DD - 2.565E - 04 \times CUV2 - 0.344 \times ELEV2 \tag{4.8}$$

$T \geqslant 10.8℃$ 积温 $Y_{j1} = 30149.12 - 251.881 \times N\_DD - 144.832 \times E\_DD + 49.536 \times CUV1 - 3.292 \times CUV2 - 138.03 \times pow(dem\_dd, 0.5)$ (4.9)

根据式(4.7-9)的回归方程分别建立年均温（图 4-13）、$T \geqslant 10.8℃$ 积温的空间分布示意图（图 4-14）。Spss 统计软件包进行多元回归分析的过程见附录 B。

4.3.3.6 结果比较

通过以上五种方法研究说明，由于气象观测点的空间样本点稀少，从内插得到的空间地图结合云南的气象特征分析表明不同的方法模拟所得的效果有明显的差异。

利用 3 次多项式曲面模拟 6~8 月平均温度的分布，该分布大体表现了云南的南高北低的温度分布的气象特征，但很多区域的局部规律没有完全体现出来，如在昭通区域表现为高气温区域，这与基本规律不符，其根本原因可能是昭通的气象观测点位于金沙江干热河谷一带，难以代表这一带的其他区域的基本规律。利用 7 次多项式曲面模拟 6~8 月平均温度的分布，提高多项式次数更有利于体现各个

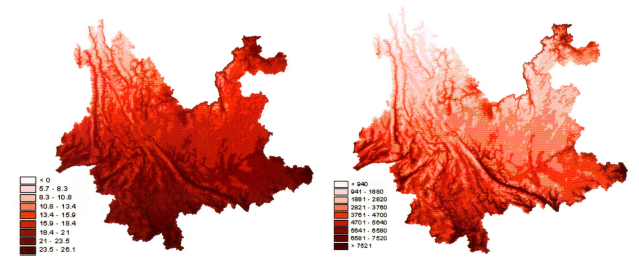

图 4-13　模拟年均温连续空间温度示意图

Fig. 4-13　The simulating sketch map of the average temperature in continuity space a year

图 4-14　T≥10.8℃积温的空间分布示意图

Fig. 4-14　The sketch map of the distribution of spaces which accumulating temperatures are above 10.8℃

站点的附近的特殊规律，但同时降低了云南的整体趋势的表达，对分布进行可视化理解发现，该分布图难以体现云南整体的气温变化规律。

泰森多边形内插是利用各个局部区域的周边气象点的数据来表达该区域的信息，从分布图 4-14 可看出：该方法过分强调局部的观测数据的影响，没有给总体性的分布结果。GIS 和地理分析中经常采用泰森多边形进行快速的赋值，实际上泰森多边形一个隐含的假设是任何地点的气象数据均使用离它最近的气象站的数据。而实际上，除非是有足够多的气象站，否则这个假设是不恰当的，因为降水、气压、温度等现象是连续变化的，用泰森多边形插值方法得到的结果图变化只发生在边界上，在边界内都是均质的和无变化的。所以，对于连续变换、并且空间观测点数据密集的情况较为适用，对稀疏的观测点的数据，效果差。该方法的优点是算法简单，待估值用与它距离最近的采样点的线性内插值替代。

反距离内插法强调了空间距离尺度的影响，但从效果图来看，该方法既体现各个气象站点的特殊分布规律，又体现对待估空间的距离影响，能体现一定程度的云南的气温的分布。但也未能较好云南的局部的分布规律，如河谷气候、局部气候未能体现。距离倒数插值方法是 GIS 软件根据点数据生成栅格图层最常见方法，也是一种较好的内插方法。但计算值易受数据点集群的影响，计算结果经常出现一种孤立数据明显高于周围数据点的凹凸分布模式，其原因在于这些站点的观测数据与周边站点有大的差异，布设地点的地理位置过于特殊。对于云南这种多山、微气候突出的区域，该方法表现了极大的不适用性。但对于全国尺度的风险评估，不一定考虑较小尺度区域上的气象变化，因而该内插法有一定作用。

克里金森内插法是优于前面 3 种方法的一种办法，如果没有其他连续的空间地图建立关联函数，最好使用该方法进行内插。克里金插值方法的目的是提供确定权重系数最优的方法并能描述误差信息，由于克里金插值模型(常规克里金模型)的内插值与原始样本的容量有关，当样本少的情况下，采用简单的点常规克里金值的内插结果会出现明显的凹凸现象，虽然此现象可以消除，但该方法的计算结果仍然未能体现局部地形下的温度分布规律，与关联函数法相比，仍然有较大的差距。

关联函数建模是最好的方法。从图 4-12 中可看出：温度很好地体现了云南北低南高、西高东低的总体气温变化规律，同时又体现了峡谷地带中局部干热河谷的特点。本研究中将使用多因子关联函数方法来模拟各种气象因子的空间分布。

4.4　云南及周边主要疫区数据采集与处理

4.4.1　云南松材线虫疫点基本情况

目前云南已发现的松材线虫病疫点只有 2 个，即德宏州的畹町经济开发区和瑞丽市勐秀林场（表 4-6）。2004 年 3 月，德宏州开展全州林业有害生物普查，在畹町经济开发区森林公园内发现思茅松零星枯死，树龄为 20～40 年生，松树初期表现为萎蔫，针叶变黄，20～30 天后呈赤红色，松树整株枯死。云南省林业厅初步鉴定病原为松材线虫，7 月经国家林业局林业有害生物检验鉴定中心鉴定为松材线虫病，病原为松材线虫。2004 年 11 月，在瑞丽市勐秀林场再次发现松材线虫病枯死木。德宏州林业局迅速组织技术人员进行发病区进行重点调查，经调查，枯死松树最先出现于通讯基站和输电线路附近，枯死时间短，扩展迅速。截至 2005 年 1 月，畹町林区的感病面积已经扩展到 342 hm²，枯死木、萎蔫木共 1.86 万多株，折合立木蓄积 0.51 万 m³；瑞丽林区感病面积 98 hm²，枯死木、萎蔫木共 0.40 万株，折合立木蓄积 0.09 万 m³。

表 4-6　云南松材线虫病疫点情况

Table 4-6　The map of circs of epidemic areas with Pine wilt disease

疫点名称	疫点中心经度	疫点中心纬度	发生面积/hm²	海拔/m	危害程度
畹町经济开发区	98°4′18.00″E	24°6′6.65″N	342	1044	中
瑞丽市勐秀林场	97°53′24.46″E	24°2′52.60″N	354	827	中

疫情发生后，畹町经济开发区林业局于 2004 年 12 月至 2008 年 2 月进行采伐清理工作。共计清理松林面积 4189.5 亩，采伐松树 153132 株，折算活立木蓄积为 25702.856 m³，其中病死和萎蔫松材及枝叶全部清理烧毁；部分健康松树进行安全利用（包括种植茯苓和切片烘干加工）。

2004 年 3 月发现松材线虫病时，正处于天牛的频繁活动期，松树枯死速度扩展很快。为迅速降低松墨天牛的虫口密度，防止病害蔓延，于 2005 年 7 月下旬和 10 月中旬组织了 2 次大规模的天牛除治，以化学防治为主，生物防治为辅；生物农药选用拟青霉菌，目标是感染天牛幼虫，降低虫口密度，用量为 15 kg/hm²，喷洒面积 287 hm²。同时，于 3～10 月天牛成虫活动期在林间挂放 M99-1 型蛀干害虫诱捕器，间隔距离 50～100m，诱杀天牛成虫及其他蛀干昆虫，每 10 天检查 1 次；于 5 月天牛产卵高峰区在林间设置饵木，诱集天牛成虫到饵木上产卵，然后收集饵木集中烧毁。经林间监测发现，除松墨天牛外，松林内还有松瘤象、松白星象、纵坑切梢小蠹、云南木蠹象等危害。连续 2 年的治理，使松墨天牛及其他几种害虫的密度大大降低，松树枯死速度得到有效控制，到 2006 年年底，畹町疫区松树病死株率从 2005 年的 16.63‰下降到 0.43‰（表 4-7）。

表 4-7　畹町开发区松材线虫病疫情年度普查统计

Table 4-7　The statistics of epidemic situation with Pine wilt disease in Wanding development zone

普查日期	面积/hm²	总株数	感病率/‰	枯死率/‰	发生率/‰
2004.6	342	246480	23.5	0.32	23.82
2005.6	266	205696	0.39	16.63	17.02
2005.11	266	160138	3.21	12.02	15.23
2006.6	161	130336	0.09	0.21	0.3
2006.9	161	130303	0.09	0.43	0.52

瑞丽市林业局依据国家林业局和云南省林业厅的相关文件规定，于 2005 年 2 月底对受危害松林进行了清理，共清除死树 667 株、萎蔫树 3271 株，活立木蓄积 906 m³；清理危害严重的近 10.67 hm² 松林全部皆伐，加工 510 m³；并于 8 月底前全部完成采伐迹地更新；截至 2006 年 3 月，共计采伐清理松林面积 98.3 hm²，伐除松树 36955 株，折算活立木蓄积为 8776.32 m³，本着尽量减少损失的原则，在

征求上级有关部门的同意后，瑞丽市林业局在做好除害处理试验成功的基础上，安全利用 2936.98 m^3，无法加工利用的采伐剩余物 4658.62 m^3 全部清理烧毁。要综合治理过程中，市森防站共抽样镜检 96 份，其中 16 份样品中发现松材线虫(表 4-8)。

表 4-8　瑞丽市松材线虫病综合治理治理情况统计
Table 4-8　The statistics of synthetical management for Pine wilt disease disease in Ruili

地　点	林班	林班	面积/hm²	总　计		枯死及萎蔫树		健康树		烧毁(蓄积)
				株数	蓄积	株数	蓄积/m³	株数	蓄积/m³	
勐秀林场	42	15	9.5	153	33.24	153	33.24	519	306	33.24
勐秀林场	3	11	16.5	322	66.7	322	66.7	879	519	66.7
勐秀林场	3	13	13.5	221	51.36	221	51.36	728	447	51.36
勐秀林场	3	20	21.8	168	36.55	168	36.55			36.55
勐秀林场	3	24	11	180	40.87	180	40.87			40.87
勐秀林场	3	23	9.7	0	0	0	0			0
姐勒水库	50	9	3.8	159	82.43	159	82.43			82.43
姐勒南闷	48	2	2.5	41	8.7	41	8.7			8.7
姐勒南闷	3	21	10	141	42.34	141	42.34			42.34
勐卯帕当	3	5	3.6	3	1	3	1			1
合　计			101.9	1388	363.19	1388	363.19			363.19

4.4.2　云南疫点数据的处理

云南省是本研究的工作重点，因此，本研究对云南省的两个疫点进行了详细的调查，并勾绘了具体的疫点分布图，同样，将其与云南省行政区图进行了叠加，以直观反映这两个疫点的空间信息。借助 1∶50000 地形图对每个疫点进行实地调绘，将疫点的边界绘制在地形图上。然后对标绘好的地图图斑进行扫描，设定扫描分辨率为 300DPI，存储格式为 TIFF 格式。借助 Arc/Info 软件对 TIFF 文件进行配准，使其具有真实的空间坐标，配准时可采用地图公里网格和理论公里网格的匹配进行配准。配准完成后所得到的图像为高斯投影，为了使投影系统统一，要对图像作进一步的投影转换，先以实际投影参数将图像投影到经纬坐标下，再根据本研究的统一投影系统投影在中央经度为 102° 的高斯坐标系统。完成后可在 ArcView 软件下，以图像为背景进行疫点数据的矢量采集。最后整饰地图，制作成图，得到云南省疫点的分布图，结果见图 4-15。

目前，云南省两个疫点已基本拔除，但其对云南松材线虫病发生的风险影响仍存在，而且还是一个人为活动影响下传播病原的典型，对本研究的模型进行检验和校正有着关键的作用，因此，对云南的疫点情况进行了比较全面的实地踏测和数字化工作。

4.4.3　云南周边松材线虫疫点基本情况

根据国家林业局的通告，截至 2007 年 6 月，我国松材线虫发病面积 7.15 万 hm²(港澳台未统计在内)，发生省(自治区、直辖市)14 个，发生县(区、市)155 个(表 4-9)。

2007 年未发现疫情的老疫点有：江苏苏州市吴中区；安徽省宣城市郎溪县，芜湖市繁昌县，六安市舒城县，安庆市望江县；福建厦门市同安区，三明市沙县，三明市梅列区；江西九江市浔阳区，抚州市广昌县，景德镇昌江区和市区；广东中山市；广西桂林市秀峰区；重庆市巴南区，渝北区。

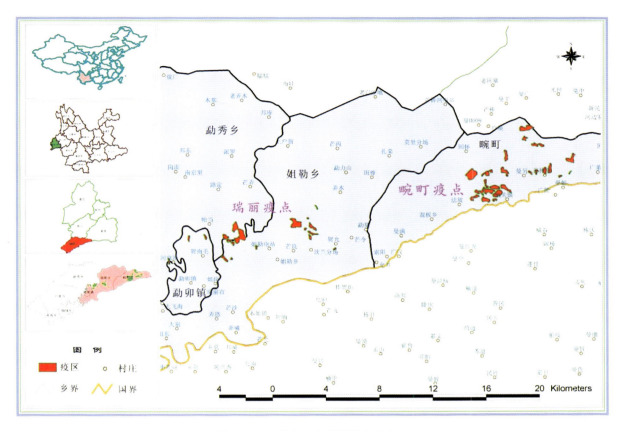

图 4-15　云南省疫点位置及疫点分布

Fig. 4-15　The distribution map of epidemic areas in Yunnan Province

表 4-9　2007 年全国松材线虫病疫情信息

Table 4-9　The epidemical situation of Pine wilt disease in the country in 2007

省(自治区、直辖市)	市(自治州、地区)	县(区)
江苏(24 个)	南京	雨花台、栖霞、玄武、浦口、江宁、六合、溧水、高淳
	镇江	润州、京口、丹徒、句容、新区*
	常州	溧阳、金坛
	无锡	滨湖、惠山、宜兴
	扬州	仪征
	淮安	盯眙*
	连云港	连云、新浦*
	苏州	吴中、常熟
	南通	崇州
浙江(31 个)	宁波	北仑、象山、宁海、鄞州、江北、镇海、奉化、余姚、慈溪
	舟山	定海、普陀、岱山、嵊泗
	杭州	西湖、富阳
	湖州	吴兴、长兴、德清*
	嘉兴	平湖、海盐
	温州	乐清
	绍兴	新昌、越城、诸暨、绍兴、上虞，嵊州*
	台州	温岭、临海、黄岩
	丽水	缙云

省(自治区、直辖市)	市(自治州、地区)	县(区)
安徽(23 个)	滁州	南谯、明光、全椒、来安、定远
	马鞍山	雨山、花山、当涂
	巢湖	和县、含山、居巢
	宣城	广德、宁国、宣州 *
	合肥	肥东、蜀山
	铜陵	狮子山、郊区
	安庆	大观、宜秀
	芜湖	芜湖、南陵
	贵池	石台
福建(14 个)	福州	连江、鼓楼 *、晋安 *、苍山 *、闽侯 *
	厦门	思明、湖里
	泉州	丰泽、鲤城 *、惠安 *
	漳州	云霄、东山、诏安 *、龙海
江西(9 个)	赣州	章贡
	九江	庐山、湖口、彭泽
	南昌	进贤 *
	吉安	吉州 *、安福 *
	上饶	信州 *、鄱阳 *
山东(3 个)	烟台	长岛县
	青岛	南区、北区
湖北(8 个)	恩施	恩施
	武汉	洪山
	宜昌	西陵 *、点军 *、猇亭 *、夷陵 *、宜都 *、秭归 *
湖南(7 个)	郴州	北湖、苏仙
	益阳	资阳、沅江、桃江 *
	常德	汉寿
	衡阳	石鼓 *
广东(19 个)	广州	白云区、天河、黄埔、从化、增城、罗岗、花都
	深圳	龙岗、保安、
	惠州	惠城、惠阳、博罗、惠东 *
	肇庆	封开
	汕头	濠江
	韶关	乳源、曲江 *
	梅州	梅江
	东莞	东莞
广西(4 个)	桂林	叠彩、灵川
	梧州	万秀 *、苍梧 *
重庆(7 个)		涪陵、长寿 *、万州 *、江北、沙坪坝、忠县、云阳 *
贵州(3 个)	遵义	遵义
	毕节	金沙
	黔西南	册亨 *
四川(2 个)	广安	临水
	雅安	雨城 *
云南(1 个)	德宏	瑞丽(含畹町经济开发区)

* 为新疫区。

4.4.4 云南周边疫点数据的处理

在全国的 155 个疫点中，与云南相邻或影响比较大的疫点主要包括：湖南(7 个)，广东(19 个)，广西(4 个)，重庆(7 个)，贵州(3 个)，四川(2 个)，云南(2 个)。共计 44 个，各疫点的地理坐标见表 4-10。

表 4-10　云南周边松材线虫病疫点情况

Table 4-10　The table of circs of Pine wilt disease epidemical areas around Yunnan Province

省	市	县/区	发生程度	经度	纬度
湖南(7 个)平均发生面积 135hm²	郴州	北湖	轻度	113°111.55"E	25°4819.52"N
		苏仙	轻度	113°248.90"E	25°4844.66"N
	益阳	资阳	轻度	112°1931.88"E	28°3646.20"N
		沅江	轻度	112°2157.83"E	28°4912.76"N
		桃江*	轻度	112°942.22"E	28°3212.72"N
	常德	汉寿	轻度	111°5851.55"E	28°498.14"N
	衡阳	石鼓*	轻度	112°3738.61"E	26°5434.34"N
广东(19 个)平均发生面积 832hm²	广州	白云	重度	113°2220.57"E	23°1621.54"N
		天河	重度	113°2253.09"E	23°1033.65"N
		黄埔	重度	113°2860.00"E	23°530.00"N
		从化	重度	113°4028.86"E	23°3848.86"N
		增城	重度	113°4536.38"E	23°2041.51"N
		萝岗	重度	113°3023.53"E	23°1929.52"N
		花都	重度	113°130.00"E	23°2550.00"N
	深圳	龙岗	重度	114°2011.57"E	22°382.10"N
		宝安	重度	113°537.66"E	22°3551.31"N
	惠州	惠城	重度	114°2321.73"E	23°527.81"N
		惠阳	重度	114°397.23"E	23°39.55"N
		博罗	重度	114°1653.51"E	23°1236.07"N
		惠东*	中度	114°451.02"E	22°5735.76"N
	肇庆	封开	重度	111°3044.46"E	23°2637.26"N
	汕头	濠江	重度	116°4344.15"E	23°1721.73"N
	韶关	乳源	重度	113°1541.51"E	24°4643.66"N
		曲江*	中度	113°370.31"E	24°414.31"N
	梅州	梅江*	中度	116°56.75"E	24°1456.89"N
	东莞	东莞	重度	113°469.58"E	23°112.81"N
广西(4 个)平均发生面积 198 hm²	桂林	叠彩	中度	110°1714.93"E	25°1746.28"N
		灵川	中度	110°184.61"E	25°2516.53"N
	梧州	万秀*	轻度	111°1814.84"E	23°2926.79"N
		苍梧*	轻度	111°1522.15"E	23°2522.91"N
重庆(7 个),平均发生面积 248 hm²		涪陵	中度	107°181.11"E	29°4149.55"N
		长寿	中度	106°5734.98"E	29°5043.46"N
		万州	中度	108°2151.31"E	30°4830.19"N
		江北	中度	106°3740.39"E	29°4216.11"N
		沙坪坝	中度	106°2531.92"E	29°3138.04"N
		忠县	中度	107°5858.95"E	30°181.11"N
		云阳*	轻度	108°5334.23"E	30°5741.24"N
贵州(3 个),平均发生面积 315 hm²	遵义	遵义	中度	106°5541.49"E	27°4149.39"N
	毕节	金沙	中度	106°1348.17"E	27°2720.04"N
	黔西	册亨*	轻度	105°4919.24"E	24°5932.46"N
四川(2 个),平均发生面积 10 hm²	广安	临水	轻度	106°5459.40"E	30°2155.45"N
	雅安	雨城*	轻度	103°05.56"E	29°5959.30"N
云南(2 个),平均发生面积 130 hm²	德宏	畹町	轻度	98°418.00"E	24°66.65"N
		瑞丽	轻度	97°5324.46"E	24°252.60"N

注：* 为新发生区。

将表 4-10 各疫点的情况，借助 GIS 技术，将疫点的经纬坐标转换为可视化的空间信息，以直观反映出各个疫点与云南省的相对位置关系。为了更清楚的表达各个疫点和云南省的相对位置，可将具有同类投影系统的中国政区图与其进行叠加显示，结果图 4-16。

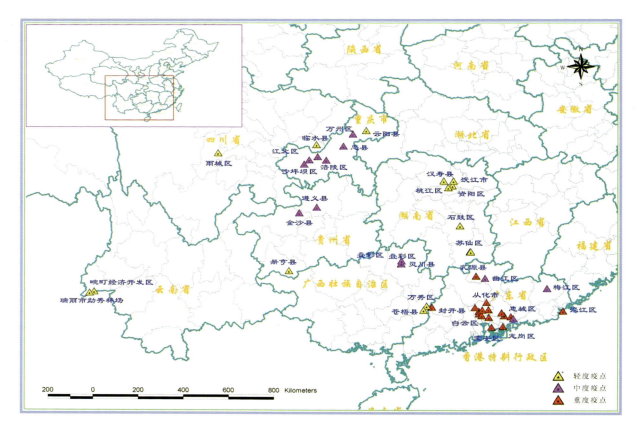

图 4-16   云南省周边松材线虫病疫点分布

Fig. 4-16   The map of the distribution of Pine wilt disease epidemical areas around Yunnan Province

4.5   媒介昆虫分布数据的采集

经查阅相关文献，并根据云南省林业有害生物防治检疫局提供的数据，得到松材线虫在云南省主要媒介昆虫松墨天牛的分布范围，危害等级等情况。

据云南省林业厅于1978～1981年进行的全省森林病虫普查中记载，松墨天牛在云南省分布于玉溪、富民、沾益、宜良、马龙、华宁、南华、南涧、个旧、蒙自、元江、文山、思茅、楚雄、云县、丽江16个县（市）[147]，赵宇翔在2000～2002年进行的松墨天牛全省地理分布调查显示，松墨天牛分布范围已扩展到了江川、石林、武定、永仁、永胜、华坪、洱源、大理、禄丰、弥渡、牟定、安宁、寻甸、昭通、宣威、曲靖、陆良、师宗、丘北、砚山、开远、建水、峨山、贡山、福贡、新平、景东27个县（市）[36]。根据云南省林业有害生物防治检疫局提供的数据，截至目前松墨天牛已在云南省有针叶林的林区广泛分布。因此，在本文中将云南省主要针叶林分布区均作为松墨天牛的分布区。

4.6   气象因子的遥感反演模拟初步研究

中分辨率成像光谱仪MODIS（Moderate Resolution Imaging Spectroradiometer）是新一代地球观测系统中"图谱合一"的光学传感器，具有36个光谱通道，分布在0.4～14μm的电磁波谱范围内。它的地面分辨率有250、500和1000 m三种，扫描宽度为2330m。在对地观测过程中，每秒可同时获得6.1兆比特的来自大气、海洋和陆地表面信息，每个地点1天可接受两次观测数据。

安装在TERRA和AQUA两颗卫星上的中分辨率成像光谱仪（MODIS）获取的数据。其多波段数据可以同时提供反映陆地表面状况、云边界、云特性、海洋水色、浮游植物、生物地理、化学、大气中水汽、气溶胶、地表温度、云顶温度、大气温度、臭氧和云顶高度等特征的信息，这些数据均对地球科学的综合研究和对陆地、大气和海洋进行分门别类的研究有较高的实用价值。此外，TERRA 和 AQUA 卫星都是太阳同步极轨卫星，TERRA 在地方时上午过境，AQUA 将在地方时下午过境。TERRA 与 AQUA 上的 MODIS 数据在时间更新频率上相配合，加上晚间过境数据，对于接收 MODIS 数据来说，可以得到每天最少 2 次白天和 2 次黑夜更新数据。这样的数据更新频率，对实时地球观测、应急处理（如重大林业灾害监测）和日内频率的地球系统的研究有非常重要的实用价值[148]。

陆地表面温度（LST，land surface temperature）是地表能量平衡中的一个重要参数，它在地表与大气相互作用过程中起着重要的作用，特别在气象、地质、水文、生态等众多领域有着广泛的应用需求，土壤水分状况，森林火灾的检测，地热位置的判别等都离不开陆地表面的地物表面温度。传统的地表温度监测方法是通过地面气象站时定点观测，这种方法费时费力，并且由于陆地表面的非均质性，地表温度在短距离之内就可能发生较大的改变，因此，传统的观测方法已无法满足实际研究中大面积实时观测的需要。同样土壤湿度监测是目前遥感技术应用研究的前沿领域，对于农业、水文、气象等具有很高的应用价值，其传统方法是利用地面观测站网进行土壤湿度监测，其主要优点是单点测量精度较高，不足是采样点有限加之土壤特性不均一性强，难以代表大面积状况，同时花费的人力、物力也较大，目前国内最具代表性的站网是气象部门建立的土壤湿度观测站网。

利用卫星遥感进行地表温度和土壤水分监测可以弥补传统方法的不足。现代遥感技术因其具有多波段、多时相、大面积实时或准实时对地观测的特点，在资源和环境研究领域越来越受到重视，它不仅可以实现大面积的同步观测，而且还可以及时掌握地表温度的时空变化规律，同时还可以大大节省人力、物力和财力。MODIS 是当前世界上新一代"图谱合一"的光学遥感仪器，共有 490 个探测器，36 个离散光谱波段，光谱范围宽，从 0.4 μm（可见光）到 14.4 μm（热红外）全光谱覆盖，其数据空间分辨率包括了 250、500 和 1000 三个尺度，因此为我们对地表温度和土壤湿度的反演提供了有力的数据保障。

在松材线虫病的风险评估指标体系中，病原、媒介昆虫的适生性评价都与温度、湿度（连续干旱的天数）密切相关，如能通过遥感数据获得每天的每一像素单元的相关气象数据，无疑对相关的风险评估的准确性，实时性有非常在的提高，对将来预警模型的建立也奠定了良好的基础。因此，我们做了以下探索性的研究。

4.6.1　MODIS 数据的预处理

4.6.1.1　条带噪声消除

MODIS 探测仪器在 Terra 卫星运行时，采用"多元并扫"的探测方式，即并排多个探测器（1km 波段包含 10 个探测器，500m 波段包含 20 个探测器，250m 波段包含 40 个探测器）同时对地物进行扫描，扫描带中每一个探测器的扫描观测资料在图像中是形成一条扫描线。由于 MODIS 传感器光、电器件在反复扫描地物的成像过程中，受扫描探测元正反扫描响应差异、传感器机械运动和温度变化等影响，会在影像中形成具有一定周期性、方向性且呈条带状分布的噪声，尤其在 Terra – MODIS 数据中第 5 波段均有存在，因此消除条带噪声对提高 MODIS 影像的质量和反演精度是至关重要的。

本文采用的邻域插值法消除噪声，下面我们以图 4-17 为例，利用程序进行噪声判读、噪声条带行号确定、对噪声带条进行自动化处理。

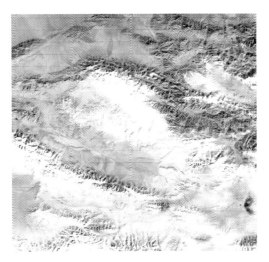

图 4-17　第 5 波段影像（截图）

Fig. 4-17　Band5 image

下面两组图是对图 4-17 进行平均插值后的处理图和去噪后的影差图，从除噪后的影像图 4-18 左图可以看出，影像中的噪声条带被很好地去除了。从影像差图 4-18 右图可以看到亮点噪声灰度值减小，暗点噪声灰度值增加，而非条带噪声区域没有受到任何影响，可见插值法对处理这种有规律性的噪声是非常适合的。

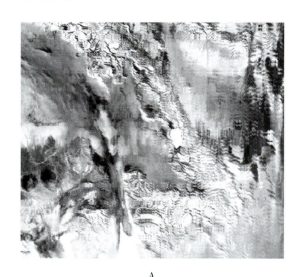 

A   B

图 4-18 邻域插值法去噪前后的影像

Fig. 4-18 The differences between non – noises image with neighbourhood interpolation and noises image

4.6.1.2 数据重叠现象去除

MODIS 影像数据重叠又俗称"蝴蝶结"现象，其形成与 MODIS 探测器的成像特点密切相关。影像分辨率越高，数据重叠问题也更加突出，从昆明及周边地区 250m 分辨率 MODIS 影像图（图 4-19 - A）可以看出，影像数据重叠现象非常明显，滇池、抚仙湖、星云湖和杞麓湖四大高原湖泊都存在错位重叠现象，尤其是影像边缘的杞麓湖被分隔成 2 个单独的部分。

图 4-19 数据重叠邻域插值法去噪前后的影像差

Fig. 4-19 The differences between non – noises image with neighbourhood interpolation and noises image

MODIStools 模块是利用 IDL 编写的，必须镶嵌在 ENVI 环境中使用，通过该模块提供的 MODIS-BowCorrection 函数可以有效地去除处理数据重叠，经处理重叠数据后的图像（图 4-19 – B）可以看出湖泊断层错位现象消失了，边缘轮廓更加平滑，整个图像双重感消失，说明利用 MODIStools 模块可以很好的去除数据重叠现象。

4.6.1.3　定　标

MODIS1B 数据在使用前，必须经过定标处理，即将卫星观测的计数值转换为可用的物理值的过程。对于反射通道，定标结果为像素点的反射率值，对于热红外通道，定标结果为像素点的亮温值[149]。

（1）MODIS 反射通道数据的定标。反射通道科学数据存放的是探测器观测得到的原始数字信号（DN）经过修正、定标、调整和缩放后的 16 比特的计数值（SI），经过定标后得到反射率值，定标的公式为：

$$R = reflec\tan ce\_ scales(SI - refelec\tan c\_ offsets) \tag{4.10}$$

式中，$reflec\tan ce\_ scales$ 为缩放系数，$refelec\tan c\text{-}offeets$ 为偏移量。这两个参数仅与波段有关，可从 MODIS 1B 数据集中获得。R 为定标后的反射率。

星探测过程中，由于探测点的太阳天顶角不同，造成了探测值的偏差，偏差的大小随着太阳天顶角的增大而增大。因此，在数据处理时，对于可见光和近红外波段的探测数据必须做天顶角订正，即把不同天顶角下的探测数据转换成相当于太阳处于天顶时的观测值。订正后的反射率值为：

$$Rc = R/\cos(Z) \tag{4.11}$$

式中，R 为定标后的反射率，Rc 是天顶角订正后的反射率，Z 为太阳天顶角。

（2）MODIS 热红外通道数据的定标。热红外通道数据集中存放的是探测器观测得到的原始数字信号（DN）经过修正、定标和缩放后生成的 16 比特计数值（SI），经过定标后得到辐射率值，定标的公式为：

$$L = radiance\_ scales(SI - radianc\_ offsets) \tag{4.12}$$

式中，参数 $radiance$ 为缩放系数，$radianc\_ offsets$ 为偏移量，这两个参数仅与波段有关。可从 MODIS 1B 数据集中获得。L 为定标后的辐射率。

在使用辐射率之前，要根据普朗克公式将其转换为亮温：

$$T_{31} = K_{311}/\ln(K_{312}/L_{32} + 1) \tag{4.13}$$
$$T_{32} = K_{321}/\ln(K_{322}/L_{32} + 1) \tag{4.14}$$

式中，$K_{311} = 729.541636$，$K_{312} = 1304.413871$；$K_{321} = 474.684780$，$K_{322} = 1196.978785$；L 为定标后的辐射率。

4.3.1.4　热红外波段亮温反演

从理论上讲，自然界任何温度高于绝对热力学温度（273.15K）的物体都不断地向外辐射具有一定能量和波谱分布位置的电磁波。其辐射能量的强度和波谱分布位置是物质类型和温度的函数。普朗克（Planck）定律给出了黑体辐射的出射度（$radiantexitance$）与温度、波长的定量关系：

$$M_\lambda(T) = 2\pi hc^2\lambda^{-5} \cdot [\exp(hc/\lambda kT) - 1]^{-1} \tag{4.15}$$

式中：h 为普朗克常数，取值为 $6.626 \times 10.34 J \cdot S$；

K 为玻耳兹曼常数，取值为 $1.3806 \times 10^{-23} J/K$；

C 为光速，取值为 $2.998 \times 10^s m/s$；

λ 为波长（m）；

T 为热力学温度（K）。

物体的亮度温度可以通过反解普朗克（Planck）定律求得：

$$T_\lambda = \frac{c_2}{\lambda\ln\left(\dfrac{c_1}{\pi M_\lambda(T)\lambda^5} + 1\right)} \tag{4.16}$$

式中，$C_1 = 2\pi hc_2 = 3.27418 \times 10 - 16 Wm$；$C_2 = hc/k = 14388(\mu m \cdot K)$

根据求解物体的亮度温度原理，由辐射率得出 MOD021KM 定标辐射波段热红外波段（20～25，27～36）计算亮温的公式：

$$T_B = \left(C_2 v / \ln\left(\frac{C_1 v^3}{L} + 1 \right) - tci \right) / tcs \tag{4.17}$$

式中，T_B 为亮温，单位是开尔文，L 为定标后的辐射率，C_1、C_2 为常数，$C_1 = 1.1910659 \times 10^{-5}$，$C_2 = 1.438833$，$v$ 为探测波段的等效中心波数，tcs 和 tci 分别是温度订正的斜率和截距，v、tcs 和 tci（附录 D 表 D–2：MODIS 热红外波段计算亮温的公式参数）均是由 MCST（MODIS 描述和支持组）提供的光谱响应数据计算得到。

其中 $C_1 = 2hc^2 = 1.19105 \times 10^{-16} W \cdot m^2$；$C_2 = hc/k = 14388(\mu m \cdot K)$

MODIStools 模块提供的 MODIS_ LOADTEMPERATURE 函数进行亮温计算，MODIStools 下的 LoadTempertature 可以调用该函数，并计算得出 MOD021KM 定标辐射波段一个或多个波段的亮温值。

4.6.1.5　几何纠正

对遥感影像进行几何纠正的目的就是为了纠正由系统及非系统性因素引起的图像变形，并将遥感数据转换到标准的地理空间中。纠正前后的影像图如图 4-20、图 4-21。

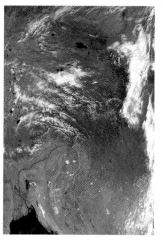

图 4-20　Band2 影像

Fig. 4-20　Band2 image

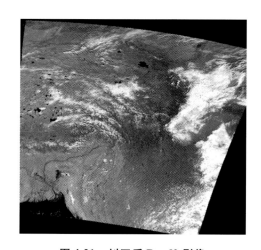

图 4-21　纠正后 Band2 影像

Fig. 4-21　Band2 image after correcting

4.6.2　MODIS 影像检测

4.6.2.1　云检测

云是重要的气象和气候要素之一，云检测结果的好坏直接影响到各种反演产品的精度，用卫星的测值进行云检测，一般说来可以分为统计法和阈值法两大类。统计方法允许像素点可以部分被云覆盖。阈值法通过经验方法选定适当的阈值以区分云和晴空区[150]。

云检测算法主要有 ISCCP 算法、APOLLO 算法、CLAVR、CO_2 薄片法等。ISCCP 算法仅用到窄波段的可见光 $0.6\mu m$ 和红外窗区 $11\mu m$ 波段的资料，把每一个像元的观测值与晴空辐射值比较，若两者的差大于晴空辐射值本身的变化时，判定该像元点是云点。由此可见，云检测中阈值的大小就确定了晴空估计值中不确定性的大小[151~153]。

4.6.2.2　冰雪检测

冰雪有很强的可见光反射和强的短波红外吸收特性，卫星遥感冰雪覆盖的主要依据是冰雪在可见光、近红外、远红外和微波波段的光谱特征。利用冰、雪、云、裸地、森林和植被等不同下垫面在不同的光谱波段所具有的不同的地物光谱特征，建立冰雪判识模式，获取的综合资料户提取次雪信息。

4.6.2.3 水体检测

丁莉东根据周成虎等人针对 TM 数据建立用于识别水体的谱间关系模型建立了基于 MODIS 资料的水体光谱特征模型[154]：

$$CH1 + CH4 > CH2 + CH6 \qquad (4.18)$$

式中，$CH1$、$CH2$、$CH4$ 和 $CH6$ 分别为 $MODIS$ 数据第 1、2、4 和 6 通道的反射率。根据水体的光谱特征，通过蓝光和近红外波段的组合，可以建立增大水与植被和土壤反差的归一化差分水指数（$NDWI$），采用第 4 和 6 通道的反射率计算归一化差分水指数 $NDWI$：

$$NDWI = (CH4 - CH6)/(CH4 + CH6) \qquad (4.19)$$

式中，CH 代表该通道的反射率值。可见光波段 $0.645\mu m$，云雪的反射率一般大于 0.3，因此当影像第 1 波段反射率 $<20\%$，可以隔离此波段较高反射率的云雾雪和沙漠等。再通过 $NDWI \geq 0$，以及 $NDVI \leq 0$，隔离水与植被和土壤等地物，对水体进行检测。

4.6.2.4 对 MODIS 影像的检测实例

研究的云南区域 MODIS 影像，经过经纬度投影变换，切割范围为东经 $97°31'36.65''\sim 106°11'40.19''$，北纬 $21°08'33.87''\sim 29°13'26.15''$。选择 6、2、4 波段进行合成，得到便于人工识别伪彩色遥感图像（图 4-22）。根据色彩可以大体看出，图像右边及上、下角白色团状部分为云层，最右上角浅灰色团状为薄雾层，左上角蓝色树枝状为固态冰或积雪，绿色为植被或农田，黄褐色为裸露地或城镇用地，黑色小块状图样为湖泊。

 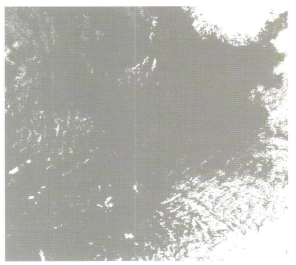

图 4-22 6－2－4 波段合成图像 　　　　　图 4-23 云雾检测图像
Fig. 4-22 The image of compounding 　　Fig. 4-23 The image of checking cloud and mist
Band6，Band2 and Band4

（1）云雾提取：根据前面介绍的云雾检测方法，我们采用 $B_1 > 0.2$ 和 $NDSI \geq 0.4$ 得到云雾图像（图 4-23），图像像元值为 1 的即为云雾。可以看出，MODIS 影像数据可以较好的检测出白天有云区域，但仍有少量非云物质，如少量积雪、反射率较高，在强光下较亮的石漠化地带，其像元值在云检测阈值内没有被排除，而误判为云。

（2）冰雪提取：云南地处东亚至南亚，青藏高原至中南半岛的连接部位。滇西北地区尤其是怒江、迪庆地区气候寒冷，高山终年积雪，地形、地貌和地理环境的复杂性和多样性，给大范围积雪动态监测带来很大困难。

为了得到有雪部分的影像，根据前面雪检测的方法原理，选择第 2 通道反射率 $>11\%$，且 $NDSI \geq$

0.4，第4通道反射率小于10%为判定像元被雪覆盖的标准。通过比较图4-24和图4-25，可以认为判断条件可以较好的识别MODIS影像中的有雪像元，从而实现对雪情的监测。

图4-24　有雪区域彩图

Fig. 4-24　The colour image in the snowy areas

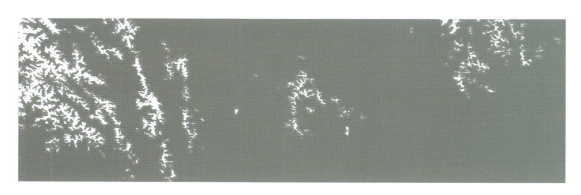

图4-25　雪检测图像

Fig. 4-25　The image of checking snow

（3）水体提取：$NDWI \geqslant 0$、$NDVI \leqslant 0$ 来识别晴空下的主要水体，从图4-26中可以看出云南地区主要水体均识别出来，其中云南较著名的高原九大湖泊有滇池、洱海、抚仙湖、星云湖、阳宗海、程海、杞麓湖、异龙湖、泸沽湖的外观形状清晰可见。其中二滩水库绵延100 km，水面平均宽度达80余米，对于薄云、雾下的水体，先提取有薄云雾的区域，然后根据 $NDWI \geqslant 0$，$NDVI \leqslant 0$，识别地表的水体（见图4-27）。

4.6.3　地表温度的反演

卫星图像遥感反演得到的地表温度是像元尺度下的地表温度。卫星遥感器是通过探测地表的热辐射强度来推算地表温度的。

地表温度反演算法总的来说可归纳为5种：单通道法、多通道法（劈窗法）、单通道多角度法、多通道多角度法和昼/夜法。

我们采用的算法是覃志豪提出在劈窗法算法的基础改进的分裂窗算法，它的适用于MODIS数据的地表温度反演算法，该算法的公式如下：

$$Ts = A_0 + A_1 T_{31} - A_2 T_{32} \tag{4.20}$$

式中，Ts 是地表温度（K），T_{31} 和 T_{32} 分别是 $MODIS$ 第31和32波段的亮度温度。A_0，A_1 和 A_2 是分裂窗算法的参数，该算法具体地表温度反演见流程图（图4-28）。

4.6.3.1　分裂窗算法各中间参数的计算

（1）大气透射率。大气透射率是地表辐射、反射透过大气到达传感器的能量与地表辐射能、反射能的比值，它与大气状况、高度等因素有关。MODIS第31和32波段大气透过率可用下式来计算：

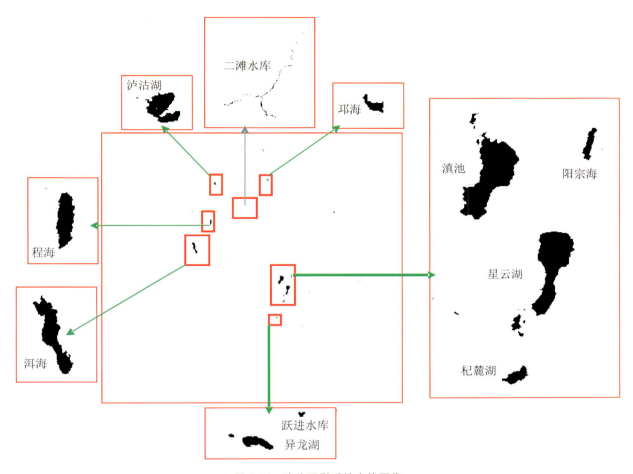

图 4-26　消除阴影后的水体图像

Fig. 4-26　The water image which shadow was diminished

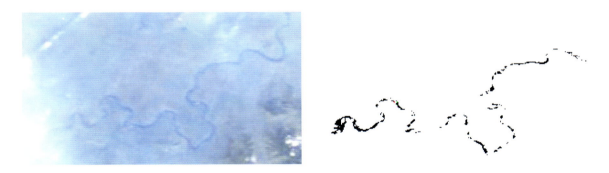

图 4-27　薄云、雾下的水体提取对照

Fig. 4-27　The differences between the image picked up from thin cloud and the image picked up from mist

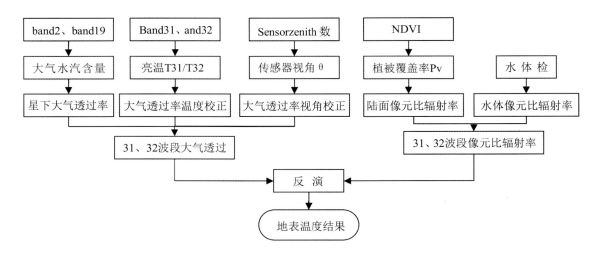

图 4-28 地表温度反演流程

Fig. 4-28 The flow map of inversion of the temperature on earth's surface

$$\tau_i(\theta) = \tau_i(10) + \delta\tau_i(T) - \delta\tau_i(\theta) \tag{4.21}$$

式中，$\tau_i(\theta)$ 是第 $i(i=31,32)$ 波段的大气透过率，$\tau_i(10)$ 为传感器视角为 $10°$ 时的星下大气透过率，$\delta\tau_i(T)$ 是大气透过率的温度校正函数，$\delta\tau_i(\theta)$ 是传感器视角校正函数。

传感器视角为 $10°$ 时的星下大气透过率 $\tau_i(10)$ 可根据表 4-11 给出的方程计算得出：

表 4-11 MODIS 第 31 和 32 波段的星下大气透过率估计方程

Tab. 4 – 11 The estimation equation of atmospheric transmission probability using band31 and 32 of MODIS

波段	水汽含量 0.4~2.0 (g/cm^{-2})	水汽含量 0.4~2.0 (g/cm^{-2})	水汽含量 0.4~2.0 (g/cm^{-2})
MODIS$_{31}$	$\tau_{31}(10) = 0.99513 - 0.08082w$	$\tau_{31}(10) = 1.08692 - 0.12759w$	$\tau_{31}(10) = 1.07268 - 0.12571w$
MODIS$_{32}$	$\tau_{32}(10) = 0.99376 - 0.11369w$	$\tau_{32}(10) = 1.07900 - 0.15925w$	$\tau_{32}(10) = 0.93821 - 0.12613w$

大气水汽含量的计算公式（式 4.22）：

$$w = ((\alpha - ln(ref_{19}/ref_2))/\beta)^2 \tag{4.22}$$

式中，w 是大气水分含量 (g/cm^{-2})；α 和 β 是常量，分别取 $\alpha = 0.02$ 和 $\beta = 0.651$；ref_{19} 和 ref_2 分别是 MODIS 第 19 和 2 波段的地面反射率。

$\delta\tau_i(T)$ 是大气透过率的温度校正函数，由表 4-12 给出的方程计算得出：

表 4-12 大气透过率的温度校正函数

Tab. 4-12 The updating function of the temperature of atmospheric transmission probability

波段	$T > 318K$	$278 < T < 318K$	$T < 278K$
MODIS$_{31}$	$\delta\tau_{31}(T) = 0.08$	$\delta\tau_{31}(T) = -0.05 + 0.00325(T_{31} - 278)$	$\delta\tau_{31}(T) = -0.05$
MODIS$_{32}$	$\delta\tau_{32}(T) = 0.095$	$\delta\tau_{32}(T) = -0.065 + 0.004(T_{32} - 278)$	$\delta\tau_{31}(T) = -0.05$

注：T 是第 31 和 32 波段的亮度温度。

设 θ 是传感器视角，可由 sensorzenth 数据集提供，大气透过率的传感器视角校正函数如下：

$$\delta\tau_i(\theta) = -0.00322 + (3.0967 \times 10^{-5})\theta^2 \tag{4.23}$$

（2）地表比辐射率的计算。在遥感应用中，当观测地表热辐射温度时，由于地面物体不是黑体，就需要用比辐射率来修正。地表比辐射率的测量受多种因素的影响，主要取决于实际地物的物质特性与观测波段。虽然地表类型复杂多样，但在 MODIS 数据空间分辨率为 1km 的尺度下，星下地面像元可大致看成由 3 种基本地表类型构成的混合像元：水体、植被和裸地。对于水体像元（水体检测方法前面已经介绍过）可直接取 $\varepsilon_{31} = 0.99683$，$\varepsilon_{32} = 0.99254$。对于陆地像元地表比辐射率，必须根据植被覆盖率（植被覆盖率的求解前面已经介绍过）来估计地表比辐射率了，计算公式如下[40]：

$$\varepsilon_{31} = PvRv\varepsilon 31v + (1 - Pv)Rs\varepsilon_{31s} + d\varepsilon$$

$$\varepsilon_{32} = PvRv\varepsilon 32v + (1 - Pv)Rs\varepsilon_{32s} + d\varepsilon$$

$$Rv = 0192762 + 0.07033Pv$$

$$Rs = 0.99782 + 0.08362Pv$$

$$\varepsilon_{31v} = 0.98672, \quad \varepsilon_{31s} = 0.96767$$

$$\varepsilon_{32v} = 0.98990, \quad \varepsilon_{32s} = 0.97790$$

$$d\varepsilon = 0.003796min(Pv, (1 - Pv)) \tag{4.24}$$

式中，ε_{31} 和 ε_{32} 是 MODIS 第 31，32 波段的地表比辐射率；ε_{31v} 和 ε_{31s} 分别是植被和裸土在第 31 波段的地表比辐射率；ε_{32v} 和 ε_{32s} 分别是植被和裸土在第 32 波段的地表比辐射率；Pv 是像元的植被覆盖率；Rv 和 Rs 分别是植被和裸土的辐射比率，$d\varepsilon$ 是热辐射相互作用校正，由植被和裸土之间的热辐射相互作用产生，$min(Pv, 1-Pv)$ 表示取 Pv 和 $1-Pv$ 的最小值。

4.6.3.2　云南省地表温度的反演

本文用到的 MODIS 影像为上午星 TERRA 的 UTC 时间 2006 年 1 月 28 日 04：11（北京时间 1 月 28 日 12：11）时获取的数据，对从温度反演结果统计分析，0℃ 以下的像元占 0.0310%，35℃ 以上的占 0.22%，从温度直方图（图 4-30）以看出温度主要集中在 6 ~ 30℃。滇池、洱海等湖泊由于水面的热容量大，相对周围地面温度要低 2 ~ 3℃，在图 4-30 识别出来。

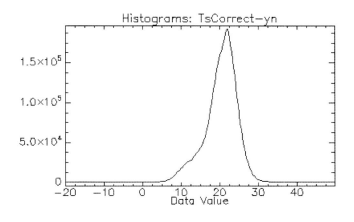

图 4-29　温度直方图

Fig. 4-29　Temperature histogram

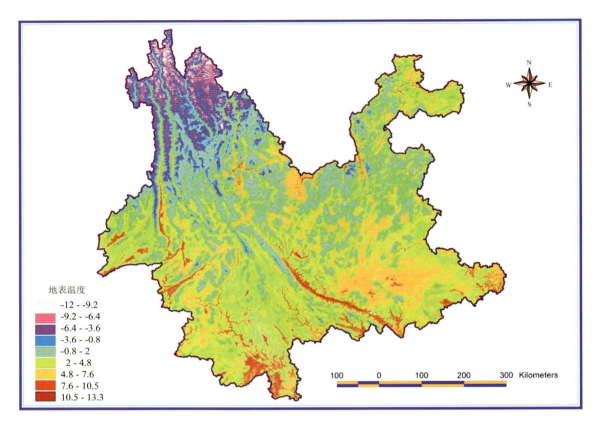

图 4-30 云南省瞬时温度反演示意图

Fig. 4-30 The sketch map of inversion of instantaneous temperature in Yunnan Province

从图 4-30 瞬时陆面温度的分布与同步气温数据的宏观变化规律基本一致。反演的温度由滇西北向滇东南逐渐增加，这一现象与云南高纬度与高海拔相结合、低纬度和低海拔相一致有密切关系的。云南地处 8 个纬度带，温度随纬度自北向南逐渐减小而增加。由于云南的地势北高南低，南北之间高差悬殊达 6000 m，大大加剧了全省范围内因纬度因素而造成的温差。云南地势自西北向东南分三大阶梯递降。滇西北德钦、中甸一带呈高山峡谷地貌，最高点是迪庆藏族自治州德钦县境内的梅里雪山，海拔 6 740m，是地势最高的一级梯层，因此这一带反演的温度最低，大部分为 6~15℃。滇东、滇中高原的高原面保持得比较完整，有起伏不大的山地和丘陵，断陷盆地周围有相对高度较大的中山山地，为地势较低的第二梯层，这一区域反演的温度多集中在 19~25℃。滇西南、滇东南地区地势更低，山势较矮，宽谷盆地较多，河流平缓，河滩，沼泽较多，呈低山丘陵宽谷地形，为地势最低的第三梯层，这一带反演的温度一般在 25~30℃左右。由于水平方向纬度增加与海拔增加相吻合，使得全省反演的温度呈现出寒、温、热三带气候。

4.6.4 土壤湿度反演

自 20 世纪 70 年代以来，国内外对遥感监测土壤水分方法进行了大量的研究，主要的方法有：热惯量法、热红外法、距平植被指数法、植被供水指数法、作物缺水指数法、绿度指数法等，非常适合大范围、长时期、动态的土壤温度监测。

由于缺少夜间的 MODIS 数据，研究没有采用热惯量法。主要是采用光谱法和植被指数法来反演土壤湿度。

由图 4-31，图 4-32 可以反映出，湖泊河流当然湿度最高，其值为 1；城镇居民区湿度最低，如滇池附近的昆明市区域所反应湿度最小；土壤湿度由北向南逐渐变大，由西向东逐渐变小，基本反映出云南地区温度的实际情况。光谱法所得出的土壤湿度数据主要集中在 0.15~0.42 之间，而植被指数法得出的数据主要在 0.09~0.18 之间，光谱法明显偏高。由于研究所用的 MODIS 影像为 1 月 28 日获取的数据，由时间可知，云南冬季气候偏干，土壤含水量偏低，植被供水指数法所建立的反演土壤模型相对更能真实反应实际情况。

光谱法模型主要是根据水的反射波谱曲线，综合考虑了植被和土壤中水的吸收特性对波谱反射的影响，受土壤植被覆盖度影响很小，SWCI 法求土壤湿度方便简单。植被供水指数主要是利用植被指数与地表温度信息互补，结合植被指数和地表温度的综合信息监测土壤湿度，可消除土壤背景的影响，适宜监测土壤水分状况。但植被供水指数适合于植被覆盖率较高的地区，不同生长环境和生长阶段的植被指数不同，因此需要积累遥感资料，形成不同生长阶段长势正常的植被指数进行比较。总体来说，VSWI 和 SWCI 都在反演土壤相对湿度方面都有一定的可行性，但云南地形复杂，要推导出较合理的模型，还需要大量的采样分析，并选择合适的参数及曲线方程。

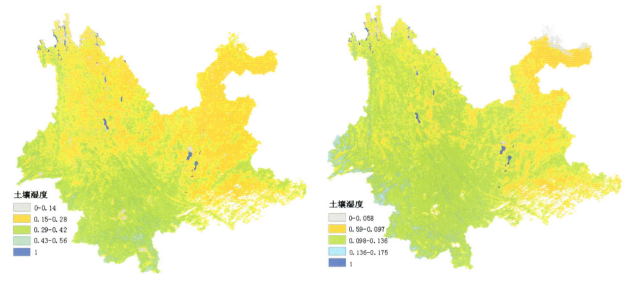

图 4-31　光谱法 SWCI 反演湿度
Fig. 4-31　The map of SWCI inversing humidity in spectrum way

图 4-32　植被供水指数法 VSWI 反演湿度
Fig. 4-32　The map of VSWI inversing humidity in spectrum way

4.7　小　结

4.7.1　寄主相关数据及云南周边疫点数据的采集及处理

通过数据采集和分析，云南省分布的针叶树种主要有云南松、思茅松、华山松、高山松、马尾松、云南铁杉、苍山冷杉、长苞冷杉、大果红杉和杉木林等 21 个针叶树种，总面积达 696.12 万 hm²。其中以云南松、思茅松、华山松、高山松、马尾松分布范围和分布面积最大，面积达 553.01 万 hm²，占所有针叶林面积的 79.4%，而它们又对松材线虫病较易感，目前都已证明在自然条件下可感染松材线虫病。

通过对媒介昆虫在云南的分布调查，目前以松墨天牛为主的媒介昆虫主要分布在云南的 43 个县（市）。根据云南省林业有害生物防治检疫局提供的数据，截至目前，松墨天牛已在云南省分布有针叶林的林区广泛分布，而其对云南的主要针叶林均能入侵。

自 20 世纪 80 年代松材线虫在我国首次发现以来，目前的疫区已扩展到 14 个省（自治区、直辖市），155 个县（区/市，含未公开的疫点），其中与云南相邻或影响比较大的疫点主要包括：湖南（7 个），广东（19 个），广西（4 个），重庆（7 个），贵州（3 个），四川（2 个）。共计 42 个，几乎云南周边的省份都有松材线虫的发生，对云南松材线虫病的风险等级影响较大。

4.7.2 松材线虫病及媒介昆虫适生性的温度因子的连续空间模拟

在松材线虫病及媒介昆虫的适生性分析中,对温度因子的连续空间模拟采取了五种方法进行比较研究,由于气象观测点的空间样本点稀少,从内插得到的空间地图结合云南的气象特征分析表明:利用3次多项式曲面模拟得到的分布结果大体表现了云南省南高北低的温度分布的气象特征,但很多区域的局部规律没有完全体现出来,利用7次多项式曲面模拟的结果虽然提高多项式次数更有利于体现各个站点的附近的特殊规律,但同时降低了云南的整体趋势的表达,对分布进行可视化理解发现,该分布图也难于体现云南的整体的气温变化规律。泰森多边形内插是利用各个局部区域的周边气象点的数据来表达该区域的信息,该方法过分强调局部的观测数据的影响,没有给出规律性的结果。反距离内插法强调了空间距离尺度的影响,但从效果图来看,该方法既体现各个气象站点的特殊的分布规律,又体现对待估空间的距离影响,能一定程度的体现云南的气温的分布,但些方法对对于云南这种多山、微气候突出的区域,该方法表现了极大的不适用性。但对于全国尺度的风险评估,不一定考虑较小尺度区域上的气象变化,因而该内插法可能有一定的作用。克里金森内插发的效果介于其他之间,拟合效果还有差距。

关联函数建模是最好的方法。从图4-12中可看出:连续模拟温度很好地体现了云南北低南高、西高东低的总体气温变化规律,同时又体现了峡谷地带中局部干热河谷的特点。本研究中将使用多因子关联函数方法来模拟各种气象因子的空间分布。

4.7.3 MODIS 数据反演地表温度和湿度方法的初步研究

探索性地开展了利用 MODIS 数据反演地表温度和湿度的方法,对云南地区的陆面温度进行反演,其反演的温度由滇西北向滇东南逐渐增加,这一现象符合了云南高纬度与高海拔相结合、低纬度和低海拔相一致的地形环境,说明反演的瞬时陆面温度的分布与同步气温数据的宏观变化规律基本一致。总体来说,VSWI 和 SWCI 都在反演土壤相对湿度方面都有一定的可行性,但云南地形复杂,要推导出较合理的模型,还需要大量的采样分析,并选择合适的参数及曲线方程。

研究表明,从遥感测量得到的地面温/湿度可以反映每个像元的下地面温/湿度的平均状况和地面温/湿度场的空间分布特征,具有传统观测方法无法比拟的优越性。虽然利用 MODIS 遥感数据反演陆面温/湿度还存在相当的问题,但它仍然是目前获取大面积区域陆面温/湿度的最有效、最简便的方法,也是未来研究和发展的方向。如果将这一方法与松材线虫及媒介昆虫的适生性评价模型建立关联,并结合其他因子的分析模型,可望建立实时(每天自动更新)的预测预报模型,并可推广应用到其他病虫害的预测预报工作中,具有重大的创新性,也是将来研究的方向。

第5章 环境及人为干扰因子数据的采集与处理

环境因子主要包括林分状况和地形因子。林分状况包括森林结构、树龄、郁闭度等，郁闭度数据的采集通常可以用植被指数模拟植被覆盖率来替代。地形因子包含不同的坡度、坡向、坡位以及海拔梯度等参数。人为干扰因子主要包括交通及居民点等人为活动情况。

5.1 林分状况数据的采集与处理

林分状况包括森林结构、树龄、郁闭度等指标，森林结构是指森林的混交情况，包括针叶树种纯林、针针混交林和针阔混交三种类型，树龄包括幼中龄林和近成过熟林。

5.1.1 森林结构数据的采集与处理

按照4.1的方法，经过影像定标、投影转换；几何精纠正；遥感影像的背景去除；消除地形影像等预处理过程后，解译得到云南省主要针叶林的分布图，将主要针叶林的森林结构分为针叶树种纯林、针针混交林和针阔混交三种类型，如图5-1。

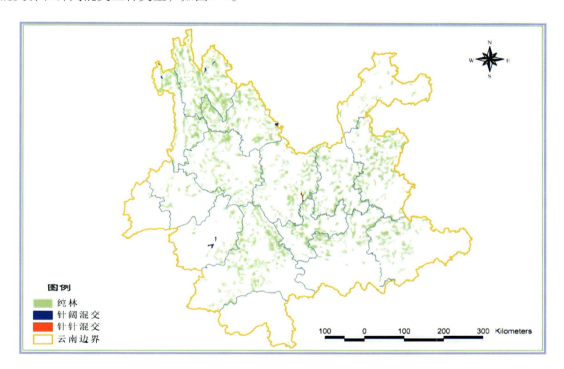

图 5-1　云南主要针叶林森林结构

Fig. 5-1　The structrual map of main conifer forests in Yunnan Province

通过计算得到三种针叶林结构类型的面积，其中针叶树种纯林所占面积达到全部面积的99.55%，针针混交林和针阔混交分别占0.35%和0.1%，说明云南的针叶林分布是以纯林为主的自然分布，这对松材线虫病的发生和扩散创造了极为有利的环境。

表 5-1　云南主要针叶林森林结构情况

Table 5-1　The table of circs of main conifer forests in Yunnan Province

结构类型	面积/hm²	比　例
针叶树纯林	6 929 978.48	99.55
针针混交林	24 672.14	0.35
针阔混交	6 506.07	0.10

5.1.2　树龄数据的采集与处理

树龄的数据采自云南省调查规划院 2002 年制作云南省森林分布图。图例中将植被类型划分为：云冷杉林幼中龄林、近成过熟林；思茅松林幼中林、近成过熟林；其他针叶林幼中龄林、近成过熟林；阔叶林幼中龄林、近成过熟林 8 类，分别以不同的颜色表示。把这 8 类的植被按颜色提取出来，再把相同龄级的植被图合并，提取出云南省森林的树龄信息，具体操作如下：

在 Arcinfo 中，把 jpg 图像转为 grid 格式，用云南行政边界图把 grid 图像进行配准．查看各类植被在图中的灰度值 value，根据这 8 个 value 值分别提取出 8 个 grid 数据层，将 grid 格式数据转为 shape 格式，再把提取出来的各个图层分幼中龄林和近成过熟林合并，分别赋属性，最后再把两个图层合并就得出了云南省森林树龄分布图，将云南省森林树龄分布图和云南省主要针叶林分布图（图 4-1）进行叠加，得到云南省主要针叶林树龄结构图（图 5-2）。

将图层中各类针叶林不同树龄的面积进行累加，得到云南省主要针叶林树龄结构情况表，从表中可以看出，幼中龄林、近成过熟林的面积分别为 5798426.71 hm² 和 1154499.68 hm²，分别占 83.4%，16.6%（表 5-2），表明云南省的针叶林主要以幼中龄林为主，而松材线虫病主要以侵染近成过熟林及苗期为主，这对松材线虫病的发生和扩散是一个不利的因素。

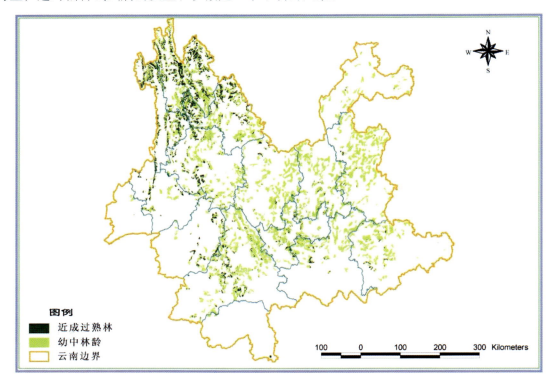

图 5-2　云南省主要针叶林树龄结构

Fig. 5-2　The map of structural circs of forest ages for main conifer forests in Yunnan Province

表 5-2 云南主要针叶林树龄结构情况

Table 5-2 The table of structural circs of forest ages for main conifer forests in Yunnan Province

针叶林树种	面积/hm²	
	幼中龄林	近成过熟林
苍山冷杉林	269459.97	228560.92
鳞皮冷杉林	202.68	0
巴山冷杉林	1733.58	0
川滇冷杉林	1954.53	722.71
喜马拉雅冷杉林	5587.61	4493.32
长苞冷杉林	296121.82	212666.73
杉木林	51193.10	911.36
太白红杉林	2990.22	1538.13
大果红杉林	14289.38	3286.86
云杉林	3378.86	583.18
麦吊云杉林	20815.15	8340.69
川西云杉林	5317.76	2685.67
林芝云杉林	4956.53	1042.20
丽江云杉林	39346.08	22409.95
紫果云杉林	8094.31	3755.37
华山松林	52168.96	2002.81
高山松林	361806.45	149115.54
思茅松林	1032708.26	149457.89
马尾松林	1924.97	0
云南松林	3499617.40	274956.72
云南铁杉林	124759.09	87969.16
合计/ hm²	5798426.71	1154499 68
比例/%	83.4	16 6

5.1.3 植被指数数据的采集与处理

植被生长状况的好坏可通过植被指数（*VI*，vegetation index）反映，它是对地表植被活动的简单有效的经验度量，是对地表植被分布和变化情况的简单、有效和经验的衡量标准。利用遥感技术识别地物通常是基于其光谱差异的，将两个或多个光谱观测通道组合可得到植被指数，指数是通过地表覆盖物在可见波谱段的吸收和在近红外波谱的反射特性，建立的用于描述植被数量和质量的参数。许多研究表明红色通道和近红外通道反射能量与地表植被量有关。由于色素吸收在蓝色和红色波段最敏感。无植被或少植被区反差最小，中等植被区反差是红色和近红外波段变化结果，而高植被区则只有近红外波段对反差有贡献，红色波段趋于饱和。

在遥感影像上，植被的信息是通过植物叶片和植被冠层的光谱特征及其差异、变化来反映的，因此，遥感影像和植被之间存在着一定的对应关系，这种关系可以通过一种参数来表达，即植被指数。植被指数是一个没有量纲的参数，它是基于植物叶绿素在 $0.69\mu m$ 的强吸收特征，通过将多光谱遥感数据的红外与近红外波段经过分析运算，包括加、减、乘、除等线性或非线性组合，而建立的用于描述植被数量和质量、对植被长势、生物量等有一定指示意义的参数[155]。它是一种将遥感影像与植被研究相联系的桥梁，用它能够反映出一系列植被生物物理参量，如叶面积指数、植被覆盖率、生物量、光合有效辐射吸收系数等[156]，在相关研究领域中具有很强的应用潜力。

国内外学者先后提出了几十种不同的植被指数，大体分为三大类：第一类植被指数是基于波段的线性组合或原始波段的比值，由经验方法发展的，没有考虑大气影响、土壤亮度和土壤颜色，也没有考虑土壤、植被间的相互作用，如比值植被指数（*RVI*，ratio vegetation index）；第二类植被指数大都基于物理知识，将电磁波辐射、大气、植被覆盖和土壤背景的相互作用结合在一起考虑，并通过数学和物理及逻辑经验以及通过模拟将原植被指数不断改进而发展的，如归一化植被指数（*NDVI*，normalized difference vegetation index）；第三类植被指数是针对高光谱遥感及热红外遥感而发展的，如差值植被指数（*DVI*，Difference vegetation index）[157]。

MODIS 植被指数分为归一化植被指数（*NDVI*）和增强型植被指数（*EVI*，enhanced vegetation Index）。

5.1.3.1 增强型植被指数

遥感影像的植被信号会受到各种因素的影响，如大气的衰减、冠层背景不确定性影响。为了将这些影响降到最低，专家们提出了增强型植被指数的算法，这种算法除了红光和近红外波段，还涉及了蓝光波段，蓝光波段主要是为了降低气溶胶对红光波段的影响。该指数定义为[158]：

$$EVI = G \times \frac{\rho_{Nir} - \rho_{Red}}{\rho_{Nir} + C_1 \times \rho_{Red} - C_2 \times \rho_{Blue} + L} \tag{5.1}$$

式中，G 为获得性因子，C_1、C_2 为气溶胶阻抗系数，L 为冠层背景调节系数。在 MODIS EVI 算法中，G 取 2.5，L 取 6，C_2 取 7.5[159]，故有：

$$EVI = 2.5 \times \frac{B_2 - B_1}{B_2 + 6 \times B_1 - 7.5 \times B_3 + 1} \tag{5.2}$$

式中，B_1 为 MODIS 第一波段，B_2 为 MODIS 第二波段，B_3 为 MODIS 第三波段。

通过对 MODIS 遥感数据增强型植被指数的计算，得到云南省的增强型植被指数图，如图 5-3。

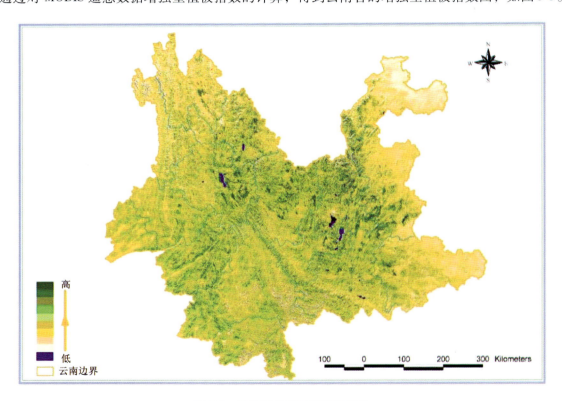

图 5-3　云南省的增强型植被指数

Fig. 5-3　The map of EVI in Yunnan Province

5.1.3.2 归一化植被指数

1978 年，Deering 首次提出的"归一化差值植被指数"，将其比值限定在［-1，1］之间，定义为近红外波段（Nir）与可见光红波段（Red）数值之差和这两个波段数值之和的比值，其公式如下[160]。

$$NDVI = \frac{DN_{Nir} - DN_{Red}}{DN_{Nir} + DN_{Red}}$$

$$NDVI = \frac{\rho_{Nir} - \rho_{Red}}{\rho_{Nir} + \rho_{Red}} \qquad (5.3)$$

式中，DN 为灰度值，ρ 为地表反射率，DN 与 ρ 可以相互转换。

在 MODIS 数据中，由于其近红外波段是第二波段、可见光波段是第一波段，因此，MODIS 的归一化植被指数可由式(5.4)计算：

$$NDVI = \frac{B_2 - B_1}{B_2 + B_1} \qquad (5.4)$$

通过对 MODIS 遥感数据归一化植被指数的计算，得到云南省的归一化植被指数图，如图 5-4。

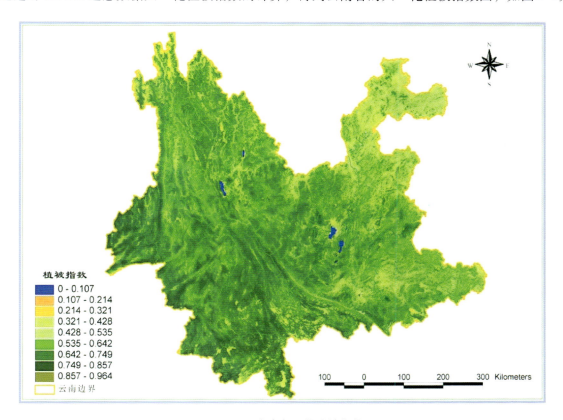

植被指数
- 0 - 0.107
- 0.107 - 0.214
- 0.214 - 0.321
- 0.321 - 0.428
- 0.428 - 0.535
- 0.535 - 0.642
- 0.642 - 0.749
- 0.749 - 0.857
- 0.857 - 0.964
- 云南边界

图 5-4　云南省归一化植被指数
Fig. 5-4　The map of NDVI in Yunnan Province

5.1.3.3　应　用

在植被指数的应用研究中，归一化植被指数 $NDVI$ 应用最为广泛。其优点主要有以下几点：第一，$NDVI$ 是植被生长状态及植被覆盖度的最佳指示因子；第二，$NDVI$ 经过比值处理，可以部分消除与太阳高度角、卫星观测角、地形、云、阴影和大气条件有关的辐照度条件变化等的影响；第三，对于陆地表面主要覆盖而言，云、水、雪在可见光波段比近红外波段有较高的反射作用，因而其 $NDVI$ 值为负，岩石、裸土在两波段有相似的反射作用，故其 $NDVI$ 值接近 0，而在有植被覆盖的情况下，$NDVI$ 为正值，并且随植被覆盖度的增大而增大。

5.1.3.4　植被覆盖率的反演

用植被指数方法估算植被覆盖率广泛研究于 20 世纪 90 年代初。DuncanJ，StowD 等曾研究了墨西哥荒漠地区灌木林覆盖率与 $NDVI$ 的关系，得到了较好的关系模型；LarssonH 分别从 TM、MSS 和 SPOT 卫星图像数据估算植被指数，并建立了阿拉伯森林地区植被指数与覆盖率的关系模型；中国科学院植物研究所的池宏康等通过分析沙地反射机理，建立了沙地油蒿群落盖度与修正后的土壤调节植被指数

（*MSAVI*）之间的关系模型。众所周知，关系模型只适用于特定地区和特定的时间，因此应用起来有很大的局限性。与关系模型相比，下面中国科学院地理研究所张仁华提出的基于植被指数法计算植被覆盖率的公式模型应用更加方便也更加普遍为：

$$pv = (NDVI - NDVIs)/(NDVIv - NDVIs)。 \tag{5.5}$$

式中，*NDVI* 是植被指数，*NDVIv* 和 *NDVIs* 分别是茂密植被覆盖和完全裸土像元的 *NDVI* 值，通常取 $NDVIv = 0.9$，$NDVIs = 0.15$。通过计算得到云南省云南植被覆盖率图（图5-5）。

5.1.3.5 云南省植被覆盖率检测

云南森林植被覆盖率49.91%，植被大体可分为热带雨林和季雨林区、亚热带常绿阔叶林区、亚高山针叶林区。热带雨林和季雨林主要分布于滇南和滇西南地区的低纬度、低海拔地带，与热带型气候区域相一致；亚热带常绿阔叶林区则分布在省内的广大地区；亚高山针叶林主要分布在北部高纬度及高海拔地带。反演的植被指数可以很好地反映植被生长情况，从北部高纬度及高海拔地带到低纬度、低海拔地区逐渐变大，思茅、西双版纳等滇南和滇西南等地区植被生长最好。另外从图5.5中看出，有云雾、冰雪的区域的植被指数值很小，因此在分析植被指数时，应忽略有云雾干扰的地区，或进行图像合成。在根据植被指数法计算云南区域中植被覆盖率时，不考虑水体或有云层影响的区域。

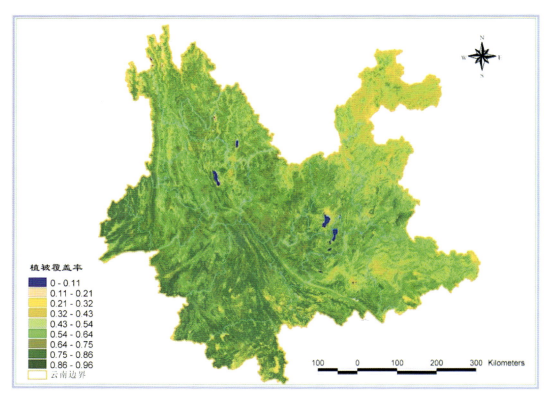

图 5-5　云南植被覆盖率

Fig. 5-5　The map of vegetation covering probability in Yunnan Province

5.2　环境因子数据的采集与处理

5.2.1　环境梯度及人为活动因子数据的采集

研究区的环境梯度数据主要包括坡度、坡向、坡位以及海拔梯度等参数，研究区的人为活动因子涉及行政区界、道路、居民点、大型企业、在建大建大型工程等。

基础地理信息的采集由于来源的不同，所采用的录入方法也不相同。目前常用的数据源是遥感图像和现有地图，本研究所需的基础地理信息数据主要以地形图为数据源。以现有地图为数据源，录入数据的常用方法是手扶跟踪数字化仪录入和扫描矢量化。由于前者所需要的设备昂贵、对作业人员的技术要求高且劳动强度大，因此该方法以逐渐被扫描矢量化代替。扫描矢量化指以现有地图扫描后的图像为背景进行地图要素判读，输入空间数据。本研究主要采用地图扫描数字化的方法进行，具体的处理过程如下：

● 将云南省 1：250000 地形图和重点区域 1：50000 地形图扫描成电子地图存入计算机，分辨率为 300dpi，保存格式为 TIF 格式；

● 对电子地图进行配准，使其具有真实的空间坐标，配准时主要参考地形图四个角上的公里格网交点的读数，操作过程可在 Arc/Info 软件中进行，采用 Arc/Info 的 gridwarp 功能对原始图像进行配准计算，生成具有真实空间坐标的数字地形图，该过程是对地形图的初步配准，存在一定的误差；

● 消除初配的误差，还要对地形图进行精确配准。在 Arc/Info 软件中生成理论公里网格，确保理论公路网格覆盖整个图像，利用电子地形图的公里网格和理论公里网格的匹配原则，采集图像的控制点，数量根据地形图的比例尺而定，在利用 Arc/Info 的几何变换函数，进行地形图的精确配准计算，以实现电子地形图的精纠正，使电子地形图的空间坐标更准确；

● 本研究所使用的地形图由于投影参数和分带不同，无法实现地图拼接，因此还要对地形图进行进一步处理——投影处理。所有地形图中，一部分为北京 54 坐标系统，另一部分是西安 80 坐标系统，这两个坐标系会有百米左右的偏差。为了实现地图无缝拼接，必须对地形图以相应的投影参数投影到经纬坐标系统，实现地图拼接，再对所有的地形图以同一种投影类型投影到高斯坐标系统中。由于云南省横跨 17 和 18 两个分度带，按照常规投影后的图像也无法实现拼接，因此，考虑到处理的需要，将整个云南省的地形图投影到一个分度带中，为了保证其变形最小，采用中央经度为 102° 的高斯 6 度带投影。

● 在 GIS 软件的支持下，以拼接好的电子地形图为背景，分别创建行政区界图层、道路图层、等高线图层和居民点图层。依次采集所需要素，并创建属性数据库表，填写数据属性，可根据要素的性质将图层分为点状图层、线状图层和面状图层。采集的要素进行拓扑关系的建立、整理并保存，数据采集标准及各层的 Type 代码见表 5-3、表 5-4；

● 最后，对采集的要素进行拓扑关系的建立、整理并保存。

表 5-3　数据采集标准
Table 5-3　The standard table of datum

COVERAGE 名	描述	拓扑结构	主要属性字段及宽度	属性字段描述
ELEV	等高线	线拓扑	Elevation(8)	高程值
LDMK_ POINT	点状地物	点拓扑	Name(16)	地物点名
			Type(4)	地物点类型代码
PLTCLBRD	行政界线	线拓扑	Name(16)	行政区名
			Type(4)	行政区类型代码
Road_ sgl	单线路	线拓扑	Name(16)	单线路名
			Type(4)	单线路类型代码

表 5-4　各层 Type 代码说明
Table 5-4　The table explains every type of code

类　型	代　码					
	10	20	30	40	50	60
LDMK_ POINT	村落	村庄	乡镇	县区	城市	
PLTCLBRD	县区界	地州界	省界	国界		
Road_ sgl	乡村公路	乡乡公路	县乡公路	省道	国道	高速公路

　　道路、机场、火车站等交通因子信息采用2007年版的云南省交通图，大型企业以云南省发改委发布的云南省百强企业（2007年度）为依据，在建大型工程以在建的水电站、矿山等为采集对象。

5.2.2　环境梯度因子数据的处理

5.2.2.1　海拔数据处理

　　将从地形图提取的海拔数据经过处理后得到云南省海拔梯度图（图5-6）。

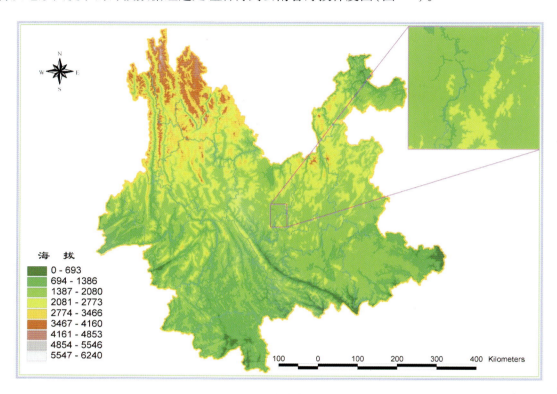

图5-6　云南省海拔梯度

Fig. 5-6　The map of elevation grades in Yunnan Province

5.2.2.2　坡度数据处理

　　坡度表示地表在该点的倾斜程度，坡度是指网格中单元格高程值的变化率。坡度的有两种计算方式：①坡度百分比（Percent Slope）：是高程增量与水平增量之比的百分数，②坡度（Degree of slope）：是水平面与地形面之间的夹角。计算公式如下：

$$坡度百分比 = \frac{a}{b} \times 100\% \tag{5.6}$$

$$坡度\ \theta = \arctan\frac{a}{b} \tag{5.7}$$

　　将从地形图提取的坡度数据经过处理后得到云南省坡度梯度分布图（图5-7）。

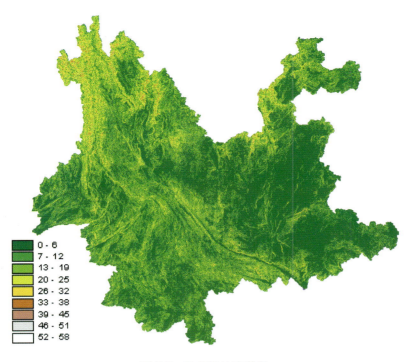

图 5-7 云南省坡度梯度

Fig. 5-7 The map of gradient grades in Yunnan Province

5.2.2.3 坡向数据处理

GIS 系统下分析出的坡向，它以正北为 0，按顺时针的为角度增加方向，以与正北向的坐标轴的夹角为度量，计量坡向。见图 5-8（GIS 系统下的坡向定义）。

由于坡向与温度的关系不是直接的度量关系，坡向从 0 增加到 360°，地面的温度的影响从较低温的偏北坡增加到最低温的东北坡、再到半阴半阳的东南坡、再到最热的西南坡、再到半阳半阴的西北坡、最后回到 360° 的阴坡。显然，从 0 到 360° 的度量中，温度对应地从较低增加到低、再到中等、高、中等、再到低的过程。直接用坡向度量参与回归，无法体现坡向与温度的关系。建立了坡向指数模型，以体现坡向度量与温度的关系。

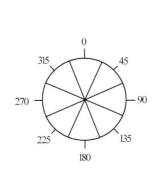

图 5-8 GIS 系统下的坡向定义

Fig. 5-8 The definition of exposure in GIS

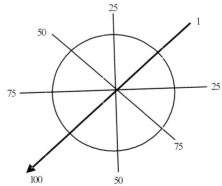

图 5-9 坡向的冷热指数定义的示意

Fig. 5-9 The sketch chart of the definition of the temperature indexes for exposure

　　将坡向指数的度量定义为1到100，1为最冷的坡向，100为最热的坡向。最冷坡向为东北坡，指数值1，最热为西南坡，指数值为100，正北向偏冷，指数值为25，正东向为25，东南向为50，正南向为75，正西为75，如图5-9（温度指数在各个节点上的定义值）。并假定随着坡向刻度的变化，温度指数线性递增，可以得到表5-5各节点上的定义值。

表5-5　坡向指数在节点处的定义
Table 5-4　The definition of exposure indexes at nodes

坡向(x)	−1（平地）	0	45	90	135	180	225	270	315	360
冷热指数(y)	60	25	1	25	50	75	100	75	50	25

　　假设坡向与指数的关系满足一般的线性函数 $y = a \times x + b$
　　将上面的表的节点数据代入上式，解二元一次方程，得到如下的分段函数。

$$\begin{cases} y = \dfrac{5}{9} \times (x - 45) \cdots\cdots 45 \leqslant x \leqslant 225 \\ y = \dfrac{5}{9} \times (45 - x) \cdots\cdots 0 \leqslant x \leqslant 45 \\ y = \dfrac{5}{9} \times (405 - x) \cdots\cdots 225 \leqslant x \leqslant 360 \\ y = 60 \cdots\cdots x = -1 \end{cases} \quad (5.8)$$

坡向数据转化为坡向指数图（见图5-10）。

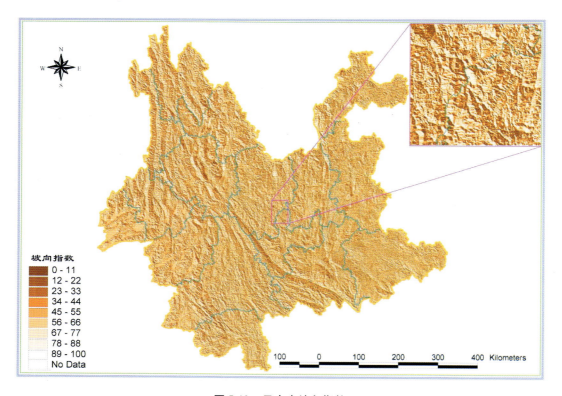

图5-10　云南省坡向指数
Fig. 5-10 The map of exposure indexes in Yunnan Province

5.2.2.4　坡位（形）数据的处理

　　坡位是指指定区域相对于较大范围区域（包含指定区域）的位置，通常分为上、中、下三个坡位。

坡位的提取方法：以指定区域的边界向区域外作指定宽度(一定范围)的缓冲区分析；查询缓冲区中的最大高程值和最小高程值；用区域内的高程区间同外部的高程区间作比较，得出区域高程区间相对于外部高程区间的位置即区域的坡位。

具体计算方法为：区域高程区间 $[a，b]$ ，外部高程区间 $[A，B]$ ，其中：$A \leqslant a \leqslant b \leqslant B$

当 $b - A \leqslant (B - A)/3$ ，则区域坡位为下；

当 $(B - A)/3 < b - A \leqslant (B - A) \times 2/3$ ，则区域坡位为中；

当 $(B - A) \times 2/3 < b - A \leqslant B - A$ ，则区域坡位为上。

将从地形图提取的坡位数据经过处理后得到云南省坡位梯度分布图(图 5-11)。

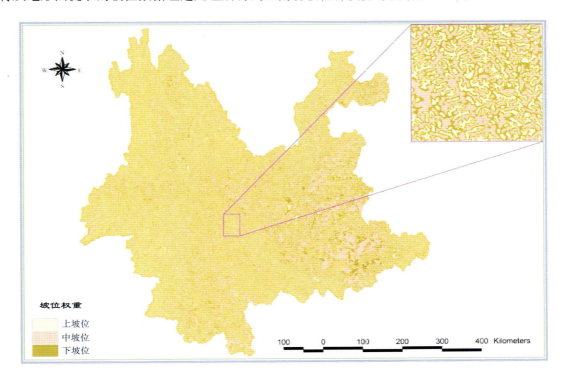

坡位权重
上坡位
中坡位
下坡位

图 5-11　云南省坡位指数
Fig. 5-11　The map of slope location indexes in Yunnan Province

5.3　人为干扰因子数据的采集与处理

5.3.1　交通因子数据的处理

交通因子的数据通过采集 2007 年版云南省交通图得到，主要包括高速公路、国道、省道、其他道路等道路信息，以及机场、火车站等，分别制作云南省道路、机场及火车站分布图(图 5-12、5-13)。

所集的道路包括全省的高速公路、国道及省道、其他道路的数据，机场包括全省已通航的 1 个机场，火车站包括枢纽火车站 1 个，中型火车站 5 个，小型火车站 16 个，共计 22 个火车站。

5.3.2　居民点因子数据的处理

人为活动因子的数据包括居民点分布、大型企业、大型在建工程等因子。

居民点数据通过云南省行政区划图采集，包括了市、州级单位 16 个，县、区 129 个，村镇以下单位 45267 个。大型企业采集了云南 100 强企业，在建工程主要包括了在建的大、中型水电站以及大型矿山等数据，共计 175 个，根据采集的数据，分别制作云南省居民点、在建工程及大型企业分布图(图 5-14、5-15)。

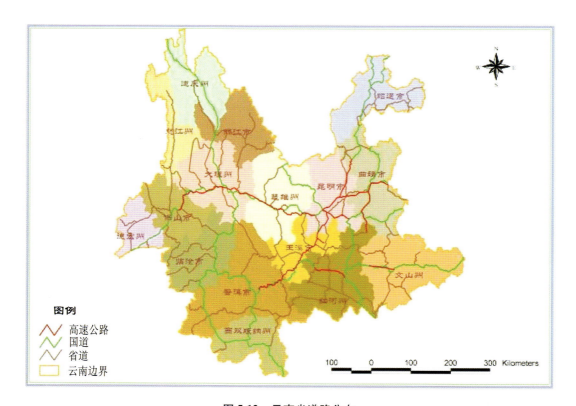

图 5-12　云南省道路分布
Fig. 5-12　The map of the distribution of roadways in Yunnan Province

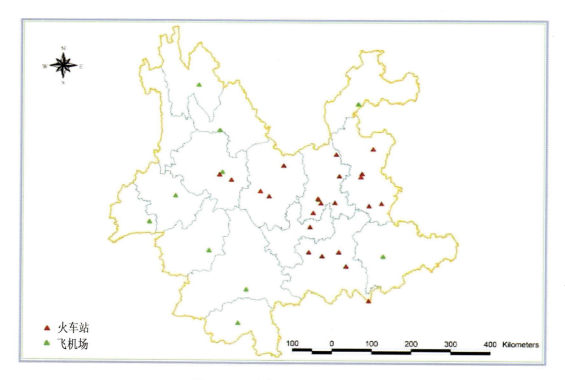

图 5-13　云南省机场及火车站分布
Fig. 5-13　The map of the distribution of airports and railway stations in Yunnan Province

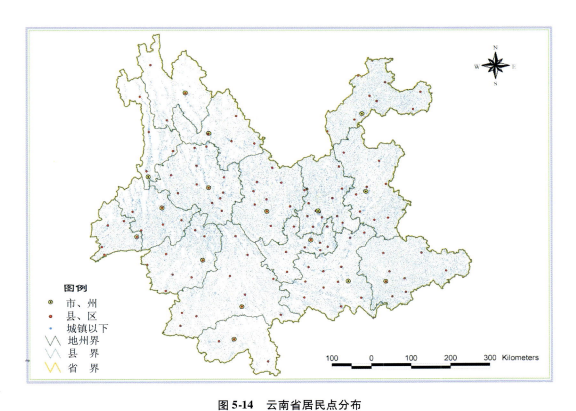

图 5-14　云南省居民点分布

Fig. 5-14　The map of the distribution of residential spots in Yunnan Province

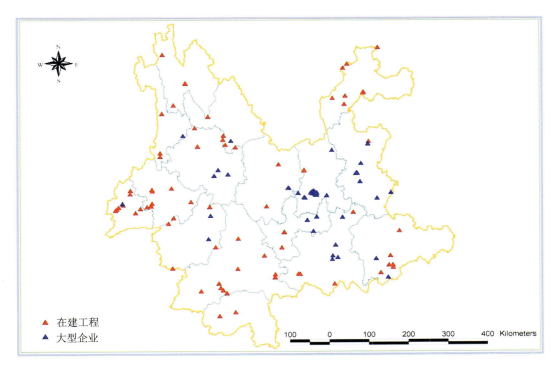

▲ 在建工程
▲ 大型企业

图 5-15　云南省主要在建工程及大型企业分布

Fig. 5-13　The map of the distribution of great enterprises and projects which are being built in Yunnan Province

5.4 小 结

环境因子主要包括林分状况和地形因子。林分状况包括森林结构、树龄、郁闭度等，郁闭度数据的采集通常可以用植被指数模拟植被覆盖率来替代。地形因子包含不同的坡度、坡向、坡位以及海拔梯度等参数。

利用 TM 数据解译的结果，通过计算得到云南省针叶树种纯林所占面积达到全部面积的 99.55%，混交林仅占 0.6%，说明云南的针叶林分布以纯林为主，这对松材线虫病的发生和扩散极创造了极有得的环境。

由树龄信息统计出幼中龄林、近成过熟林的面积分别为 5798426.71 hm² 和 1154499.68 hm²，分别占 83.4%，16.6%，而松材线虫病主要以侵染近成过熟林及苗期为主，这对松材线虫病的发生和扩散是一个不利的因素。

利用 MODIS 数据反演植被指数的方法有归一化植被指数（*NDVI*）和增强型植被指数（*EVI*）两种，由于归一化植被指数具有能更准确的反映植被生长状态及植被覆盖度，并且可部分消除与太阳高度角、卫星观测角、地形、云、阴影和大气条件有关的辐照度条件变化等的影响，因此我们利用归一化植被指数，基于植被指数法计算植被覆盖率的公式模型得到植被覆盖率，来替代郁闭度因子，通过 MODIS 数据反演得到的覆盖率图能较真实地反演云南省植被生长情况，从北部高纬度及高海拔地带到低纬度、低海拔地区逐渐变大，思茅、西双版纳等滇南和滇西南等地区植被生长最好。

地形因子，包括坡度、坡向、坡位以及海拔梯度等参数，坡度、坡位、海拔的数据可以从地形图中直接提取使用，坡向数据需要将 GIS 数据中 0~360°数据通过一个分段函数转换为更能反映不同坡向冷热分布的 1~100 表示的坡向指数。

人为活动因子中的行政居民点等数据通过采集云南省 1：250000 地形图，重点区域 1：50000 地形图以及交通图得到。提取的居民点数据包括了市、州级单位 16 个，县、区级 129 个，村镇以下单位 45267 个。所集的道路包括全省的高速公路、国道及省道的数据，机场包括全省已通航的 11 个机场，火车站包括枢纽火车站 1 个，中型火车站 5 个，小型火车站 16 个，共计 22 个火车站。大型企业采集了云南 100 强企业，在建工程主要包括了在建的大、中型水电站以及大型矿山等数据，共计 175 个。

第6章 风险评估模型建立研究

6.1 专家打分

影响松材线虫病风险等级的因子很多，而且它们之间的关系又非常复杂，不易通过定量分析得到各因子的权重。专家打分法是指通过匿名方式征询有关专家的意见，对专家意见进行统计、处理、分析和归纳，客观地综合多数专家经验与主观判断，对大量难以采用技术方法进行定量分析的因素做出合理估算，经过多轮意见征询、反馈和调整后，对事物进行评价分析的方法。本研究采用专家打分法对松材线虫危险程度进行评价，以获得各个影响因子的相对权重。

6.1.1 建立专家打分表

根据第三章的论述对松材线虫病的影响因素进行综合分析，并分层归类。根据分层归类结果建立的指标体系(图3-1)，设计建立打分表。由 M 位专家根据自己的从事相关研究的经验按每个层次内的各个指标的相对重要程度进行打分，分值域为 0~100 分，最重要的为 100 分，不重要的为 0 分，具体权重分配见表6-1。

表6-1 指标重要程度得分
Table 6-1 The scoring table of the important level of indexes

指标重要程度	非常重要	很重要	重要	一般	不太重要	不重要
指标得分	90~100	80~98	60~79	50~59	20~49	20 分以下

由于每位专家所从事的科研方向不同，对松材线虫各个影响因素的熟悉程度也不同，因此在采用专家打分法进行因子权重确定时，要充分考虑各位专家对某个领域的熟悉程度。实现的办法就是每位专家根据自己对某个因素的熟悉程度对自己进行一个熟悉程度打分，具体分值见表6-2。

表6-2 专家对该项指标熟悉程度得分
Table 6-2 The scoring table of the familiar level of indexes for the experts

专家熟悉程度	熟悉	较熟悉	一般	不太熟悉	不熟悉
专家自评得分	4	3	2	1	0

6.1.2 统计所有评估专家对每个指标的评分

设计好专家打分表后，将其寄送给了 11 位专家进行打分，这 11 位专家对松材线虫都从事过不同程度的研究，对该领域有不同的观点和看法。专家打完分后，收集每份打分表，并对其进行结果统计(附录 E)。

6.1.3 专家得分计算

专家得分计算公式为：

$$F_j = f_j \times \lambda_j \tag{6.1}$$

式中：F_j 为第 j 位专家得分；f_j 为第 j 位专家打分；λ_j 为第 j 位专家熟悉度权数。λ_j 的计算公式为：

$$\lambda_j = \frac{S_j}{\sum\limits_{i=1}^{m} S_j} \tag{6.2}$$

式中：S_j 为第 j 位专家熟悉度打分。对每位专家的指标打分进行专家得分计算。

6.1.4 因子的权重分析

以专家人数为横坐标，以得分分值为纵坐标，建立平面直角坐标。将每个指标的得分由高到低依次由左向右，在坐标系内排列，描绘各点，连成光滑曲线。其中 F_1 为最高得分，F_m 为最低得分。以各点向横坐标作垂线，形成 $m-1$ 个封闭图形(似为梯形)，它的上下底分别为两个相邻的得分值，如图(6-1)所示：

求出封闭图形的面积，即为这个指标的得分面积域。计算公式为：

$$Z_t = \sum_{j=1}^{m-1} \frac{F_j + F_{j+1}}{2} \qquad (6.3)$$

$t = 1, 2, 3, \cdots, n$(其中 n 为同层次指标的个数)。

同理求出每个指标的面积得分域，再求出同属一个指标下的所有指标的得分面积域的和：

$$Z = \sum_{t=1}^{n} Z_t \qquad (6.4)$$

求出同一指标层次内的每个指标得分面积域占该层指标得分面积域和的比例 W_t，即为各个指标在该层次下所占的权重。

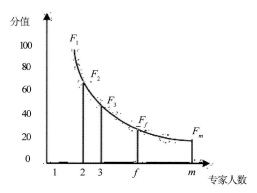

图6-1 专家打分曲线

Fig. 6-1 The scoring graph by the experts

$$W_t = \frac{Z_t}{Z} \qquad (6.5)$$

6.1.5 综合权重计算

通过上述方法，计算出各层次级别的各个指标的权重，可对松材线虫影响因子的综合权重进行计算。计算方法：分别将最低级别的指标权重和所属的上一级指标权重进行乘积运算，累积计算到最高级别。现以病原指标一级指标，以疫区发生程度及自然扩散能力指标下的轻度发生区的100m以内范围指标分别为二、三、四级指标为例，说明一下综合权重的计算方法：二级指标疫区发生程度及自然扩散能力指标的权重为0.1291，三级指标轻度发生区的权重为0.2919，该三级指标下的四级指标100m以内范围，其权重值为0.3490，则100 m以内范围指标在所有因子中所占的总权重值为0.1291×0.2919×0.3490=0.0132。

在利用GIS进行空间的模拟运算时，从二级指标到三级指标，以及从三级指标到四级指标会出现两种情况，第一种情况为：下一级指标的各个权重是叠加后对上一级指标综合贡献的，如"林分状况"的3个二级指标"森林结构"、"树龄"、"郁闭度"，在"林分状况"中是同时出现的，它们的权重是叠加后综合对一级指标"林分状况"作贡献的；第二种情况为：下一级指标的各个权重是独立对上一级指标贡献的，如"疫区发生程度及自然扩散能力"的3个下级指标"轻度发生区"、"中度发生区"、"重度发生区"在每个疫区中只会出现一个一种情况，要么是轻度，要么是中度或重度，不会同时出现1种以上的情况，因此，它们的权重是独立地对上一级指标作出贡献的，如果仅以单一的下级权重值对上一级权重进行计算，就会出现权重的损失。针对第一种情况，每一个指标的权重可以直接带入GIS系统中对地图上的第一个像元进行运算，而针对第二种情况，本书通过一个"权重传递"的概念来解决权重的损失问题。

权重传递是指在出现下一级指标的各个权重是独立对上一级指标贡献时，将上一级指标的权重直接传递给该级指标中权重值最大的一个指标，该级其他指标的权重再按比例分别计算。例如，"疫区发生程度及自然扩散能力"的3个三级指标的例子，二级指标的权重0.1291直接传递给权重值最大的"重度发生区"，轻度、中度发生区的权重传递值再按他们的权重比例分别计算得到0.1148、0.1006，同理，"重度发生区"的传递权重值又传递给三级指标中权重值最大的"100 m以内"指标上，得到四级权重的权重传递值也为0.1291(见表6-3)。

　通过权重及权重传递的计算，得到结果见表6-3。

表6-3　松材线虫病危险程度评价专家打分表计算结果
Table 6-3　The scores of the evaluation of Pine wilt disease' dangerous level by the experts

一级指标		二级指标		三级指标		权重传递	三级指标		权重传递	总权重
指标	权重	指标	权重	指标	权重		指标	权重		
寄主	0.2516	寄主易感性	0.1387	对媒介昆虫易感性	0.4911	—	—	—	—	0.0681
				对松材线虫易感性	0.5089	—	—	—	—	0.0706
		林分状况	0.1129	森林结构	0.3628	—	纯林	0.5330	—	0.0218
							混交林	0.4670	—	0.0191
				树龄	0.3289	—	幼中林	0.4734	—	0.0176
							近过成熟龄林	0.5266	—	0.0196
				郁闭度	0.3082	—	<0.3	0.3123		0.0109
							0.3~0.7	0.3451		0.0120
							>0.7	0.3426		0.0119
		松材线虫适生性	0.1319	—	—		—	—		0.1319
病原	0.2610	疫区发生程度及自然扩散能力	0.1291	轻度发生区	0.2919	0.1006	100m以内	0.3490	0.1006	0.0132
							100m-500m	0.3453	0.0995	0.0130
							500m-1000m	0.3058	0.0881	0.0115
				中度发生区	0.3333	0.1148	100 m以内	0.3438	0.1129	0.0148
							100~500m	0.3497	0.1148	0.0150
							500~1000m	0.3065	0.1006	0.0132
				重度发生区	0.3747	0.1291	100m以内	0.3515	0.1291	0.0170
							100~500m	0.3471	0.1275	0.0168
							500~1000m	0.3014	0.1107	0.0146
媒介昆虫	0.1290	媒介昆虫适生分布区	0.1290	—	—	—	—	—	—	0.1290
环境	0.1034	地形因子	0.1034	坡度	0.2263	—	0°~5°	0.2102	0.0234	0.0049
							5°~15°	0.2102	0.0234	0.0049
							15°~25°	0.1979	0.0220	0.0046
							25°~35°	0.1961	0.0218	0.0046
							35°<	0.1855	0.0207	0.0043
				坡向	0.2616	—	阴坡	0.2992	0.0222	0.0081
							阳坡	0.3652	0.0270	0.0099
							半阳坡	0.3356	0.0249	0.0091
				坡位	0.2354	—	上坡位	0.3084	0.0215	0.0075
							中坡位	0.3429	0.0239	0.0083
							下坡位	0.3487	0.0243	0.0085
				海拔	0.2766	—	400m以下	0.3351	0.0272	0.0096
							400~700m	0.3519	0.0286	0.0101
							700m以上	0.3130	0.0254	0.0090
人为干扰	0.2550	交通影响	0.1261	国道	0.1293	—	1km以内	0.3817	0.0163	0.0062
							1~5km	0.3308	0.0141	0.0054
							5~10km	0.2875	0.0123	0.0047
				省道	0.1298	—	1km以内	0.3844	0.0164	0.0063
							1~5km	0.3320	0.0141	0.0054
							5~10km	0.2836	0.0121	0.0046
				高速公路	0.1209	—	1km以内	0.4061	0.0161	0.0062
							1~5km	0.3384	0.0134	0.0052
							5~10km	0.2555	0.0102	0.0039

（续）

一级指标		二级指标		三级指标		权重传递	三级指标		权重传递	总权重
指标	权重	指标	权重	指标	权重		指标	权重		
人为干扰	0.2550	交通影响	0.1261	其他公路	0.1081	—	1km 以内	0.3836	0.0129	0.0052
							1～5km	0.3373	0.0113	0.0046
							5～10km	0.2791	0.0094	0.0038
				枢纽火车站	0.1382	—	1km 以内	0.3755	0.0174	0.0065
							1～5km	0.3288	0.0153	0.0057
							5～10km	0.2957	0.0137	0.0052
				中型火车站	0.1294	—	1km 以内	0.3823	0.0163	0.0062
							1～5km	0.3320	0.0142	0.0054
							5～10km	0.2857	0.0122	0.0047
				小型火车站	0.1175	—	1km 以内	0.3797	0.0148	0.0056
							1～5km	0.3395	0.0132	0.0050
							5～10km	0.2808	0.0110	0.0042
				机场	0.1267	—	1km 以内	0.3050	0.0160	0.0049
							1～10 km	0.2685	0.0141	0.0043
							10～100 km	0.2385	0.0125	0.0038
							100 km 以外	0.1880	0.0098	0.0030
				村镇	0.1526	—	1km 以内	0.3501	0.0197	0.0069
							1～2km	0.3369	0.0189	0.0066
							2～5km	0.3131	0.0176	0.0062
		人为活动	0.1288	县　区	0.1909	—	1km 以内	0.3855	0.0246	0.0095
							1～5km	0.3292	0.0210	0.0081
							5～10km	0.2853	0.0182	0.0070
				州　市	0.2107	—	1km 以内	0.3827	0.0271	0.0104
							1～10km	0.3286	0.0233	0.0089
							10～50 km	0.2887	0.0205	0.0078
				大型企业	0.2152	—	1km 以内	0.3793	0.0277	0.0105
							1～10 km	0.3300	0.0241	0.0091
							10～50 km	0.2908	0.0213	0.0081
				在建大型基建工地	0.2306	—	1km 以内	0.3771	0.0297	0.0112
							1～10 km	0.3305	0.0260	0.0098
							10～50 km	0.2924	0.0230	0.0087

6.1.6　层次分析模型的建立

根据层次分析法的原理，以松材线虫的风险程度为因变量 Y，以各指标为自变量 X_i，建立层次分析模型为：

$$Y = \sum X_i，i \text{ 为自变量个数} \tag{6.6}$$

6.1.6.1　一级指标模型

一级指标共 5 个，其模型反映了一级指标各个因素对松材线虫风险程度的贡献情况，由表 6-3 的计算结果可得出一级指标模型为：

$$y = 0.2516 \times X_1 + 0.2610 \times X_2 + 0.1290 \times X_3$$
$$+ 0.1034 \times X_4 + 0.2550 \times X_5 \tag{6.7}$$

其中各个自变量所代表的因子见表 6-4。

6.1.6.2　二级指标模型

二级指标共计 8 个，其模型从更深层次描述了松材线虫的影响因子，反映了该层次指标对松材线虫风险程度的贡献情况，通过表 6-3 计算二级指标在所有影响因子中所占的权重，可得出二级指标模型为：

表 6-4　一级指标模型自变量
Table 6-4　The independent variable of one-level index model

一级指标	自变量
1. 寄主	X_1
2. 病原	X_2
3. 媒介昆虫	X_3
4. 环境	X_4
5. 人为干扰	X_5

$$y_1 = 0.1387 \times X_{11} + 0.1129 \times X_{12} + 0.1319 \times X_{21} + 0.1219 \times X_{22} + 0.1290 \times X_{31}$$
$$+ 0.1034 \times X_{41} + 0.1261 \times X_{51} + 0.1288 \times X_{52} \tag{6.8}$$

其中各个自变量所代表的因子见表 6-5。

表 6-5　二级指标模型自变量

Table 6-5　The independent variable of two–level index model

序号	一级指标	二级指标	自变量
1	1. 寄主	1.1 寄主易感性	X_{11}
2		1.2 林分状况	X_{12}
3	2. 病原	2.1 松材线虫适生性	X_{21}
4		2.2 疫区发生程度及自然扩散能力	X_{22}
5	3. 媒介昆虫	3.1 媒介昆虫适生性	X_{31}
6	4. 环境	4.1 地形因子	X_{41}
7	5. 人为干扰	5.1 交通	X_{51}
8		5.2 居民点	X_{52}

6.1.6.3　三级指标模型

三级指标共计 27 个，由表 6-3 的计算结果可得三级指标模型为：

$$y_2 = 0.4911 \times X_{111} + 0.5089 \times X_{112} + 0.3628 \times X_{121} +$$
$$0.3289 \times X_{122} + \cdots\cdots + 0.2152 \times X_{524} + 0.2306 \times X_{525} \tag{6.9}$$

其中各个自变量所代表的因子见表 6-6，同样的方法即可构建含 75 个变量的四级指标的模型。

表 6-6　三级指标模型自变量

Table 6-6　The independent variable of three–level index model

序号	一级指标	二级指标	三级指标	自变量
1	1. 寄主		对媒介昆虫易感性	X_{111}
2		1.1 寄主易感性	对松材线虫易感性	X_{112}
3			森林结构	X_{121}
4		1.2 林分状况	树龄	X_{122}
5			郁闭度	X_{123}
6	2. 病原	2.1 松材线虫适生性		X_{21}
7			轻度发生区	X_{221}
8		2.2 疫区发生程度及自然扩散能力	中度发生区	X_{222}
9			重度发生区	X_{223}
10	3. 媒介昆虫	3.1 媒介昆虫适生性		X_{31}
11	4. 环境		坡度	X_{411}
12		4.1 地形因子	坡向	X_{412}
13			坡位	X_{413}
14			海拔	X_{414}
15	5. 人为干扰		国道	X_{511}
16			省道	X_{512}
17			高速公路	X_{513}
18		5.1 交通	其他道路	X_{514}
19			枢纽火车站	X_{515}
20			中型火车站	X_{516}
21			小型火车站	X_{517}
22			机场	X_{518}
23			乡镇及以下	X_{521}
24			县区	X_{522}
25		5.2 居民点	市州	X_{523}
26			大型企业	X_{524}
27			在建大型基建工地	X_{525}

6.2 各层次指标模型的建立

6.2.1 寄主因子空间模型的建立

6.2.1.1 寄主易感性空间模型的建立

根据松材线虫病主要寄主易感指数表（表4-4）以及云南省主要针叶林松墨天牛寄生情况表（表4-5）的分析结果，给云南省主要针叶林分布图（图4-1）的21个树种分别赋予寄主对松材线虫病的病原和媒介昆虫的易感性属性赋值，经过GIS处理后制作云南省主要针叶林易感性的空间模型（图6-2、图6-3）。

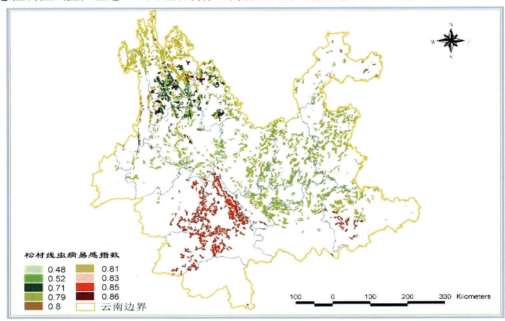

图 6-2 云南省主要针叶林松材线虫病易感性空间模型

Fig. 6-2 The map of susceptible space distribution of *B. xylophilus* disease in main conifers in Yunnan Province

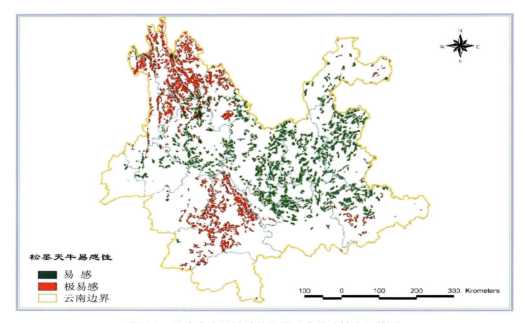

图 6-3 云南省主要针叶林松墨天牛易感性空间模型

Fig. 6-3 The map of susceptible space distribution of *M. alternatus* disease in main conifers in Yunnan Province

将图6-2及6-3分别赋予三级指标的权重，合并制作寄主易感性指数的空间模型图（图6-4）。

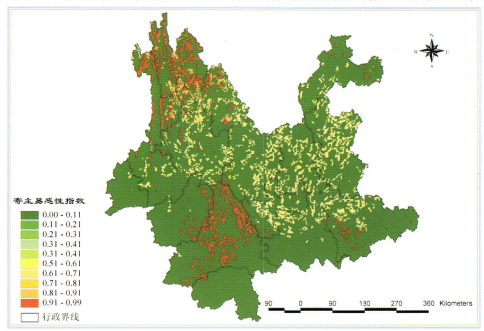

图 6-4　寄主易感性指数空间模型

Fig. 6-4　The spacial model diagram of influence indexes of host

6.2.1.2　林分状况因子影响空间模型的建立

分别将林分状况的3个二级指标图层云南主要针叶林森林结构（图5-1）、针叶林树龄结构（图5-2）、植被覆盖率（替代郁闭度，图5-5）分别赋予三级指标权重，合并制作林分状况影响指数的空间模型图（图6-5）。

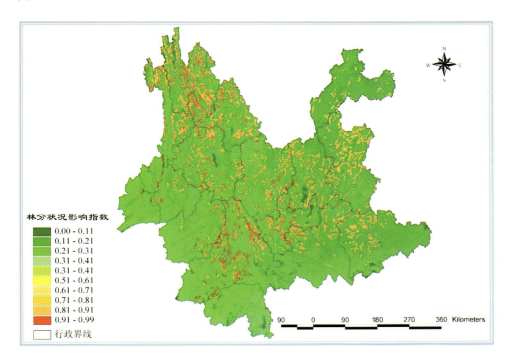

图 6-5　林分状况影响指数空间模型

Fig. 6-5　The spacial model diagram of influence indexes of stands situation

6.2.1.3　寄主因子空间模型的建立

将图寄主易感性空间模型（图6-4）、林分状况影响指数空间模型（图6-5）分别赋二级指标的权重，经 GIS 计算、合并制作寄主因子影响指数的空间模型图（图6-6）

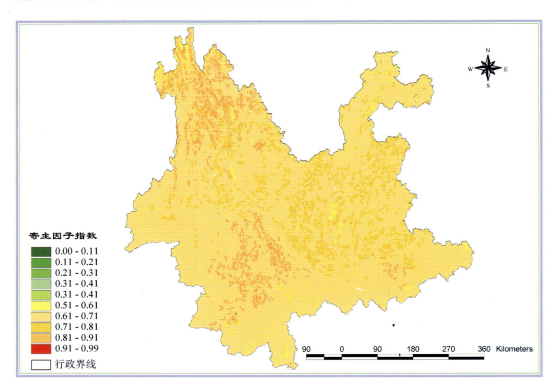

图 6-6　寄主因子影响指数空间模型

Fig. 6-6　The spacial model diagram of influence indexes of host

6.2.2　病原因子空间模型的建立

6.2.2.1　松材线虫病适生性因子空间模型的建立

基于松材线虫的主要扩散蔓延时间为 6~8 月[1]，温度是松材线虫发育的主要决定因素，松材线虫发育的起始温度为 9.5℃，适宜生长温度 25℃，28℃以上繁殖受到抑制，当温度超过 33℃时，发育停止[28]，这一松材线虫对环境适生性的基本规律，松材线虫适生性空间模型的建立分三步完成，一是以 6~8 月均温为变量的生理发育概率函数的构建，二是松材线虫适宜性温度分布地图的空间模拟与空间适宜性地图的模拟，三是温度适宜性地图与空间适宜性地图的叠加。

（1）适宜性概率函数的构建。连续的概率密度的函数构建，是为了定量的反应松材线虫从从开始适宜发育到逐步适宜、到最适发育、再到发育受限、发育减缓再到停止发育的连续变化规律。

从 9.5℃开始发育到最宜生长温度 25℃，经历了适宜发育到逐步适宜、到最适发育阶段，温度总步长为 15.5℃；从最适宜发育到发育受限、发育减缓再到停止发育，温度总步长为 8℃。所以，本文有理由假设：适宜性概率函数是偏态分布的，概率函数取得最大值的点为 $x=25$。

松材线虫最适应分布温度围绕在 25℃附近，所以 25℃附近的概率曲线应该有钟形形状，在逐渐适宜发育的过程中，曲线抬升较慢。在发育受限后，曲线降低快，很快到 33℃的停止发育温度。

平方变量的正态分布密度函数具有以上描述的分布特点，故选用该函数来构造连续的适宜概率函数。该函数的基本形式如式 6.10：

$$f(x) = \frac{1}{a \times \sqrt{2\pi}} \times \exp\left\{-\frac{(x^2-c)^2}{b}\right\}$$

（6.10）

或简写为：

$$f(x) = a \times \exp\left\{-\frac{(x^2 - c)^2}{b \times 10^{-5}}\right\}$$ （5.11）

将 x 轴为 6~8 月均温，y 轴为适宜概率可建立图 6-5 的拟合曲线示意图。

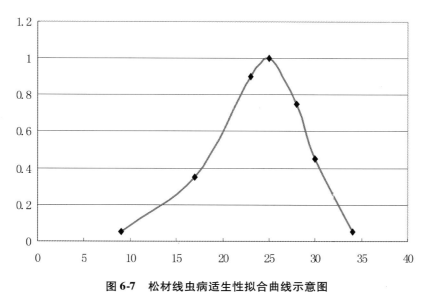

图 6-7　松材线虫病适生性拟合曲线示意图
Fig. 6-7　The sketch curve of the curve of fit for adaptivity of *B. xylophilus* disease

依据上面分析，构造函数在关键节点的取值表（表 6-7）。

表 6-7　松材线虫病适生性关键节点的取值
Table 6-7　The evaluation table of the key nodes for adaptivity of *B. xylophilus* disease

x	$f(x)$	描　述	说　明
9	0.05	9.5℃开始发育，9℃为几乎不发育的小概率事件	不发育只能取小概率，而不能取0，否则不适合构造连续的密度函数
17	0.35	对偏态分布的一般曲线，经过左边的尺度的一半的步长后，发育适宜性只能达到30%附近	
23	0.9	已经非常接近发育的最高点	
25	1.0	发育最适宜点	
28	0.75	发育适宜性大幅度下降	
30	0.45	离开	
33	0.05	停止发育的小概率事件	不发育只能取小概率，而不能取0，否则不适合构造连续的密度函数

通过曲线拟合，$a = 1.0041$，$b = 1.0318$，$c = 625$ 得到适宜性概率密度函数：

$$f(x) = 1.0041 \times \exp\left\{-\frac{(x^2 - 625)^2}{1.0318 \times 10^{-5}}\right\}$$ （6.12）

对比节点上的典型取值与连续概率函数的计算数值，得到下面的残差表。在 $x - e'$ 平面上，e' 大体在 $e' = 0$ 的上下呈一长方形随机分布，证明拟合的曲线是适合的。

表6-8　残差表
Table 6-8　residual table

x	y_i	$\hat{y}_i$	e_i'
9	0.05	0.047404	0.012254
17	0.35	0.313351	0.17302
23	0.9	0.913329	−0.06293
25	1	1.004441	−0.02097
28	0.75	0.773818	−0.11245
30	0.45	0.460304	−0.04864
34	0.05	0.054757	−0.02246

（2）适宜性分布的模拟

假设6~8月均温空间分布的模拟地图为A（见第5.1.3.2图5-12），松材线虫病的温度适宜分布地图为地图B，进行如下地图代数运算：

$$B = f(A) = 1.0041 \times \exp\left\{-\frac{(A^2-625)^2}{1.0318 \times 10^{-5}}\right\}$$
(6.13)

依据上述模型，对地面上每个100m×100m的面元逐个计算它的适生概率，得到整个云南的松材线虫病适生指数空间模型图（图6-8）。

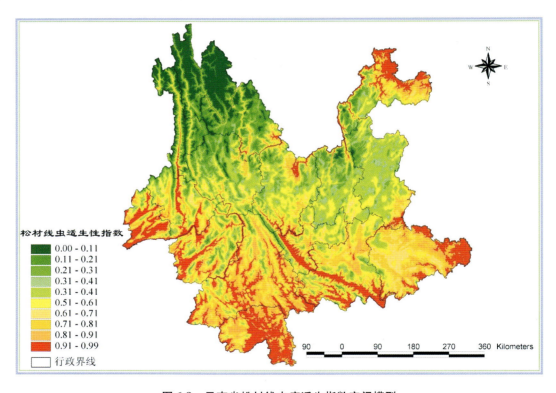

图6-8　云南省松材线虫病适生指数空间模型
Fig. 6-8　The space model diagram of adaptive indexes of mediate insects

建立以适宜性概率为描述指标的空间分布模型，依据空间格局地图，可对松材线虫的空间分布的适宜性做出连续的评价，反映了更为精细的松材线虫的适宜情况。

从气候条件分析，云南的南部、澜沧江、怒江、金沙江河谷地带都是松材线虫的高适宜区，滇中及东北部，是松材线虫分布的适宜区，滇西北、滇东北的高山地区是松材线虫的低适宜区或不适宜区。

6.2.2.2 疫点自然扩散因子影响空间模型的建立

疫点病原的自然扩散主要依靠媒介昆虫迁飞扩散来实现，而媒介昆虫的自然迁飞扩散能力是有限的，松墨天牛成虫的飞行潜能被激发时，在野外可一次性飞行的距离也仅能达到 0.8~1.0 km[133]，因此，在考虑疫点病原的自然扩散时，本文仅考虑云南两个疫点的影响。

为了在空间上连续模拟疫点的影响，按照 6.2.2.1 的方法，按照逻辑斯蒂函数拟合得到一条曲线，其概率密度函数为：

$$y = \left(\frac{e^{-0.1198x^{0.98}/1000+0.9978}}{1 + e^{-0.1198x^{0.98}/1000+0.9978}} - 0.5003 \right) / 0.2305 \qquad (6.14)$$

通过缓冲区分析和成本距离分析法，将以上结果代入式(2.5)：

$$accum\_cost = a_1 + (cost\_a + cost\_b) / 2 \times D$$

计算得到疫区自然扩散指数的空间模型图(图 6-9)，图中白色区域为疫点，模型较好体现了空间连续影响和空间叠加效应。

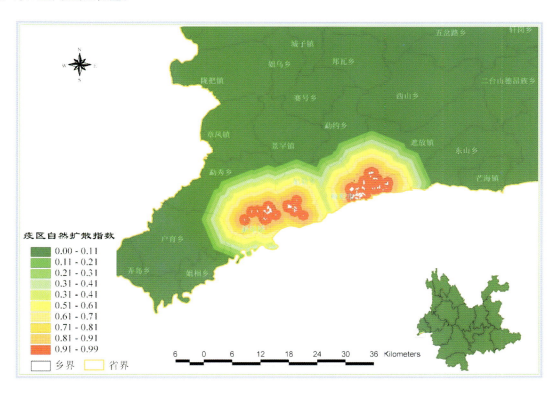

图 6-9 疫区自然扩散指数空间模型

Fig. 6-9 The spacial model diagram of natural spreading indexes of epidemic areas

6.2.2.3 病原因子空间模型的建立

将图松材线虫适生性空间模型(图 6-8)、疫区自然扩散指数空间模型(图 6-9)分别赋二级指标的权重，经 GIS 计算、合并制作病原因子影响指数的空间模型图(图 6-10)。

6.2.3 媒介昆虫因子空间模型的建立

媒介昆虫因子的影响主要包含以松墨天牛为主的媒介昆虫适生性的影响，松墨天牛的发育起点温度是 10.8 ℃，有效积温为 690 日年度时能完成发育，适宜温度下限是 15 ℃，上限是 30 ℃，限制性高温是 33 ℃[131]。

依据上述规律，建立松墨天牛的温度适宜性概率模型，以积温和温度适宜性，来模拟媒介昆虫的空间分布。

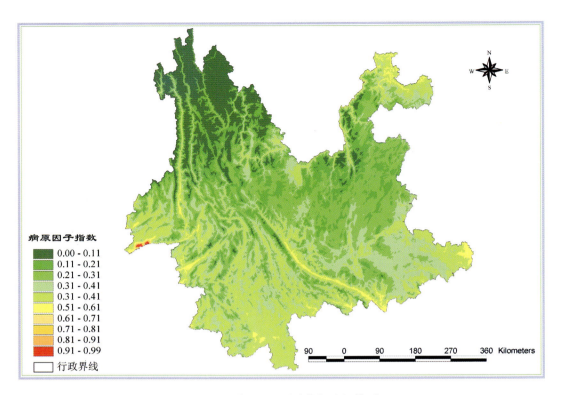

图 6-10　病原因子影响指数空间模型

Fig. 6-10　The spacial model diagram of pathogeny influence indexes

6.2.3.1　媒介昆虫的空间适宜性研究

媒介昆虫的最适宜温度为 15~30℃，最适应区下限到发育起点温度的步长 4.4℃，上限到限制性高温的步长为 3℃，所以，假设媒介昆虫生长发育的适宜温度的概率函数具有钟形的对称曲线，并假设达到 15℃时，生长发育概率值为 0.32，到达 30℃时，生长发育概率值为 0.32，在 10 和 35，分别取 0.05，见表 6-9。

表 6-9　媒介昆虫适生性关键节点的取值

Table 6-9　The evaluation table of the key nodes for adaptivity of mediate insects

X	$f(x)$	描　述	说　明
10	0.05	10.6℃开始发育，假设 10℃为几乎不发育的小概率事件	不发育只能取小概率，而不能取 0，否则不适合构造连续的密度函数
15	0.32	进入发育适宜区，达到 32% 的适宜性	
22.5	1.0	发育最适宜点	
30	0.32	超过该点后，适宜性将快速下降	
35	0.05	停止发育的小概率事件	不发育只能取小概率，而不能取 0，否则不适合构造连续的密度函数

假设概率函数具有如下形式：

$$f(x) = a \times \exp \frac{(x-c)^2}{b} \qquad (6.15)$$

则 $a = 0.992062$，$b = 0.01917$，$c = 22.5$

概率函数为：$f(x) = 0.992062 \times \exp(\frac{(x-22.5)^2}{0.01917})$ 　　　　　　(6.16)

以 x 轴为年均温，y 轴为适宜概率，拟合曲线示意图 6-11。

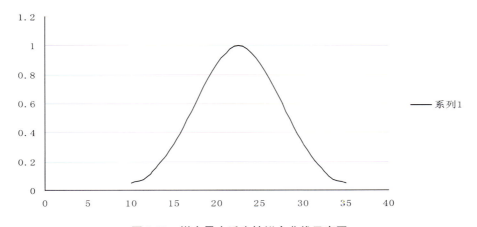

图 6-11　媒介昆虫适生性拟合曲线示意图
Fig. 6-11　The curve of fit for adaptivity of mediate insects

6.2.3.2　媒介昆虫空间适宜性分布的模拟

假设云南年均温空间分布的模拟地图为 C（图 5-13），媒介昆虫的温度适宜分布地图为地图 D_1，积温、温度同时适宜的分布地图为 D_2，再假设 J 为 $T \geqslant 10.8℃$ 的积温图。则

$$D_1 = f(C) = 0.992062 \times \exp(\frac{(C-22.5)^2}{0.01917})\tag{6.17}$$

依据上述模型，对地面上每个 $100m \times 100m$ 的面元逐个计算它的适生概率，得到整个云南的温度适宜分布图。

因为松墨天牛在 $T \geqslant 10.8℃$ 的积温小于 690 日度时，不具备发育条件。按如下规则进行 D_1 与 J 之间的叠加运算，得到 D_2：如果某个 $100m \times 100m$ 空间单元的积温小于 690 日度时，则该单元为不适宜区，D_2 的取值为"Nodata"，否则，为可适合区，适宜性的概率取值为 D_1 对应的单元的取值。D_2 的计算结果见图 6-12。将图 6-12 换算为取值为 0～1 的影响指数，得到媒介昆虫因子影响指数空间模型图（图 6-13）。

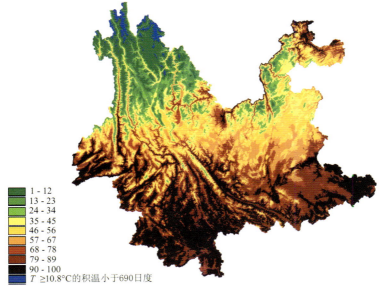

图 6-12　媒介昆虫适生性叠加图 D_2
Fig. 6-12　The stacking chart D_2 for adaptivity of vector insects

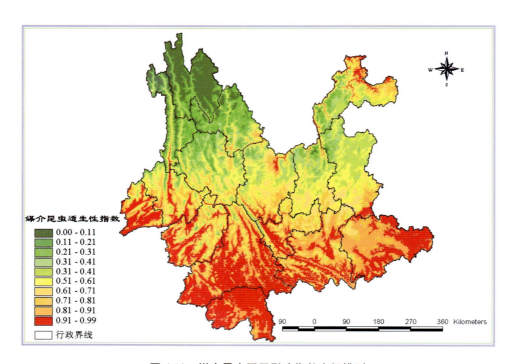

图 6-13　媒介昆虫因子影响指数空间模型

Fig. 6-13 The spacial model diagram of influence indexes of vector insects

从松材线虫适生性分布图（图6-8）及媒介昆虫的适生性分布图（图6-12）的比较可得出，松墨天牛的适生性比松材线虫病原的适生性要广，除滇西北的雪山地区有局部不适宜区，滇西北以及滇东北的高山区域为低适宜区之外，云南大部都是松墨天牛的高适宜区或较高适宜区。

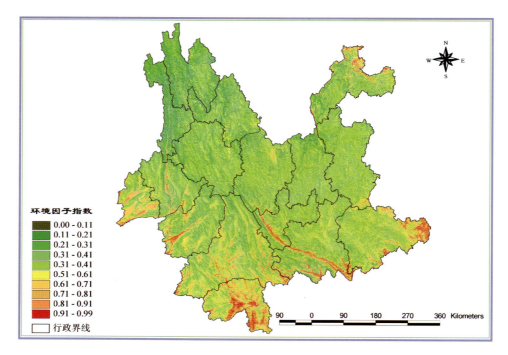

图 6-14　环境因子影响指数空间模型

Fig. 6-14　The spacial model diagram of influence indexes of entironment

6.2.4　环境因子影响空间模型的建立

　　环境因子主要包括气象因子和地形因子 2 个二级指标，气象因子的影响主要是影响病原及媒介昆虫的适生性，已分别在 6.2.2 及 6.2.3 节中进行了详细的分析，本节中的环境因子就只分析地形因子对环境的影响，地形因子包括 4 个三级指标，即海拔(图 5-6)、坡度(图 5-7)、坡向指数(图 5-10)、坡位指数(图 5-11)，将此三个地图赋予三级指标的权重，并根据拟合海拔和坡度的概率密度函数(附录 F)，根据缓冲区分析和成本距离分析法(式 2.5)，合并制作地形因子影响指数的空间模型图(图 6-12)。

6.2.5　人为干扰因子影响空间模型的建立

6.2.5.1　交通因子影响空间模型的建立

　　分别将交通影响的 3 个二级指标图层道路(图 5-12)、机场、火车站(图 5-13)赋予二级指标权重，并根据拟合的概率密度函数(附录 F)，根据缓冲区分析和成本距离分析法(式 2.5)，合并制作交通影响指数的空间模型图(图 6-13)。

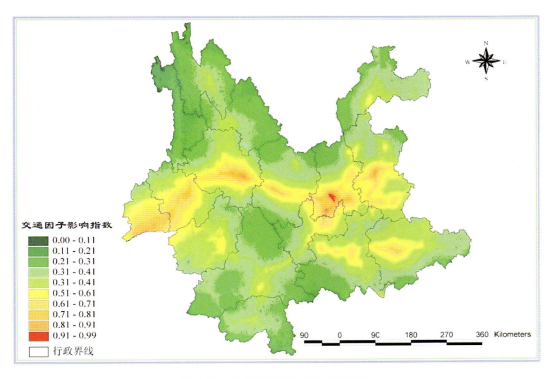

图 6-15　交通因子影响指数空间模型

Fig. 6-15　The spacial model diagram of influence indexes of traffic

6.2.5.2　居民点因子影响空间模型建立

　　分别将居民点影响的 3 个二级指标图层城镇(图 5-14)、大型企业、大中型在建工程(图 5-15)赋予二级指标权重，并根据拟合的概率密度函数，根据缓冲区分析和成本距离分析法，合并制作居民点影响指数的空间模型图(图 6-16)。

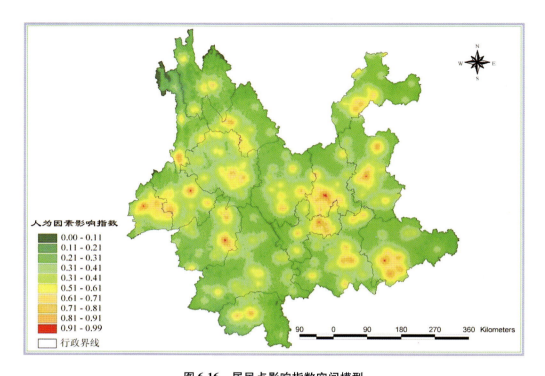

图 6-16　居民点影响指数空间模型

Fig. 6-16　The spacial model diagram of influence indexes of residential areas

6.2.5.3　人为干扰因子影响空间指数模型建立

将交通因子影响指数空间模型(图 6-15)、居民点影响指数空间模型(图 6-16)分别赋二级指标的权重，经 GIS 地图计算、合并制作人为干扰因子影响指数的空间模型图(图 6-17)

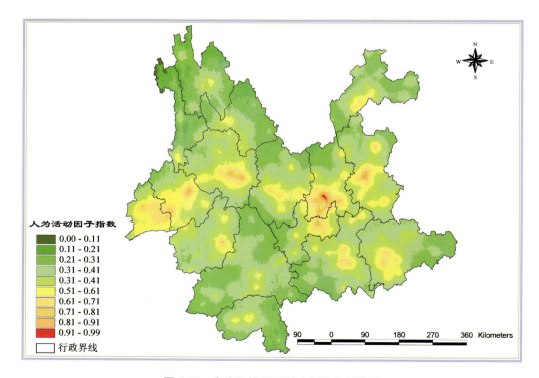

图 6-17　人为干扰因子影响指数空间模型

Fig. 6-17　The spacial model diagram of influence indexes of human activities

6.3　风险评估模型的应用模拟及可视化表达

将 6.2 中的 5 个一级指标分别赋予权重，按照式（6.7）

$$y = 0.2516 \times X_1 + 0.2610 \times X_2 + 0.1290 \times X_3 + 0.1034 \times X_4 + 0.2550 \times X_5$$

合并进行 GIS 地图计算，建立起基于 3S 技术的云南省松材线虫病风险评估模型（图 6-18），就可得到云南省的以每个栅格点的大小（100m × 100m）为单位的连续的松材线虫病风险值。

由于本风险评估模型的风险值可计算到每一个栅格点（相当于 1 公顷），通过 GIS 平台，可以得到第一个栅格点的风险值（图 6-19），这样风险的测报值可以落实到了具体的山头地块，因此，本评估模型具有很强的实用性，可对云南省松材线虫病的预防工作进行指导，合理了分配防治资源，对重点区域进行监测，达到"预防为主，综合防治"的目的。

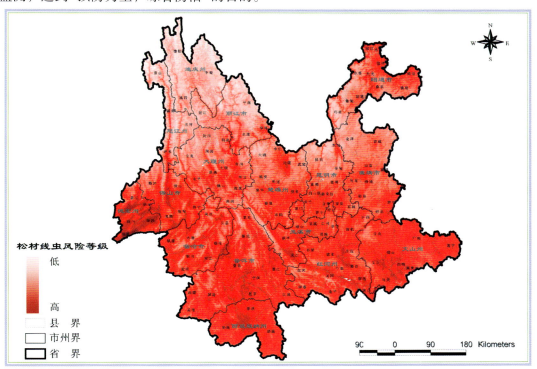

图 6-18　云南省松材线虫病风险评估模型

Fig. 6-18　The model diagram of the risk evaluation for *B. xylophilus* disease in Yunnan Province

6.4　小　结

6.4.1　通过专家打分法确定各因子的权重

在建立风险评估指标体系，采集和处理指标体系中各因子数据后，需要给各个因子赋予权重，权重值的确定通过专家打分方法来实现。专家打分法是指通过匿名方式征询有关专家的意见，对专家意见进行统计、处理、分析和归纳，客观地综合多数专家经验与主观判断，对大量难以采用技术方法进行定量分析的因素做出合理估算，经过多轮意见征询、反馈和调整后，对事物进行评价分析的方法。本研究采用专家打分法对松材线虫危险程度进行评价，以获得各个影响因子的相对权重。松材线虫的影响因素可分为三个层次，第一层包括寄主、松材线虫本身的特性、媒介昆虫、疫区情况、林分状况、地形因子、交通因子和人为因素等八大因素，在一级指标的基础上，细化出二级指标体系共 28 项；进一步细化二级指标得到三级指标共 75 项。

通过 11 位专家的打分，经分析处理计算后得到各层次的权重值，并建立层次分析模型。为了避免

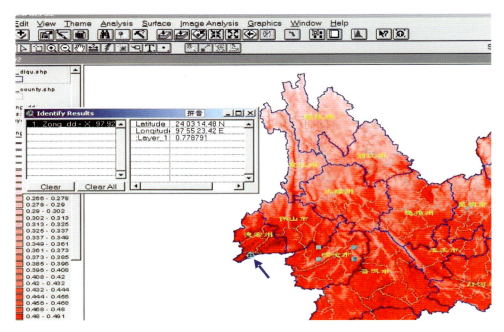

图 6-19　风险评估模型中栅格点风险值的即时显示

Fig. 6-19　The instant display of risk scores in the grids of the risk evaluation model

上一级指标的权重在传递到下一级指标时发生不应有的损失，提出了权重传递的概念，即在出现下一级指标的各个权重是独立对上一级指标贡献时，将上一级指标的权重直接传递给该级指标中权重值最大的一个指标，该级其他指标的权重再按比例分别计算。

6.4.2　空间上连续变化的各层次指标模型构建

在各层次指标模型的建立中，充分考虑了空间上的连续变化及各因子现实的影响情况。

在建立松材线虫病及媒介昆虫的适生性的空间模型时，通过将基本生态学研究结果的文字描述，转换为一个能进行数量化运算的适宜性概率函数，通过构建这个概率函数，计算出地图上每个栅格点的适生性指标数值，即建立了一个空间上连续变化的适宜性分布模型。

在考虑疫点因子影响时有两种影响情况：一种是通过自然扩散影响，但由于疫点的自然扩散半径非常有限，因此，本文主要考虑云南两个疫点；另一个情况是云南周边的疫点，它们的影响与交通情况密切相关，主要通过道路的来传递它们的权重，通过成本分配地图与成本距离分析法，构建一个概率函数来传递它的影响权重，通过 GIS 的运算，建立疫点的连续变化影响的空间模拟。

在计算三级指标时，将专家的打分结果拟合成一个连续表达的概率函数，这样就可对地图的第一个栅格点的权重值进行计算，然后通过每个三级指标的相加得到二级指标的空间模型。

在进行疫点因子、交通因子以及人为活动影响等因子的空间模拟时，充分考虑各个因子对同一个栅格点的叠加影响作用，通过缓冲区分析和成本距离分析法，构建相应的函数来进行叠加计算，真实地反演了点线状地物对空间栅格点的综合影响作用。

6.4.3　风险评估模型的建立及应用

通过 75 个四级指标、27 个三级指标，5 个一级指标的赋值运算，建立起基于 3S 技术的云南省松材线虫病风险评估模型，并根据需要进行了可视化表达。可对云南省的以每个栅格点的大小（100m×100m）为单位的连续的松材线虫病风险值，这样风险的测报值可以落实到了具体的山头地块，因此，本评估模型具有很强的实用性，可对云南省松材线虫病的预防工作进行指导，合理地分配防治资源，对重点区域进行监测，达到"预防为主，综合防治"的目的。

第7章 风险评估模型的应用及案例分析

松材线虫风险评估评估模型包括寄主、病原、媒介昆虫、环境及人为干扰 5 个一级指标模型，以及综合叠加模型。本章将对它们进行综合应用及部分案例分析。

7.1 寄主因子的风险分析

寄主带来的风险由寄主的感病生物学特性、寄主的林分情况等因子确定。其中寄主的类别和易感性是关键因素。

寄主风险风险分级的语义含义见表 7-1，将表中的数值代入"寄主因子影响指数空间模型图"（图 6-6），制作寄主因子影响空间风险等级图（图 7-1）。

表 7-1 寄主风险分级

Table 7-1 The risk ranking table of *B. xylophilus* hosts

概率估计	级 别	含 义	措 述
0 ~ 0.7	一级	低	低度风险
0.7 ~ 0.75	二级	中	中度风险
0.75 ~ 0.8	三级	较高	较高风险
0.8 ~ 1	四级	高	高度风险

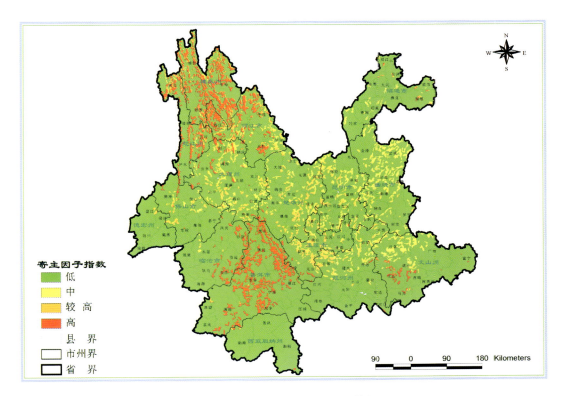

图 7-1 寄主因子影响空间风险等级

Fig. 7-1 The risk ranking chart of *B. xylophilus* hosts in terms of space

7.1.1 寄主因子风险概述

（1）云南的滇西北地区分布的以云冷杉为主的针叶林，以普洱市为中心的滇中南地区所分布的以松属树种为主的针叶林，以文山为中心的滇东南地区的松林是高风险寄主分布区。

（2）滇中一带的以松松属树种为主的针叶林是较高风险级别的寄主分布区。

（3）滇东北、滇东一带的针叶林是中度风险级别的寄主分布区，滇南以思茅松为主的寄主分布区是高风险级别的寄主分布区。

7.1.2 重要区域的风险分析

（1）德宏傣族景颇族自治州的松林都是高风险级别的寄主，风险概率大于0.75。其中勐养乡、姐勒乡、勐卯镇、畹町市、小厂乡、芒章区的寄主风险级别更高，达0.90以上（图7-2）。

图 7-2　德宏周边寄主因子影响空间风险等级

Fig. 7-2　The risk ranking chart of *B. xylophilus* hosts in terms of space around Dehong

（2）保山市的龙江乡、龙山镇、普川乡、勐连乡、栋山乡、上营乡是高风险区，风险值大于0.8（图7-3）。保山市的芒棒乡、打苴乡、曲石乡、瑞滇乡、大江乡、小西乡、杨柳乡、隆阳区、汉仔乡、大观市乡、下村乡、沙坝乡、水寨乡等地的松林都是较高风险级别的寄主。其中曹涧区、上江乡、鲁掌镇的松林是风险级别更高（图7-3）。

（3）临沧市与保山市的沙河乡、勐勐镇、大文乡、边江乡、半坡乡、贺六乡、永平镇、民乐乡、平村乡、文浴室乡、栎树区、后箐乡、忙怀区、漫湾镇、茂兰区、景谷乡、凤山乡、按板镇、文龙乡、锦平乡、太忠乡、文井乡、花山乡、古城乡、正兴乡、凤阳乡、益智乡、云仙乡等地的松林都是较高风险级别的寄主（图7-5）。

（4）临沧市与保山市的景谷乡、凤山乡、平村乡、永平镇、勐勐镇、忙怀区、芒洪乡的少部分的松林区是极高风险级别的寄主（图7-4）。

（5）普洱市的松林都是高风险级别的寄主。普洱市的雅可乡、竹林乡、南屏乡的少部分松林区的极高风险级别的寄主（图7-5）。

（6）西双版纳州勐龙乡、小街乡、勐腊乡、勐遮乡、勐阿乡、勐满乡、勐伴镇的松林是低度风险级别的寄主（图7-6）。

（7）普洱市与玉溪市交界的各个乡镇的松林均是高风险级别寄主（图7-7）。

（8）文山壮族苗族自治州的砚山县的中部地区的松林是较高风险级别的寄主。南捞乡、麻栗坡、都龙镇、那洒阵、鸡街乡的松林是较低风险级别的寄主（图7-8）。

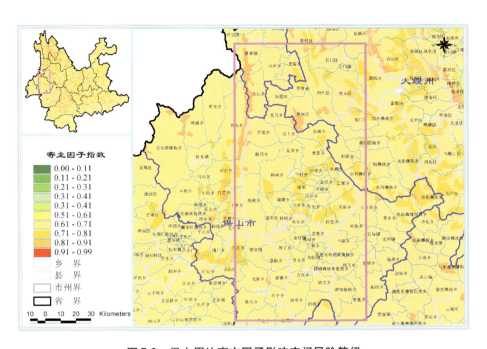

图 7-3　保山周边寄主因子影响空间风险等级

**Fig. 7-3 The risk ranking chart of _B. xylophilus_
hosts in terms of space around Baoshan**

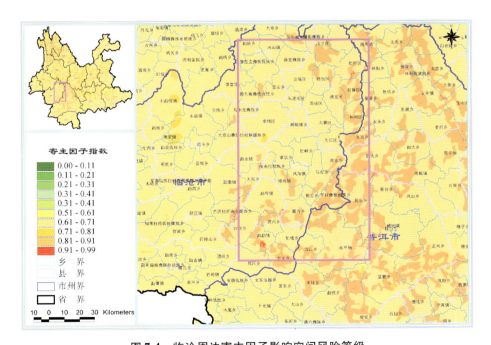

图 7-4　临沧周边寄主因子影响空间风险等级

**Fig. 7-4 The risk ranking chart of _B. xylophilus_
hosts in terms of space around Lincang**

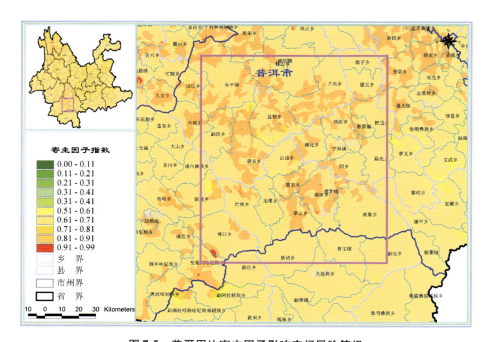

图 7-5　普洱周边寄主因子影响空间风险等级

Fig. 7-5　The risk ranking chart of *B. xylophilus*

hosts in terms of space around Puer

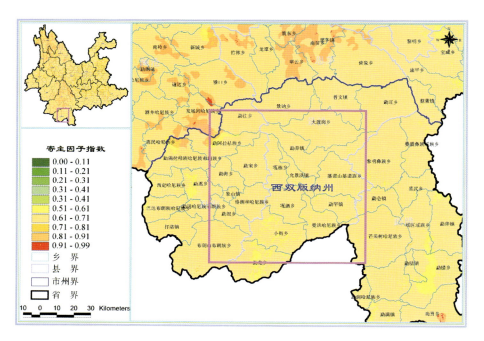

图 7-6　西双版纳周边寄主因子影响空间风险等级

Fig. 7-6　The risk ranking chart of *B. xylophilus*

hosts in terms of space around Xishuangbanna

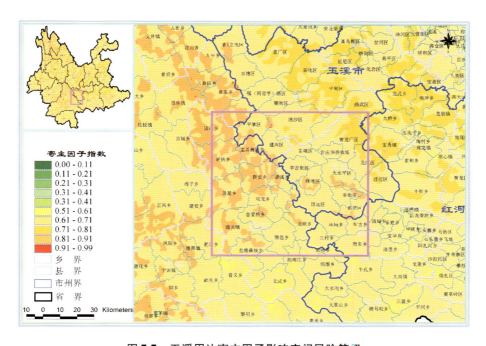

图 7-7　玉溪周边寄主因子影响空间风险等级

Fig. 7-7　The risk ranking chart of *B. xylophilus* hosts in terms of space around Yuxi

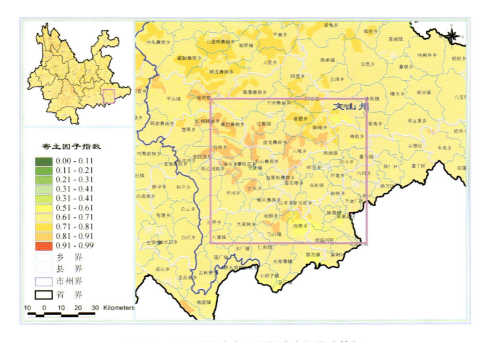

图 7-8　文山周边寄主因子影响空间风险等级

Fig. 7-8　The risk ranking chart of *B. xylophilus* hosts in terms of space around Wenshan

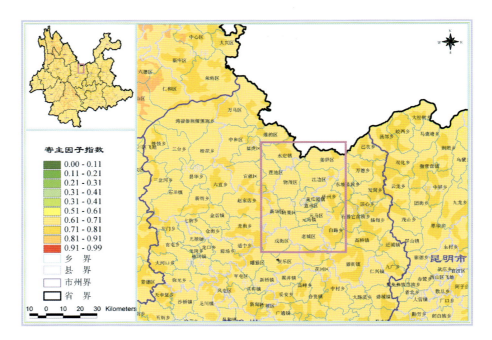

图 7-9   元谋周边寄主因子影响空间风险等级

Fig. 7-9   **The risk ranking chart of *B. xylophilus***

hosts in terms of space around Yuanmou

（9）元谋整个县的松林都是中度风险级别寄主（图 7-9）。

（10）滇西北的低海拔地区的松林也是高风险级别的寄主。高海拔地区的松林是低风险级别寄主（图 7-10）。

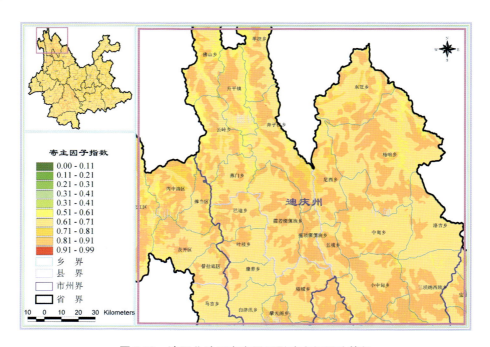

图 7-10   滇西北地区寄主因子影响空间风险等级

Fig. 7-10   **The risk ranking chart of *B. xylophilus* hosts**

in terms of space in the northwest of Yunnan province

7.1.3 县级单位的寄主风险分析

对各个县区不同寄主因子的风险等级区域的国土面积进行统计，得到统计表 7-2。

表 7-2　不同寄主因子风险水平下的各县区面积（hm²）

Table 7-2 The measure of areas for different counties on the different risk levels of *B. xylophilus* hosts（acres）

序号	区（县）	低度风险	中度风险	较高风险	高度风险	高风险及较高风险比例%	序号	区（县）	低度风险	中度风险	较高风险	高度风险	高风险及较高风险比例%
1	丽江	404180	26333	88140	226907	42.3	64	江川	70733	4553	5273	7	6.6
2	中甸	691333	11120	70127	368913	38.5	65	保山	427600	27380	27560	4320	6.5
3	德钦	437127	10087	56667	222400	38.4	66	威信	123980	5580	4793	3907	6.3
4	兰坪	269207	5427	33273	129807	37.3	67	寻甸	250040	87853	21487	0	6.0
5	贡山	263260	12453	56100	105640	37.0	68	开远	162620	20407	7067	4040	5.7
6	镇沅	269547	7	53	146133	35.2	69	镇雄	344020	7240	13087	6013	5.2
7	景谷	507440	60	5513	238720	32.5	70	丘北	342620	138120	23113	80	4.6
8	维西	303253	2873	31573	112973	32.1	71	昌宁	348353	12413	15807	1427	4.6
9	景东	311800	53	1880	132500	30.1	72	凤庆	314173	3420	4920	10180	4.5
10	墨江	386720	0	1467	140407	26.8	73	龙陵	266600	1573	10633	1827	4.4
11	石屏	185500	42407	76913	313	25.3	74	曲靖	118440	27820	6520	0	4.3
12	宁蒗	428613	25060	58900	88287	24.5	75	耿马	360167	0	60	13980	3.8
13	剑川	149253	21213	22740	31160	24.0	76	马关	256980	0	3740	6267	3.7
14	易门	102987	13373	35933	47	23.6	77	师宗	241873	26633	10340	0	3.7
15	峨山	127127	23020	42920	93	22.3	78	西畴	143053	893	1967	3567	3.7
16	禄丰	245347	35367	74280	0	20.9	79	石林	135593	26387	5800	0	3.5
17	思茅	305473	27	2087	77460	20.7	80	陆良	175540	15767	6787	0	3.4
18	漾濞	131820	17013	35887	1327	20.0	81	盐津	188853	5893	6773	80	3.4
19	新平	310320	33080	67380	15560	19.5	82	绥江	71340	13	1760	740	3.4
20	双江	174727	0	93	41200	19.1	83	华宁	118533	2267	4140	40	3.3
21	武定	180447	60500	53787	0	18.2	84	西盟	121800	13	3353	740	3.3
22	玉溪	75080	2820	17113	80	18.1	85	永德	305107	8920	7240	1920	2.8
23	南涧	128100	15173	28107	3220	17.9	86	罗平	274253	18313	8433	7	2.8
24	临沧	212093	33	120	43913	17.2	87	元谋	185360	9840	5480	0	2.7
25	元江	221227	6673	28627	15373	16.2	88	河口	128893	0	13	3453	2.6
26	鹤庆	170020	28980	23487	14553	16.0	89	呈贡	32707	21173	1353	0	2.5
27	福贡	231113	0	5247	38707	16.0	90	富源	255027	62067	7500	0	2.3
28	洱源	209673	31733	27027	18147	15.8	91	盈江	422953	380	8920	113	2.1
29	祥云	169093	36060	36333	1033	15.4	92	沾益	176900	99967	5760	0	2.0
30	华坪	138227	42160	29040	3340	15.2	93	勐海	525407	0	6327	4407	2.0
31	云县	309607	360	1773	53520	15.1	94	永善	262480	7707	3247	2193	2.0
32	文山	252767	2093	6280	36240	14.3	95	水富	42633	147	833	7	1.9
33	普洱	315187	0	860	51200	14.2	96	富明	102647	1653	1887	0	1.8
34	永胜	409460	15420	19940	48787	13.9	97	个旧	146773	1160	2553	60	1.7
35	南华	182687	14327	13640	15587	12.9	98	梁河	112273	93	1720	93	1.6
36	双柏	321147	18280	50167	0	12.9	99	大关	162367	6833	1440	1160	1.5
37	安宁	94740	18847	16667	73	12.8	100	会泽	508027	72980	7853	0	1.3
38	砚山	302287	35813	15640	34147	12.8	101	宣威	400180	197840	7120	0	1.2
39	禄劝	308940	58487	54073	0	12.8	102	广南	706267	60673	6407	413	0.9
40	大理	118600	4307	8080	9260	12.4	103	蒙自	210593	4420	1660	0	0.8
41	晋宁	92940	22580	16213	67	12.4	104	昭通	191707	23060	1640	0	0.8
42	弥勒	285020	60073	47033	0	12.0	105	瑞丽	93453	0	0	620	0.7
43	牟定	116633	11227	16420	47	11.4	106	红河	202767	0	0	1040	0.5

（续）

序号	区（县）	低度风险	中度风险	较高风险	高度风险	高风险及较高风险比例%	序号	区（县）	低度风险	中度风险	较高风险	高度风险	高风险及较高风险比例%
44	澜沧	775400	47	6273	91513	11.2	107	富宁	525927	0	747	1940	0.5
45	嵩明	106320	13807	15013	7	11.1	108	施甸	192907	993	900	0	0.5
46	西山区	87107	7533	11760	67	11.1	109	巧家	296413	20653	1220	0	0.4
47	永仁	174580	16047	23680	47	11.1	110	彝良	268020	10760	1020	0	0.4
48	楚雄	382413	12333	46400	2513	11.0	111	勐腊	682933	0	0	2487	0.4
49	宜良	148220	22627	20847	73	10.9	112	麻栗坡	235240	0	167	353	0.2
50	永平	227847	21387	29520	780	10.8	113	宾川	252387	467	240	53	0.1
51	巍山	165353	29427	23053	220	10.7	114	东川	180380	5327	120	0	0.1
52	姚安	140340	11280	17960	0	10.6	115	江城	340973	0	0	140	0.0
53	泸水	274267	2973	1667	31147	10.6	116	鲁甸	138873	8933	47	0	0.0
54	腾冲	502560	8993	34967	23160	10.2	117	景洪	689400	0	0	27	0.0
55	澄江	58660	9047	5573	1993	10.1	118	孟连	189320	0	0	7	0.0
56	泸西	127033	21353	16433	0	10.0	119	潞西	291113	0	0	0	0.0
57	盘龙区	77907	18540	10300	27	9.7	120	陇川	187793	0	0	0	0.0
58	云龙	376740	19440	15187	25893	9.4	121	镇康	252407	0	0	0	0.0
59	弥渡	126600	12453	9880	4007	9.1	122	沧源	244940	0	0	0	0.0
60	建水	299813	45733	31973	233	8.5	123	屏边	184227	0	0	0	0.0
61	马龙	94947	52440	13340	0	8.3	124	元阳	221433	0	0	0	0.0
62	通海	62620	5607	5600	0	7.6	125	绿春	308553	0	0	0	0.0
63	大姚	347973	29133	26847	0	6.6	126	金平	360987	0	0	0	0.0

从表7-2中也可看出，德钦、中甸、丽江、维西、贡山、宁蒗等较冷的地区，寄主的感病风险更高，主要是因为高山松、落叶松等云冷杉有较高的易感性造成。

在滇南、滇中南部地区的镇沅、景谷、景东、墨江、石屏等县寄主的感病的风险高，主要是因为思茅松、云南松、华山松等暖热性针叶林感病性高的原因造成。

7.2 病原因子风险分析

病原的空间传播风险由当前存在的病原区的自然传播危险与病原在空间上的适生条件决定，除畹町市、瑞丽市和德宏傣族景颇族自治州的西南部受现存病原区的自然扩散的威胁外，云南省其他地区不存在病原自然扩散的威胁，所以决定其他区域的病原入侵风险的因素是病原的适生性。

以100m×100m为最小空间度量单元，评估云南各个区域的风险概率。风险的语义含义见表7-3，将表中的数值代入"病原因子影响指数空间模型图"（图6-10），制作病原因子影响空间风险等级图（图7-11）。

表7-3 病原风险分级
Table 7-3 The risk ranking table of pathogeny

概率估计	级别	含义	描述
0 ~ 0.3	一级	低	低度风险，病原不适生
0.3 ~ 0.45	二级	中	中度风险，病原低度适生
0.45 ~ 0.6	三级	较高	较高风险，病原较适生
0.6 ~ 1	四级	高	高度风险，病原很适生

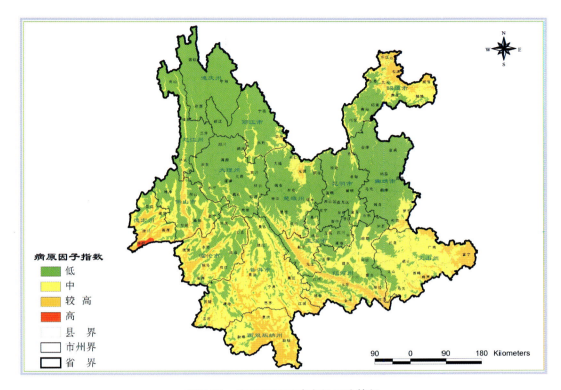

图 7-11　病原因子影响空间风险等级

Fig. 7-11　The risk ranking chart of pathogeny in terms of space

7.2.1　病原因子风险概述

病原适生性、病原自然扩散能力（见图 7-11）的空间模拟结果表明：

（1）除元谋、永仁的南部、宾川沿着金沙江河谷一带、华坪的一部分、昭通的东北部外，从云南中部的腾冲、保山的隆阳区、巍山、南涧、易门、通海、泸西、师宗、罗平北部一线开始，整个云南的中部、北部都是病原入侵的低风险区。

（2）红河流域的高海拔地区，蒙自、开远、文山、个旧、丘北的高海拔地地区，云县、澜沧、双庆、永德、盈江、龙凌、施甸的高海拔地区都是病原入侵的低风险区。

（3）文山壮族苗族自治州除富宁、丘北外都是中度风险区。红河州的建水、石屏、开远、弥勒的低海拔地区，普洱市的大部分地区，西双版纳傣族自治州的勐海县，元谋县的高海拔地区，都是松材线虫病病原入侵的中度风险区。

（4）文山的富宁县，广南县的东部沿边界线一带，麻栗坡县的西部，从红河河谷到河口一带，金平县的低海拔区域，江城、绿春的低海拔区域，西双版纳的勐腊、景洪，普洱市的河谷沿线，临沧市的低海拔地区，德宏的潞西县、陇川县，盈江的低海拔地区，保山的怒江河谷地带，元谋县的低海拔地区，昭通市的绥江、盐京、威信的河谷地带，是较高风险区。

7.2.2　重要区域的风险分析

（1）德宏傣族景颇族自治州的畹町市、瑞丽市疫区及周边地区是病原入侵的高风险区。由于受现有的畹町、瑞丽疫点的影响，目前，在瑞丽市的姐勒乡、勐卯镇、畹町市、勐秀乡、遮放镇靠近疫区的地方皆为高风险区，围绕高风险区周边都是较高风险区。德宏州海拔较高的地区，如江东乡、河头乡、法帕乡、护国乡、油松岭区域内的高海拔地区由于适生性较低，因此是低风险区。除此之外，德宏的绝大多数乡镇都是中度风险区（图 7-12）。

（2）保山市沿怒江河谷一带的区域是较高风险区和中度风险区。其他地区都是低风险区（图 7-13）。

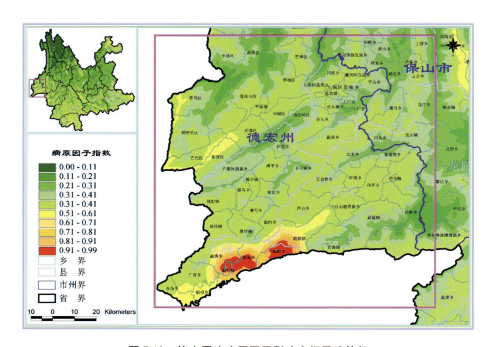

图 7-12　德宏周边病原因子影响空间风险等级

Fig. 7-12　The risk ranking chart of pathogeny

in terms of space around Dehong

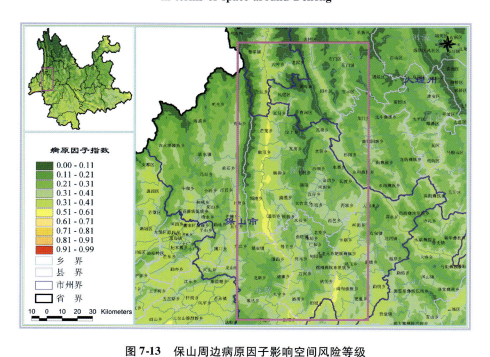

图 7-13　保山周边病原因子影响空间风险等级

Fig. 7-13　The risk ranking chart of pathogeny

in terms of space around Baoshan

（3）临沧市的忙怀区、云城区、幸福乡、勐永镇、勐撒镇、大雪山、崇岗乡等是中度风险区。勐定镇、勐简乡的低海拔地区为较高风险区（图 7-14）。

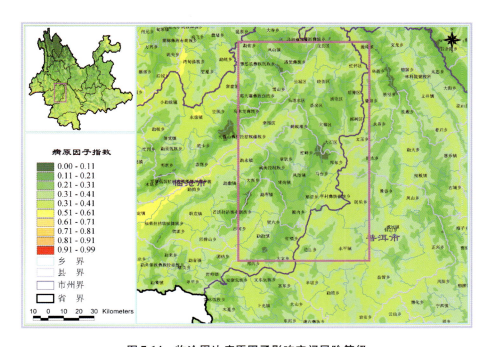

图 7-14　临沧周边病原因子影响空间风险等级

Fig. 7-14　The risk ranking chart of pathogeny
in terms of space around Lincang

（4）普洱市的民乐乡、永平镇、钟山乡、正幸乡、抑制乡、勐班乡、半坡乡、云仙乡、上允镇、平村乡、碧安乡等都是较高风险区。普洱市的新城乡、竹林乡、龙潭乡、翠云乡、雅口乡，景洪市的勐往乡、景讷乡、普文镇、大渡岗乡、勐养镇、勐旺乡、嘎栋乡、象明乡、曼腊乡都为中度风险区（图 7-15）。

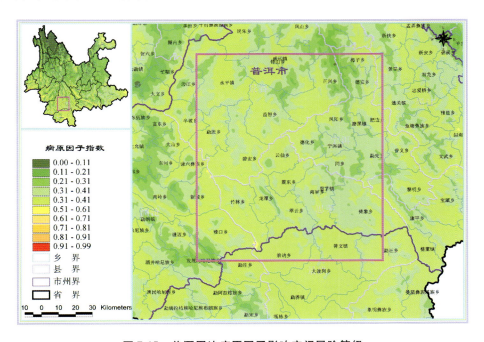

图 7-15　普洱周边病原因子影响空间风险等级

Fig. 7-15　The risk ranking chart of pathogeny
in terms of space around Puer

（5）西双版纳的勐罕镇、嘎洒乡、曼红乡、勐仑镇的一部分为较高风险区，小街乡的一小部分也为较高风险区，南溪镇、老范寨乡、瑶山乡为较高风险区（见图7-16）。

（6）玉溪市的水塘乡、嘎洒区、腰街区、漠沙区、东峨区、大水平区中的河谷地带皆为较高风险区和中度风险区（图7-17）。

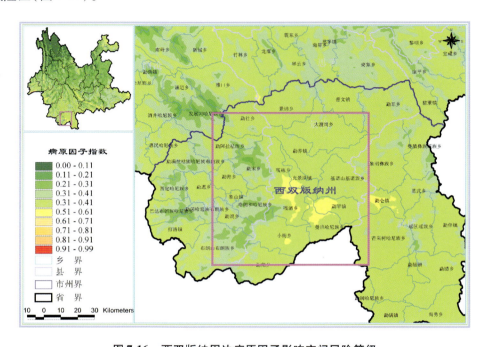

图7-16　西双版纳周边病原因子影响空间风险等级

Fig. 7-16　The risk ranking chart of pathogeny in terms of space around Xishuangbanna

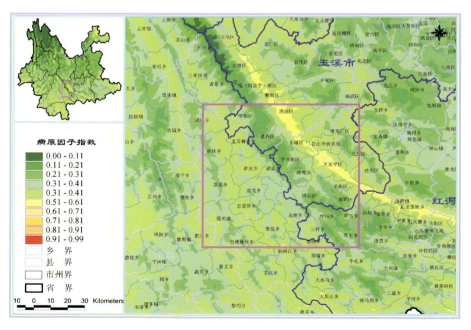

图7-17　玉溪周边病原因子影响空间风险等级

Fig. 7-17　The risk ranking chart of pathogeny in terms of space around Yuxi

（7）文山壮族苗族自治州的鸡街乡、新寨区、六河区、杨万区、八布区、平寨乡、兴街镇、南捞乡、山车乡、新马街乡、都龙镇、猛硐区、小坝子镇、金厂镇为中度风险区（图 7-18）。

（8）元谋县干热河谷地带皆为中度风险区（图 7-19）。

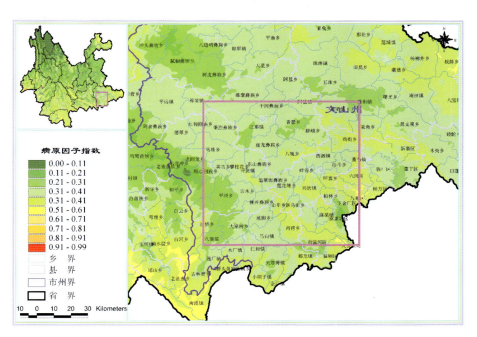

图 7-18　文山周边病原因子影响空间风险等级

**Fig. 7-18　The risk ranking chart of pathogeny
in terms of space around Wenshan**

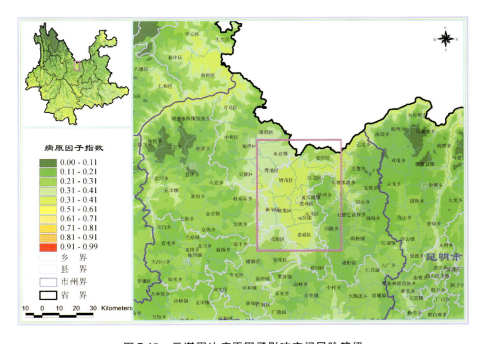

图 7-19　元谋周边病原因子影响空间风险等级

**Fig. 7-19　The risk ranking chart of pathogeny
in terms of space around Yuanmou**

（9）整个滇西北的非深切河谷地带多是低风险区，滇西北的怒江河谷地带，澜沧江、金沙江河谷等深切河谷地带为较中度风险区（图 7-20）。

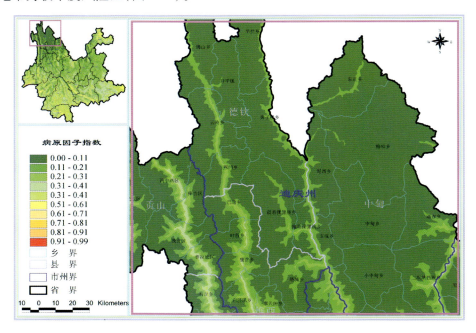

图 7-20 滇西北病原因子影响空间风险等级

Fig. 7-20 The risk ranking chart of pathogeny in terms of space in northwest of Yunnan province

7.2.3 县级单位的风险分析

由于气候差异、特别是云南立体气候的影响，每个县区甚至每个乡镇的病原适生性有差异，对处于不同风险级别的土地面积进行统计，可以得到县区级单位的风险概况。各县区的具有不同风险级别的面积统计结果见表 7-4。

表 7-4 不同病原因子风险水平下的各县区面积（hm²）

Table 7-4 The measure of areas for different counties on the different risk levels of pathogeny（acres）

序号	区（县）	低度风险	中度风险	较高风险	高度风险	高风险及较高风险比例%	序号	区（县）	低度风险	中度风险	较高风险	高度风险	高风险及较高风险比例%
1	瑞丽	0	7880	46020	40520	91.7	64	丘北	163820	325087	15040	0	3.0
2	盐津	1420	33487	167427	0	82.7	65	禄劝	364007	46713	11627	0	2.8
3	水富	0	7980	35933	0	81.8	66	鲁甸	119187	24747	3980	0	2.7
4	河口	3427	24880	104200	0	78.6	67	开远	73793	115247	5093	0	2.6
5	绥江	7	17853	56767	0	76.1	68	武定	256627	31047	7233	0	2.5
6	富宁	240	196667	333227	0	62.9	69	峨山	103907	85120	4127	0	2.1
7	景洪	9240	255740	424480	0	61.6	70	昭通	206747	5567	4360	0	2.0
8	勐腊	6973	262233	417507	0	60.8	71	楚雄	339900	95093	8667	0	2.0
9	威信	0	71787	67587	0	48.5	72	永仁	104780	107740	2607	0	1.2
10	潞西	39880	115113	126307	9827	46.8	73	永胜	358980	129193	5493	0	1.1
11	金平	79540	133027	148880	0	41.2	74	泸西	139880	23373	1567	0	1.0
12	江城	11253	191273	138713	0	40.6	75	南涧	123293	49840	1467	0	0.8
13	陇川	21073	91073	75500	327	40.3	76	腾冲	389513	177013	3927	0	0.7
14	元阳	48987	94667	77780	0	35.1	77	大姚	341227	60060	2667	0	0.7

（续）

序号	区（县）	低度风险	中度风险	较高风险	高度风险	高风险及较高风险比例%	序号	区（县）	低度风险	中度风险	较高风险	高度风险	高风险及较高风险比例%
15	西盟	16980	68320	40940	0	32.4	78	鹤庆	191167	44367	1513	0	0.6
16	孟连	19233	109087	61273	0	32.3	79	会泽	546893	39073	3387	0	0.6
17	元江	79353	107453	85093	0	31.3	80	云龙	397013	38373	1873	0	0.4
18	耿马	85647	173013	115660	0	30.9	81	弥勒	156407	234013	1553	0	0.4
19	麻栗坡	25253	139720	70947	0	30.1	82	福贡	231780	42487	1060	0	0.4
20	梁河	19467	62093	32633	0	28.6	83	文山	92600	203660	1120	0	0.4
21	盈江	148007	166493	118787	0	27.4	84	南华	199327	26580	333	0	0.1
22	新平	144620	167340	114387	0	26.8	85	宣威	574580	31707	33	0	0.0
23	绿春	68847	161073	78700	0	25.5	86	德钦	728133	0	0	0	0.0
24	永善	144120	66580	66220	0	23.9	87	中甸	1141000	2467	0	0	0.0
25	镇康	62087	130320	60360	0	23.9	88	贡山	410767	27747	0	0	0.0
26	思茅	10300	283313	91440	0	23.7	89	维西	440547	10133	0	0	0.0
27	屏边	53860	86920	43440	0	23.6	90	宁蒗	592287	10233	0	0	0.0
28	元谋	49453	104313	47313	0	23.5	91	丽江	722267	23427	0	0	0.0
29	沧源	61487	128100	55547	0	22.7	92	兰坪	416820	20887	0	0	0.0
30	永德	126567	125660	70953	0	22.0	93	剑川	224360	0	0	0	0.0
31	景谷	99347	492280	160100	0	21.3	94	洱源	285600	980	0	0	0.0
32	大关	50220	86480	35107	0	20.4	95	宾川	173940	79207	0	0	0.0
33	墨江	66367	360740	101493	0	19.2	96	沾益	281727	813	0	0	0.0
34	马关	40147	178360	48607	0	18.2	97	寻甸	356627	2780	0	0	0.0
35	彝良	103247	126400	50653	0	18.1	98	富源	275333	50247	0	0	0.0
36	红河	99560	67560	36687	0	18.0	99	大理	138680	1573	0	0	0.0
37	龙陵	135940	96707	47987	0	17.1	100	漾濞	145720	40400	0	0	0.0
38	广南	52793	591427	131160	0	16.9	101	祥云	236800	5720	0	0	0.0
39	勐海	69033	382020	85273	0	15.9	102	江川	80313	247	0	0	0.0
40	施甸	91467	75127	28207	0	14.5	103	通海	64540	9293	0	0	0.0
41	昌宁	153153	171773	53073	0	14.0	104	砚山	45967	341927	0	0	0.0
42	保山	252553	166133	68173	0	14.0	105	永平	211207	68333	0	0	0.0
43	师宗	166740	74327	37840	0	13.6	106	姚安	167853	1720	0	0	0.0
44	澜沧	227893	529913	115540	0	13.2	107	牟定	126120	18213	0	0	0.0
45	个旧	69760	61273	19513	0	13.0	108	马龙	160720	0	0	0	0.0
46	双江	86513	102580	26927	0	12.5	109	富明	95373	10820	0	0	0.0
47	双柏	155693	186267	47633	0	12.2	110	曲靖	152613	0	0	0	0.0
48	普洱	60187	264213	42840	0	11.7	111	巍山	178333	39720	0	0	0.0
49	巧家	223700	60267	35293	0	11.1	112	弥渡	108820	44113	0	0	0.0
50	云县	178960	147160	39140	0	10.7	113	禄丰	269260	85740	0	0	0.0
51	镇雄	67460	264907	38240	0	10.3	114	嵩明	135253	0	0	0	0.0
52	泸水	234373	51213	24727	0	8.0	115	西山区	106467	0	0	0	0.0
53	临沧	160333	76573	19253	0	7.5	116	陆良	198047	0	0	0	0.0
54	罗平	135167	146480	19627	0	6.5	117	盘龙区	106773	0	0	0	0.0
55	东川	124280	50000	12040	0	6.5	118	宜良	132480	59287	0	0	0.0
56	镇沅	165747	223353	26633	0	6.4	119	安宁	130320	0	0	0	0.0
57	石屏	155007	131147	18987	0	6.2	120	石林	146580	20920	0	0	0.0
58	华坪	107380	93533	12587	0	5.9	121	呈贡	55233	0	0	0	0.0
59	西畴	1080	140880	7527	0	5.0	122	易门	107940	44400	0	0	0.0
60	景东	197920	228320	19987	0	4.5	123	澄江	71453	3820	0	0	0.0
61	凤庆	186387	134827	11473	0	3.4	124	晋宁	128233	3567	0	0	0.0
62	建水	132353	232700	12753	0	3.4	125	华宁	83813	41167	0	0	0.0
63	蒙自	124973	84987	6753	0	3.1	126	玉溪	72760	22333	0	0	0.0

7.3 媒介昆虫因子的风险分析

媒介昆虫因子的影响主要考虑媒介昆虫的适生性影响，其主要由气候条件确定，发育期的均温、积温是主要决定因子。媒介昆虫因子风险等级的语义含义见表7-5，将表中的数值代入"媒介昆虫因子影响指数空间模型图"（图6-13），制作媒介昆虫因子影响空间风险等级图（图7-21）。

表7-5 媒介昆虫因子风险分级

Table 7-5 The risk ranking chart of vector insect

概率估计	级别	含义	描述
0~0.4	一级	低	低度风险，低适生
0.4~0.6	二级	中	中度风险，中度适生
0.6~0.8	三级	较	较高风险，较适生
0.8~1	四级	最	高度风险，最适生

7.3.1 媒介昆虫因子风险概述

（1）沿着怒江州的泸水南部、大理的漾濞、楚雄的大姚、昆明市的寻甸与禄劝、昭通的会泽一线向北的地区为媒介昆虫的低适生区（图7-21）。

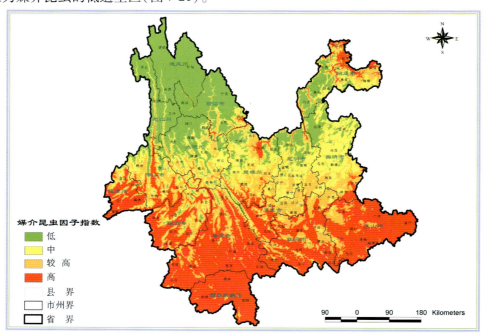

图7-21 媒介昆虫因子影响空间风险等级

Fig. 7-21 The risk ranking chart of vector insect in terms of space

（2）向南到盈江、腾冲、龙陵、昌宁、凤庆、南涧、易门、江川、泸西、师宗、罗平一带，为中度适生区或较适生区。并且靠西部多为较适生区，靠东部多为中度适生区；靠南部多为较适生区，靠北部多为中度适生区。

（3）从较适生区、中度适生区以南的广大区域为最适生区。

（4）从个别情况看，北部区域中的滇东北河谷地带、金沙江与怒江河谷地带、澜沧江河谷地带也是最适生区。

（5）从个别情况看，南部区域的红河流域的高海拔地区、个旧、开远、临沧、永德的高海拔地区不再是最适生区，而是较适生区或中度适生区。

7.3.2　重点区域的风险分析

（1）德宏傣族景颇族自治州瑞丽市、潞西县、陇川县的大部为媒介昆虫的高度风险区，梁河的东南部、盈江的东南部和西部都是媒介昆虫的高度风险区。畹町市、瑞丽市的大部也是高度风险区，而这两个区域 2004 年发生了松材线虫病疫情。德宏的上述区域的周边为较高风险区，其他区域多为中度适生区，只有靠北部的少量高海拔地区为低适生区（图 7-22）。

（2）保山市沿怒江河谷地带的区域为高度风险区，卡斯乡、湾甸乡、旧城乡、勐统乡一带也为高度风险区，临沧的营盘镇也是高度风险区。上述高度风险区周边的区域多为较高风险区、中度风险区。仅有高黎贡山、汶上乡、下村乡等处的高海拔地区为低风险区（图 7-23）。

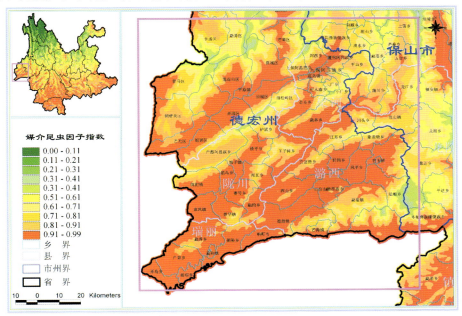

图 7-22　德宏周边媒介昆虫因子影响风险等级

Fig. 7-22　The risk ranking chart of vector insect around Dehong

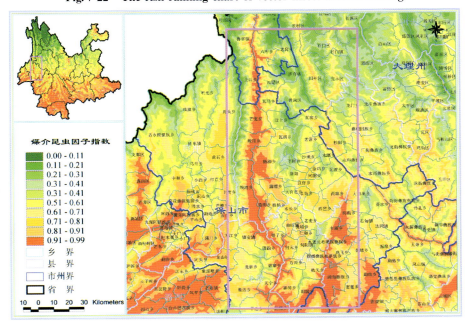

图 7-23　保山周边媒介昆虫因子影响风险等级

Fig. 7-23　The risk ranking chart of vector insect around Baoshan

（3）临沧市的远康镇、勐简乡、福荣乡、耿宣镇、贺派乡、四排山乡、沙河乡、勐勐镇、勐省镇、勐永镇为媒介昆虫高度风险区。其余地区多为较高风险区和中度风险区，低风险区较少（见图7-24）。

（5）普洱市的绝大多数乡镇都是高度风险区。东河乡、大山乡、富东乡、德安乡、勐仙乡等少部分区域属于较高风险区或中度风险区，仅有个别高海拔地区是低风险区（见图7-25）。

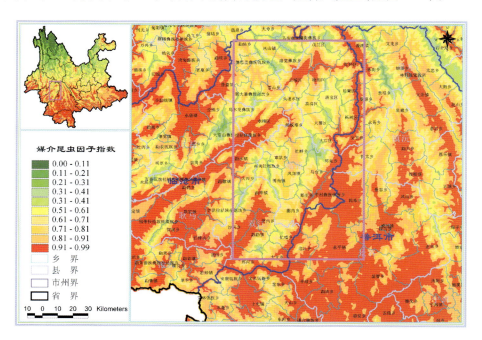

图 7-24　临沧周边媒介昆虫因子影响风险等级

Fig. 7-24　The risk ranking chart of vector insect around Lincang

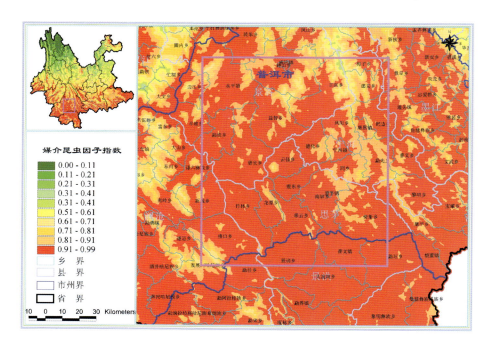

图 7-25　普洱周边媒介昆虫因子影响风险等级

Fig. 7-25　The risk ranking chart of vector insect around Puer

(6)西双版纳傣族自治州几乎都是高度风险区,仅有小街乡、嘎洒乡、勐罕镇、勐仑镇、勐润乡、勐满镇少部分区域为较高风险区或中度风险区(见图7-26)。

(7)玉溪市沿红河河谷一带为高度风险区,河谷周边多为较高风险区或中度风险区区,靠东北多为中度风险区(见图7-27)。

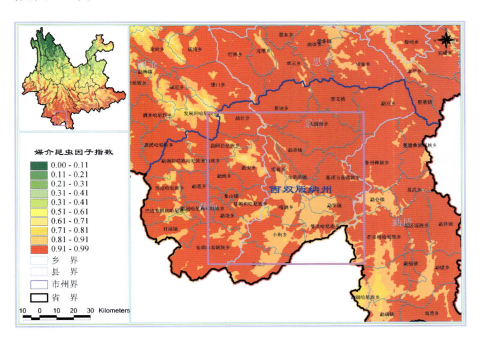

图7-26 西双版纳周边媒介昆虫因子影响风险等级

Fig. 7-26 The risk ranking chart of vector insect around Xishuangbanna

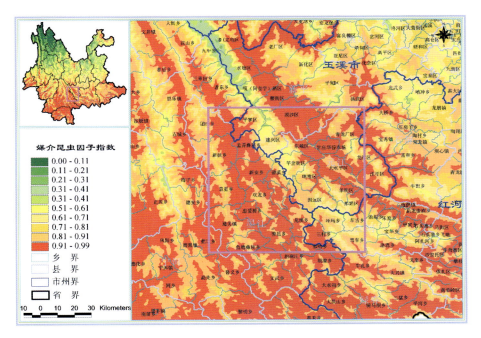

图7-27 玉溪周边媒介昆虫因子影响风险等级

Fig. 7-27 The risk ranking chart of vector insect around Yuxi

（8）文山壮族苗族自治州的南部、东北部为最适生区，中部多为较适生区，北部多为较适生区和中度适生区。低适生区少（见图7-28）。

（9）元谋的干热河谷地区多为高度风险区，其他地区为较高风险区，仅有姜仪区的多数部分为中度风险区（见图7-29）。

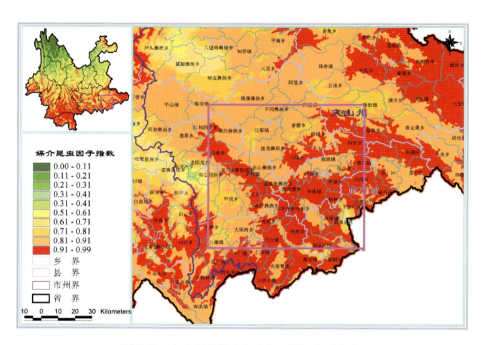

图7-28　文山周边媒介昆虫因子影响风险等级

Fig. 7-28　The risk ranking chart of vector insect around Wenshan

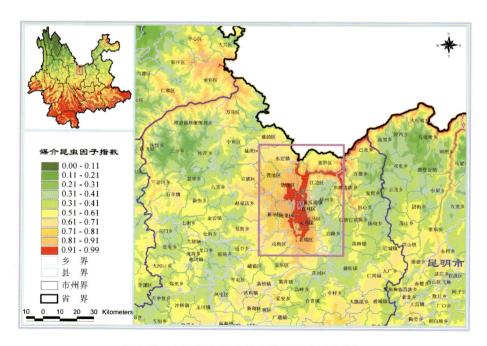

图7-29　元谋周边媒介昆虫因子影响风险等级

Fig. 7-29　The risk ranking chart of vector insect around Yuanmou

（10）滇西北的整个区域多为低风险区，仅有沿着怒江、澜沧江、金沙江河谷的很窄的一小部分地区为中度风险区（见图 7-30）。

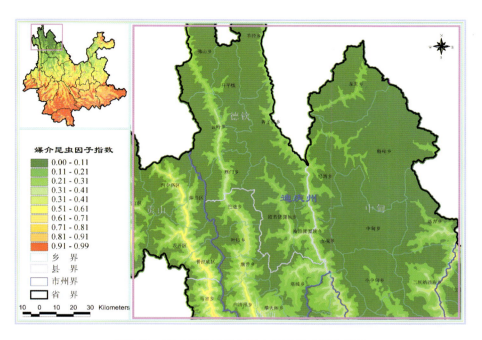

图 7-30　滇西北地区媒介昆虫因子影响风险等级

Fig. 7-30　The risk ranking chart of vector insect in northwest of Yunnan province

7.3.3　县级单位的风险分析

对各个县区的位于不同媒介昆虫因子影响风险区域的土地面积进行统计，得到如统计表 7-6。

表 7-6　不同媒介昆虫因子风险水平下的各县区面积（hm²）

Table 7-6　The measure of areas for different counties on the different risk levels of vector insect（acre）

序号	区（县）	低度风险	中度风险	较高风险	高度风险	高风险及较高风险比例%	序号	区（县）	低度风险	中度风险	较高风险	高度风险	高风险及较高风险比例%
1	广南	0	0	62900	712773	100.0	64	龙陵	4307	73853	102540	99940	72.1
2	瑞丽	0	0	1633	92980	100.0	65	玉溪	0	28100	66993	0	70.5
3	富宁	0	0	27	530473	100.0	66	凤庆	16947	96980	138573	80187	65.8
4	西畴	0	0	247	149240	100.0	67	易门	173	53833	79480	18853	64.5
5	思茅	0	0	3700	381353	100.0	68	澄江	1993	25407	46447	1433	63.6
6	河口	0	0	2287	130273	100.0	69	石林	0	63513	104007	0	62.1
7	西盟	0	0	11760	114687	100.0	70	楚雄	12693	175860	201027	54080	57.5
8	江城	0	0	4127	337153	100.0	71	保山	69913	138507	159633	118807	57.2
9	景洪	0	0	2240	687240	100.0	72	禄丰	6633	154700	176147	17513	54.6
10	勐海	0	0	12527	524013	100.0	73	南涧	11140	74247	69380	19833	51.1
11	勐腊	0	0	16947	670167	100.0	74	镇雄	8373	178993	153687	29640	49.5
12	麻栗坡	0	73	11773	224113	100.0	75	永仁	31860	76980	97900	8487	49.4
13	马关	0	147	16460	250560	99.9	76	弥渡	17447	66333	65080	4080	45.2
14	孟连	0	253	9340	180220	99.9	77	大关	32580	63647	48467	27107	44.0
15	墨江	0	753	63113	464733	99.9	78	腾冲	107407	222900	190260	50273	42.1
16	砚山	0	640	42267	344987	99.8	79	彝良	40120	124707	74607	41013	41.2
17	蒙自	0	1013	106073	109633	99.5	80	陆良	2767	114093	81200	0	41.0
18	屏边	0	1107	39707	143413	99.4	81	华坪	42487	85687	62367	23060	40.0
19	澜沧	0	5333	159993	708093	99.4	82	呈贡	393	32920	21913	0	39.7

（续）

序号	区（县）	低度风险	中度风险	较高风险	高度风险	高风险及较高风险比例%	序号	区（县）	低度风险	中度风险	较高风险	高度风险	高风险及较高风险比例%
20	绿春	0	2260	47087	259280	99.3	83	安宁	113	80840	49367	0	37.9
21	景谷	207	10207	95560	645753	98.6	84	牟定	4680	86073	52087	1487	37.1
22	普洱	27	5073	38747	323400	98.6	85	巍山	30693	109067	68880	9407	35.9
23	建水	0	7073	136360	234373	98.1	86	永平	40800	138533	90753	9447	35.8
24	沧源	0	4707	54513	186060	98.1	87	永善	129333	52400	43687	52020	34.5
25	威信	0	4220	83780	51620	97.0	88	宾川	79560	88900	82660	2040	33.5
26	金平	107	11773	44393	305287	96.7	89	东川	79613	45060	38260	23553	33.1
27	陇川	0	6233	42307	139547	96.7	90	富源	24320	200520	83927	17000	31.0
28	元江	0	9813	70807	191287	96.4	91	富明	7673	65707	32800	0	30.9
29	丘北	0	18693	191640	293607	96.3	92	南华	32767	126220	58113	9140	29.7
30	文山	947	10467	60473	225493	96.2	93	漾濞	60120	73793	47347	4860	28.1
31	弥勒	0	15153	175980	200847	96.1	94	晋宁	20	95440	34947	1400	27.6
32	元阳	47	9053	30013	182313	95.9	95	盘龙区	2147	75560	29067	0	27.2
33	红河	0	9027	79793	114987	95.6	96	巧家	185020	56640	38433	39507	24.4
34	潞西	1720	14020	51660	223733	94.6	97	永胜	245760	132193	93020	22693	23.4
35	盐津	193	12220	43587	146413	93.9	98	泸水	175873	62027	37213	35507	23.4
36	石屏	0	20347	142200	142593	93.3	99	西山区	2287	84293	19887	0	18.7
37	水富	0	3033	12100	28820	93.1	100	大姚	130073	201220	65720	6940	18.0
38	镇康	1373	16253	64667	170673	93.0	101	鹤庆	123087	71873	35920	6167	17.8
39	开远	40	17373	59413	117300	91.0	102	武定	88773	154907	36767	14540	17.4
40	梁河	540	10147	30760	72740	90.6	103	禄劝	195807	155480	50320	20993	16.9
41	峨山	0	18467	116287	58400	90.4	104	鲁甸	81693	47953	13847	4433	12.4
42	耿马	2473	33813	62547	275587	90.3	105	曲靖	800	135960	15880	0	10.4
43	个旧	0	16467	47293	86787	89.1	106	福贡	206093	41413	23573	4607	10.2
44	绥江	0	8253	22940	43633	89.0	107	云龙	274213	120120	36720	6200	9.8
45	镇沅	5487	44973	144940	220340	87.9	108	祥云	36073	189687	16760	0	6.9
46	双江	2407	28907	57247	127460	85.5	109	嵩明	15007	111120	9133	0	6.8
47	双柏	11180	50140	165720	162553	84.3	110	会泽	335127	221280	27873	5160	5.6
48	新平	14393	53013	103460	255480	84.2	111	宣威	78827	496927	29973	887	5.1
49	江川	67	13253	67240	0	83.5	112	昭通	120320	89380	3173	3887	3.3
50	通海	0	12827	53687	7313	82.6	113	马龙	107	155560	5053	0	3.1
51	泸西	0	28780	124000	12040	82.5	114	姚安	39333	124987	5253	0	3.1
52	罗平	0	60393	147133	93773	80.0	115	兰坪	382153	43353	12200	0	2.8
53	永德	12333	55393	88393	167060	79.0	116	寻甸	112600	240000	6813	0	1.9
54	昌宁	10033	71727	151413	144833	78.4	117	大理	55900	82393	1960	0	1.4
55	景东	22007	75240	168387	180593	78.2	118	贡山	400253	33540	5247	0	1.2
56	华宁	93	27980	66993	29920	77.5	119	丽江	677200	59707	8813	0	1.2
57	元谋	11067	34593	61993	93527	77.3	120	沾益	3233	277687	1640	0	0.6
58	师宗	0	64253	119260	95400	77.0	121	洱源	190233	94927	1420	0	0.5
59	临沧	7940	53653	113620	80940	76.0	122	宁蒗	578947	21133	2727	0	0.5
60	盈江	14667	90127	125127	203893	75.8	123	维西	420500	29920	260	0	0.1
61	施甸	3367	43973	81120	66333	75.7	124	德钦	728733	40	0	0	0.0
62	宜良	553	47807	139047	4360	74.8	125	中甸	1119667	24327	0	0	0.0
63	云县	6820	88093	125900	144440	74.0	126	剑川	219087	5273	0	0	0.0

　　从表7-6中可看出，瑞丽、广南、富宁、西畴、思茅、河口、西盟、江城、景洪、勐海、勐腊、麻栗坡等滇南、滇东南、滇西南地区的高度风险及较高风险级别土地面积几乎占其国土面积的100%，而大理、贡山、丽江、沾益、洱源、宁蒗、维西、德钦、中甸、剑川等滇西北、东北地区，风险等级低的区域较大，这与7.3.2重点区域分析的结果一致。

7.4　环境因子影响的风险分析

坡度、坡向、海拔、坡位等是决定环境影响的主要因子。其作用总的来看，环境影响的作用主要体现在小格局上，各种风险区交叉严重。同时大尺度区域的作用关系也有所体现，境影响风险的语义含义见表 7-7，将表中的数值代入"环境因子影响指数空间模型图"（图 6-14），制作病原因子影响空间风险等级图（图 7-31）。

表 7-7　环境因子风险分级

Table 7-7　The risk ranking table of environment

概率估计	级　别	含　义	描　述
0~0.4	一级	低	低度风险
0.4~0.5	二级	中	中度风险
0.5~0.6	三级	较高	较高风险
0.6~1	四级	高	高度风险

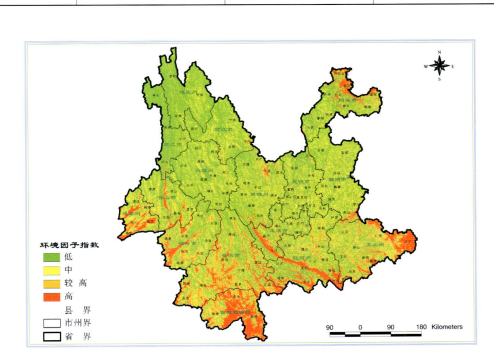

图 7-31　环境因子影响风险等级

Fig. 7-31　The risk ranking chart of environment

7.4.1　环境影响的风险概述

（1）滇西北地区为低风险区（图 7-31）。

（2）云南中部地区多为中度风险区。

（3）云南南部的西双版纳、红河河谷、文山的东南部、德宏的西南部为高风险区。

（4）云南南部的其他地区为较高风险区。

7.4.2　重点区域环境影响的风险分析

（1）德宏傣族景颇族自治州的瑞丽、畹町、遮放、姐冒区、芒允区、勐养乡、轩岗乡、芒市镇为高，昔马区西部、铜壁关区的西南部为极高风险区（图 7-32）。

（2）普洱市的低海拔地区为中度风险区，高海拔地区为低风险区（图 7-33）。

（4）西双版纳的勐罕镇、景洪镇、嘎洒乡、曼洪乡、小街乡、勐云镇、芒果树乡、勐润乡、打洛镇、勐海镇为高度风险区，西双版纳州的西部地区为低环境因子风险区，其他地区为中度风险区（图7-34）。

（5）沿玉溪市红河河谷带到红河皆为高度风险区，玉溪市的其他地区的阳坡多为中度风险区、阴坡多为低度风险区（图7-35）。

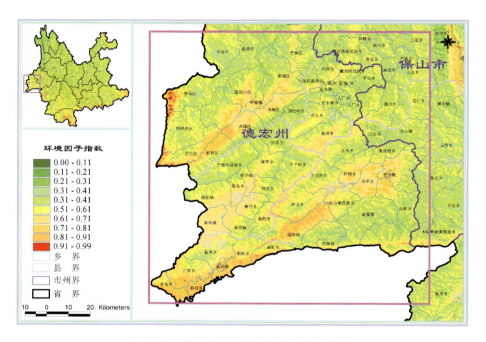

图7-32　德宏周边环境因子影响风险等级

Fig. 7-32　The risk ranking chart of environment around Dehong

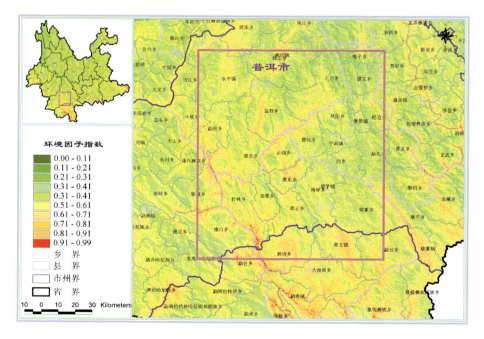

图7-33　普洱周边环境因子影响风险等级

Fig. 7-33　The risk ranking chart of environment around Puer

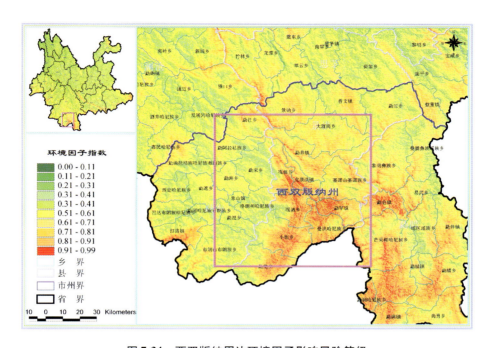

图 7-34　西双版纳周边环境因子影响风险等级

Fig. 7-34　The risk ranking chart of environment around Xishuangbanna

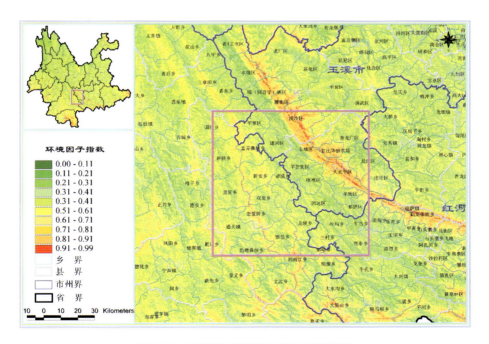

图 7-35　玉溪周边环境因子影响风险等级

Fig. 7-35　The risk ranking chart of environment around Yuxi

（6）文山壮族苗族自治州板蚌乡、六河乡、杨万区、八布区、杨柳井为高度风险区，新寨乡、木央乡、鸡街乡、橡角乡的部分地区为高度风险区，其他多为中度或较高风险区或低风险区。红河州的滴水层乡、白河乡、老范寨乡、南溪镇以及文山的八寨镇、古林箐乡为极高风险区，文山的其他地区为中度风险区（图7-36）。

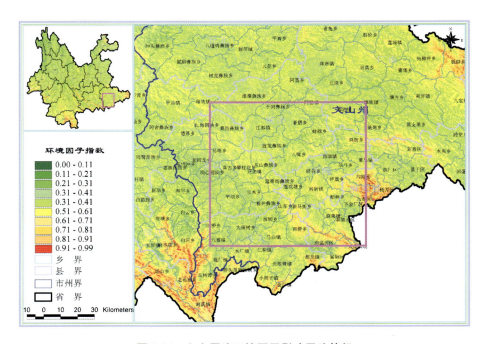

图7-36 文山周边环境因子影响风险等级

Fig. 7-36 The risk ranking chart of environment around Wenshan

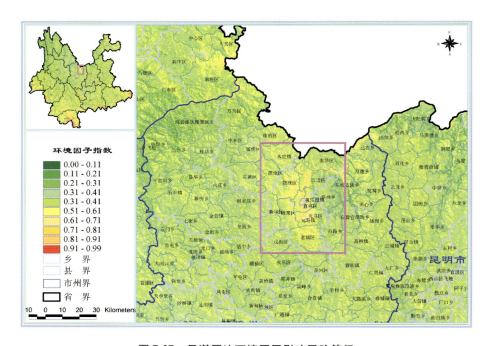

图7-37 元谋周边环境因子影响风险等级

Fig. 7-37 The risk ranking chart of environment around Yuanmou

（7）元谋县大部为较高环境风险区，其干热河谷地区为较高风险区，其他地区为中度和低风险区（图7-37）。

（8）滇西北的迪庆藏族自治州和怒江傈僳族自治州主要为低风险区，中甸县的低海拔地区为中度环境风险区（图7-38）。

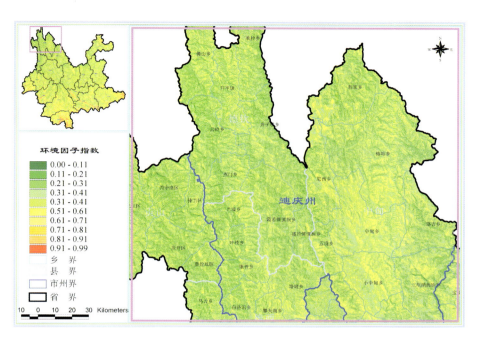

图 7-38　滇西北环境因子影响风险等级

Fig. 7-38　The risk ranking chart of environment in northwest of Yunnan province

7.4.3　县级单位的风险分析

对各个县区的位于不同环境因子影响风险区域的土地面积进行统计，得到统计表 7-8。

表 7-8　不同环境因子风险水平下的各县区面积（hm²）

Table 7-8　The measure of areas for different counties on the different risk levels of environment（acre）

序号	区（县）	低度风险	中度风险	较高风险	高度风险	高风险及较高风险比例%	序号	区（县）	低度风险	中度风险	较高风险	高度风险	高风险及较高风险比例%
1	河口	5520	11567	20020	95173	87.1	64	云县	136880	135220	76527	16620	25.5
2	瑞丽	2920	13393	19647	58287	82.7	65	永仁	77280	85673	50433	1773	24.3
3	景洪	25127	96160	152613	415393	82.4	66	华坪	82120	81427	44973	4967	23.4
4	勐腊	33893	89093	140593	422953	82.1	67	通海	25320	31753	16600	153	22.7
5	富宁	21967	91380	105793	310640	78.6	68	巧家	149067	99820	49513	20953	22.1
6	盐津	24607	31700	44100	101887	72.2	69	腾冲	204727	240380	122480	3047	22.0
7	水富	5487	8507	8920	20987	68.1	70	禄丰	108960	168367	77080	587	21.9
8	绥江	10880	14513	14433	34933	66.0	71	巍山	77007	93747	46793	500	21.7
9	江城	40713	75753	91800	132700	65.8	72	武定	104387	127853	58333	4387	21.3
10	孟连	27093	51593	58493	52380	58.5	73	宜良	59387	91633	40700	47	21.2
11	思茅	49673	110893	127800	96687	58.3	74	华宁	46780	52060	24053	2093	20.9
12	潞西	43400	80333	70640	96553	57.5	75	易门	59060	62633	29900	747	20.1
13	陇川	23620	61287	68513	34580	54.8	76	永胜	206987	187533	95893	3253	20.1
14	麻栗坡	39953	67107	57433	71153	54.6	77	富源	99960	160733	63873	927	19.9
15	西盟	22133	35733	34133	34327	54.2	78	晋宁	42560	63280	25953	7	19.7
16	金平	90387	78687	61353	130680	53.2	79	江川	27093	37633	15840	0	19.7
17	威信	22947	42813	37473	36273	52.9	80	玉溪	29587	47020	18487	0	19.4
18	勐海	83180	172847	166587	113653	52.3	81	澄江	27973	32700	14593	0	19.4
19	广南	129840	272113	236933	136627	48.2	82	楚雄	185300	173740	80287	4327	19.1

（续）

序号	区（县）	低度风险	中度风险	较高风险	高度风险	高风险及较高风险比例%	序号	区（县）	低度风险	中度风险	较高风险	高度风险	高风险及较高风险比例%
20	景谷	148867	244327	223740	134800	47.7	83	盘龙	34447	52080	20247	0	19.0
21	耿马	80787	115727	91433	86393	47.5	84	南涧	73653	68013	31313	1620	18.9
22	元阳	62313	54553	41947	62620	47.2	85	南华	87447	96233	42287	273	18.8
23	梁河	20793	39927	37967	15507	46.8	86	姚安	62880	74813	31880	0	18.8
24	马关	55813	88367	70300	52513	46.0	87	凤庆	146387	124027	55353	6480	18.6
25	墨江	125627	168420	145380	89173	44.4	88	富明	40440	46000	19747	0	18.6
26	西畴	29467	53993	48353	17667	44.2	89	祥云	90907	107140	44473	0	18.3
27	绿春	87000	86207	64673	70667	43.9	90	昭通	81393	95867	37200	2173	18.2
28	元江	78853	76200	50400	66453	43.0	91	呈贡	14820	30493	9920	0	18.0
29	盈江	99993	149313	93267	90927	42.5	92	泸西	50187	85060	28360	1213	17.9
30	屏边	53700	53827	37193	39507	41.6	93	西山区	37900	49553	19020	0	17.9
31	元谋	47480	70927	57987	24753	41.1	94	石林	51327	86787	29673	0	17.7
32	新平	130887	123053	82720	89693	40.4	95	曲靖	50033	75733	27013	0	17.7
33	澜沧	208540	315093	242020	107633	40.0	96	宾川	115433	93427	44007	287	17.5
34	沧源	63480	86280	53920	41260	38.9	97	嵩明	45800	65873	23580	0	17.4
35	镇康	69700	84893	59027	39213	38.9	98	洱源	122340	114413	49827	0	17.4
36	个旧	40047	55660	33613	21220	36.4	99	安宁	43447	64287	22580	0	17.3
37	普洱	110640	123753	94867	37987	36.2	100	鲁甸	59487	62840	23427	2153	17.3
38	双江	58813	81167	59100	16940	35.2	101	永平	125000	106540	47460	533	17.2
39	红河	66273	66200	39073	32260	35.0	102	东川	101347	53500	24893	6707	16.9
40	永德	102820	112007	60400	47953	33.5	103	寻甸	123220	175300	60893	0	16.9
41	弥勒	93433	168373	116407	13927	33.2	104	沾益	91293	143500	47840	0	16.9
42	师宗	64567	122900	63320	28153	32.8	105	漾濞	82880	71760	31420	67	16.9
43	开远	49633	82533	51653	10320	31.9	106	宣威	214773	289827	101733	60	16.8
44	砚山	102220	165240	116867	3560	31.0	107	弥渡	68553	58820	25533	27	16.7
45	蒙自	57407	93033	54420	11860	30.6	108	禄劝	188453	163793	65473	4793	16.6
46	丘北	138573	212120	134620	18633	30.4	109	牟定	52293	68067	23953	13	16.6
47	昌宁	122807	140520	79720	34953	30.3	110	剑川	96127	92653	35580	0	15.9
48	彝良	91020	105213	61000	22980	30.0	111	马龙	46527	88747	25447	0	15.8
49	双柏	135820	138793	84560	30427	29.5	112	会泽	249153	249987	87687	2527	15.3
50	永善	105960	89747	45200	36293	29.4	113	鹤庆	107427	93420	35813	387	15.3
51	文山	92307	117880	79453	7740	29.3	114	陆良	74027	93873	30200	0	15.2
52	建水	106900	160227	94580	16100	29.3	115	大姚	192953	150220	60067	720	15.0
53	大关	67080	54927	34587	15207	29.0	116	大理	72113	48120	20013	7	14.3
54	石屏	101573	116007	70560	17000	28.7	117	云龙	225587	149900	60353	1413	14.1
55	龙陵	90693	109573	52987	27333	28.6	118	宁蒗	290653	229913	82040	13	13.6
56	镇沅	141193	156187	91507	26847	28.5	119	中甸	622027	382720	138913	0	12.1
57	施甸	61380	78087	38307	17020	28.4	120	泸水	199213	75253	28040	7953	11.6
58	罗平	86887	128780	69373	16160	28.4	121	丽江	409360	251980	84367	13	11.3
59	临沧	87440	97820	58400	12500	27.7	122	兰坪	252727	137273	47687	20	10.9
60	峨山	62313	77920	47713	5213	27.4	123	维西	280240	127773	42667	0	9.5
61	镇雄	119140	149813	85613	15800	27.4	124	福贡	198633	58953	17120	733	6.5
62	保山	192680	164893	83127	46160	26.6	125	德钦	515293	168613	44387	0	6.1
63	景东	169773	160933	92633	22887	25.9	126	贡山	321880	91713	24880	80	5.7

从表7-8中可看出，河口、瑞丽、富宁、景洪、勐腊等滇南、滇东南地区的风险等级较高，而贡山、丽江、维西、等滇西北区的风险等级较低。

7.5　人为干扰因子的风险分析

　　决定人为干扰风险格局的主要要素是道路网密度、居民区、大型在建工程、大型企业、海关与机场等，以及这些要素离目标林区、周边疫点的距离。人为活动影响的语义含义见表7-9。将表中的数值代入"人为干扰因子影响指数空间模型图"（图6-17），制作病原因子影响空间风险等级图（图7-12）。

表 7-9　人为干扰因子风险分级

Table 7-9　The risk ranking table of human activities

概率估计	级别	含义	描述
0~0.4	一级	低	低度风险
0.4~0.5	二级	中	中度风险
0.5~0.6	三级	较高	较高风险
0.6-1	四级	高	高度风险

7.5.1　人为干扰影响的风险概述

　　（1）以昆明、曲靖、玉溪、楚雄为主流通起来的滇东北、滇中片区是人为活动影响的重要区域。其中，以州市所在地城市为中心的片区是高风险、周边是较高风险区、外围是中度风险区（图7-39）。

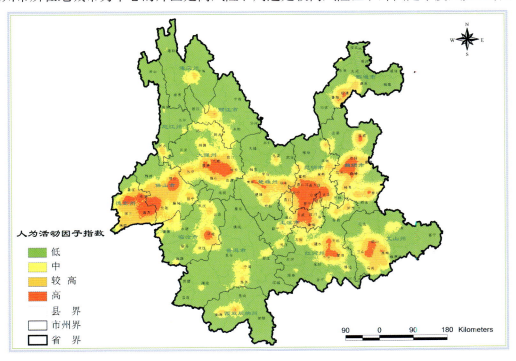

图 7-39　人为干扰因子影响风险等级

Fig. 7-39　The risk ranking chart of human activities

　　（2）德宏、保山、大理连接起来的另一片区，是人为活动影响的主要区域。州市所在地城市为中心的片区是高风险、周边是较高风险区、外围是中度风险区。

　　（3）一般来说，其他州级城市所在地区域多为高风险区、较高风险区。

　　（4）除此之外，其他广大地区多为低风险区。

7.5.2 重点区域的风险分析

（1）德宏傣族景颇族自治州的整体处于高风险区，只有北部的少数地方为低风险区。国境线一侧为低度风险区。德宏东部、保山市的西部连成的片区为人为活动影响的高风险区，其周边为人为活动影响的较高风险区和中度风险区（图7-40）。

（2）保山市的城区以及周边区域为人为活动影响的高风险期，围绕高风险区的周边区域是较高风险区。向上与六库连接的通道上的区域是中度风险区，向右下与临沧连接的区域是中度风险区，右上与大理连接的通道上的区域为高度风险区（图7-41）。

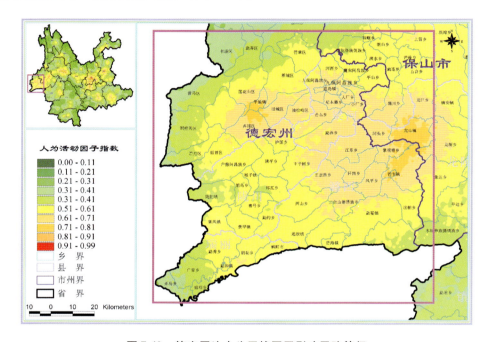

图7-40　德宏周边人为干扰因子影响风险等级

Fig. 7-40　The risk ranking chart of human activities around Dehong

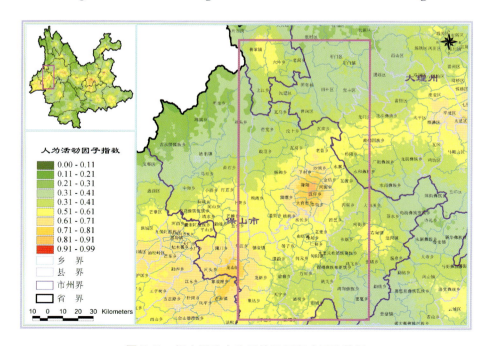

图7-41　保山周边人为干扰因子影响风险等级

Fig. 7-41　The risk ranking chart of human activities around Baoshan

（3）普洱市的宁洱县、思茅市所在的城市区域为高风险区，城市周边为较高风险区，其他地区多为中度风险区和低风险区（图7-42）。

（4）西双版纳傣族自治州的景洪市与勐海的象山镇所在区域为高度风险区，两城镇之间的区域，城市周边区域为较高风险区，其他周边的大量地区为中度风险区，靠国境线一侧多为低度风险区（图7-43）。

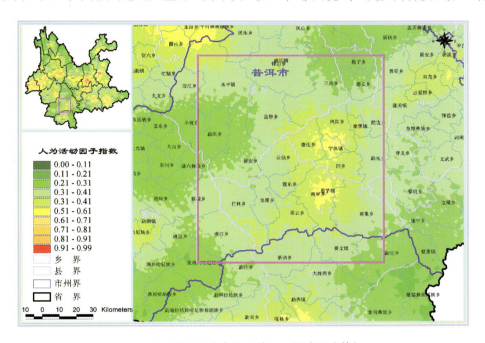

图7-42　普洱周边人为干扰因子影响风险等级
Fig. 7-42　The risk ranking chart of human activities around Puer

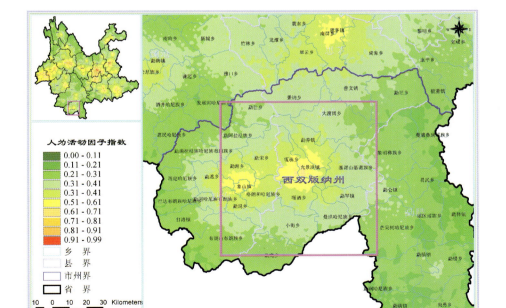

图7-43　西双版纳周边人为干扰影响风险等级
Fig. 7-43　The risk ranking chart of human activities around Xishuangbanna

（5）玉溪市及周边主要为较高风险区，与昆明的连接通道周边的区域主要为较高风险区和高度风险区，从青龙厂区到通关镇连接起来的片区为中度风险区。

（6）文山壮族苗族自治州以江那镇、开化镇为中心连接起来的片区为高度风险区，周边辐射的区域为较高风险区、中度风险区。

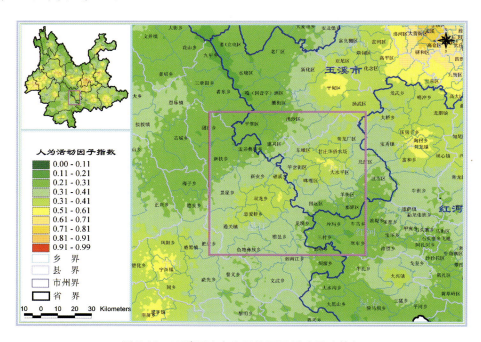

图7-44　玉溪周边人为干扰因子影响风险等级

Fig. 7-44　The risk ranking chart of human activities around Yuxi

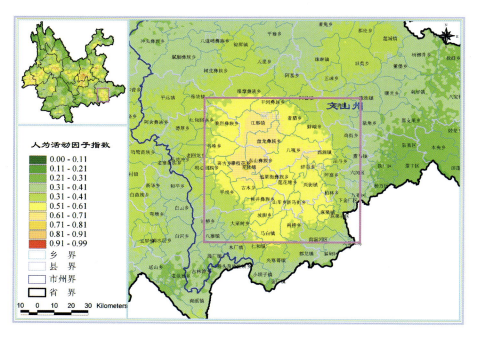

图7-45　文山周边人为干扰因子影响风险等级

Fig. 7-45　The risk ranking chart of human activities around Wenshan

（7）元谋县城为中心的片区市高风险区和较高风险区（图 7-46）。

（8）以香格里拉县城为中心的区域是高度风险区，周边外围区域较高风险区和中度风险区，其他区域为低度风险区（图 7-47）。

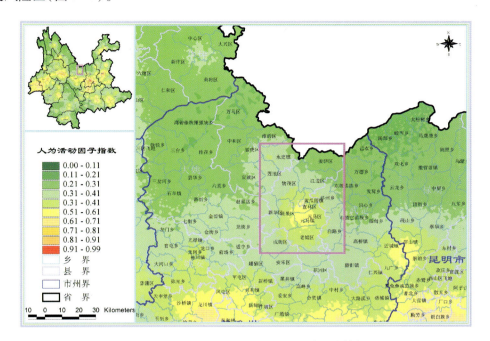

图 7-46　元谋周边人为干扰因子影响风险等级

Fig. 7-46　The risk ranking chart of human activities around Yuanmou

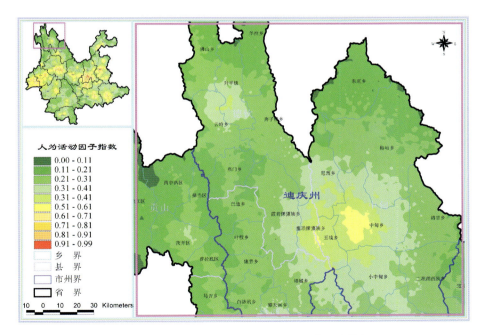

图 7-47　滇西北周边人为干扰因子影响风险等级

Fig. 7-47 The risk ranking chart of human activities in northwest of Yunnan province

7.5.3 县区级的风险分析

对各个县区的位于不同人为干扰因子影响风险区域的土地面积进行统计，得到统计表7-10。

表7-10　不同人为干扰因子风险水平下的各县区面积（hm²）

Table 7-10　The measure of areas for different counties on the different risk levels of human activities（acre）

序号	区（县）	低度风险	中度风险	较高风险	高度风险	高风险及较高风险比例%	序号	区（县）	低度风险	中度风险	较高风险	高度风险	高风险及较高风险比例%
1	呈贡	0	0	0	55233	100.0	64	丽江	507953	180413	55940	1380	7.7
2	梁河	0	153	49213	64820	99.9	65	元谋	127440	58407	15193	0	7.6
3	盘龙区	0	180	33227	73367	99.8	66	石屏	132593	152940	19533	73	6.4
4	西山区	0	600	26673	79200	99.4	67	云县	196727	146147	22033	347	6.1
5	玉溪	0	667	21620	72807	99.3	68	景洪	538767	109127	39653	1907	6.0
6	安宁	0	6327	59207	64787	95.1	69	弥勒	242207	128040	21873	0	5.6
7	潞西	0	15507	146660	128960	94.7	70	普洱	235493	113487	18267	0	5.0
8	晋宁	0	8913	31200	91687	93.2	71	镇康	134813	106680	11333	0	4.5
9	通海	100	6647	47013	20073	90.9	72	思茅	214253	154500	16300	0	4.2
10	江川	0	10873	33273	36420	86.5	73	鹤庆	32373	195507	9160	0	3.9
11	陇川	13	25673	149080	13253	86.3	74	勐海	418313	98187	19920	0	3.7
12	大理	40	27480	35073	77653	80.4	75	凤庆	206067	114807	11813	0	3.6
13	曲靖	1453	38367	42440	70527	73.9	76	新平	335487	75740	15120	0	3.5
14	澄江	0	20300	30393	24573	73.0	77	双江	106393	101993	7633	0	3.5
15	龙陵	0	82987	125760	71887	70.4	78	武定	248653	36847	9427	0	3.2
16	临沧	3733	91633	116233	44560	62.8	79	禄劝	376160	35387	10753	0	2.5
17	保山	47160	156807	190500	92393	58.1	80	大关	124627	43040	4133	0	2.4
18	宜良	5573	77447	48533	60220	56.7	81	中甸	978733	138053	26220	13	2.3
19	西畴	24580	41307	80500	3093	55.9	82	洱源	114140	166453	5993	0	2.1
20	瑞丽	13473	29027	51227	707	55.0	83	永胜	302313	182520	8840	0	1.8
21	马龙	940	73720	61680	24380	53.5	84	永德	192560	125853	4773	0	1.5
22	个旧	9213	61513	46093	33720	53.0	85	元江	198700	69993	3213	0	1.2
23	施甸	860	96713	93373	3847	49.9	86	沧源	211247	31920	2033	0	0.8
24	漾濞	8373	87080	69120	21547	48.7	87	景谷	668600	78733	4413	0	0.6
25	昭通	40147	71120	92973	12420	48.6	88	耿马	295660	76553	2147	0	0.6
26	巍山	53253	64820	69313	30660	45.8	89	金平	318107	41760	1493	0	0.4
27	嵩明	440	74100	60720	0	44.9	90	剑川	124260	99260	840	0	0.4
28	文山	33760	131573	91940	40107	44.4	91	墨江	457173	70587	840	0	0.2
29	禄丰	44593	155253	148140	7013	43.7	92	会泽	513787	74473	860	0	0.1
30	沾益	45600	117773	62760	56500	42.2	93	德钦	697600	29513	640	0	0.1
31	开远	31973	81627	58933	21600	41.5	94	南涧	140740	33740	120	0	0.1
32	砚山	60053	171273	109807	46760	40.4	95	澜沧	846000	27040	360	0	0.0
33	弥渡	54340	36960	28073	33560	40.3	96	姚安	114307	55240	27	0	0.0
34	蒙自	27327	102253	59833	27307	40.2	97	广南	611100	163807	53	0	0.0
35	易门	22433	70533	59373	0	39.0	98	河口	122820	9653	7	0	0.0
36	盈江	151387	122940	96060	63040	36.7	99	丘北	428527	75393	13	0	0.0
37	宾川	72727	91053	74860	14507	35.3	100	绥江	74540	20	0	0	0.0
38	富明	10300	59040	28367	8480	34.7	101	水富	37987	5813	0	0	0.0
39	祥云	69593	92727	33533	46667	33.1	102	永善	264353	12727	0	0	0.0
40	陆良	4560	131640	61487	407	31.2	103	盐津	202060	20	0	0	0.0
41	永平	47627	146927	84120	860	30.4	104	贡山	438507	0	0	0	0.0
42	楚雄	224807	85033	118513	15300	30.2	105	威信	139060	140	0	0	0.0

（续）

序号	区（县）	低度风险	中度风险	较高风险	高度风险	高风险及较高风险比例%	序号	区（县）	低度风险	中度风险	较高风险	高度风险	高风险及较高风险比例%
43	腾冲	354873	74500	113200	27893	24.7	106	维西	446160	4520	0	0	0.0
44	峨山	41280	107073	38993	5807	23.2	107	宁蒗	601993	0	0	0	0.0
45	南华	110507	65140	39527	11073	22.4	108	镇雄	370033	500	0	0	0.0
46	马关	135980	73133	57807	200	21.7	109	福贡	268693	6820	0	0	0.0
47	泸西	48533	81080	35160	47	21.4	110	巧家	318860	533	0	0	0.0
48	鲁甸	53373	63913	27347	3233	20.7	111	兰坪	417853	19853	0	0	0.0
49	罗平	80033	159133	55300	6667	20.6	112	华坪	213293	0	0	0	0.0
50	牟定	62560	55833	25933	0	18.0	113	永仁	213973	893	0	0	0.0
51	石林	39267	99227	29020	267	17.5	114	大姚	403560	393	0	0	0.0
52	师宗	131193	102393	45093	213	16.2	115	云龙	376333	60927	0	0	0.0
53	富源	143513	134433	47147	87	14.5	116	景东	446227	0	0	0	0.0
54	彝良	183887	60727	35587	0	12.7	117	镇沅	413487	2247	0	0	0.0
55	寻甸	204560	110433	44013	400	12.4	118	富宁	529233	480	0	0	0.0
56	华宁	18760	91160	15060	0	12.0	119	红河	203780	27	0	0	0.0
57	宣威	415680	119040	53607	17660	11.8	120	屏边	116840	67387	0	0	0.0
58	东川	106353	59320	20020	673	11.1	121	元阳	211867	9560	0	0	0.0
59	建水	134207	204720	38880	0	10.3	122	绿春	296873	11687	0	0	0.0
60	麻栗坡	167860	44667	23247	0	9.9	123	西盟	126253	0	0	0	0.0
61	泸水	207807	73287	29320	13	9.4	124	江城	341100	27	0	0	0.0
62	昌宁	178593	164673	34740	0	9.2	125	孟连	189673	0	0	0	0.0
63	双柏	268513	88733	32347	0	8.3	126	勐腊	686333	0	0	0	0.0

由表 7-10 中可看出，人为干扰影响的高风险区域集中在人口密集、交通发达的昆明、梁河、玉溪、潞西、通海、江川等滇中及滇西南地区。风险较低的区域主要在富宁、红河、屏边、元阳、绿春、西盟、江城、孟连、勐腊等边疆，交通条件落后的地区。

7.6　多因子叠加影响的空间格局上的风险分析

将 5 个一级指标分别赋予权重，按照式（6.7）合并进行 GIS 地图计算，建立起基于 3S 技术的云南省松材线虫病风险评估模型（图 6-18），得到综合风险。其综合风险的含义见表 7-11。将表中的数值代入图 6-18，制作云南省松材线虫病风险等级图（图 7-48）。

表 7-11　综合风险分级

Table 7-11　The comprehensive risk ranking table

概率估计	级别	含义	描述
0~0.4	一级	低	低度风险
0.4~0.5	二级	中	中度风险
0.5~0.6	三级	较高	较高风险
0.6~1	四级	高	高度风险

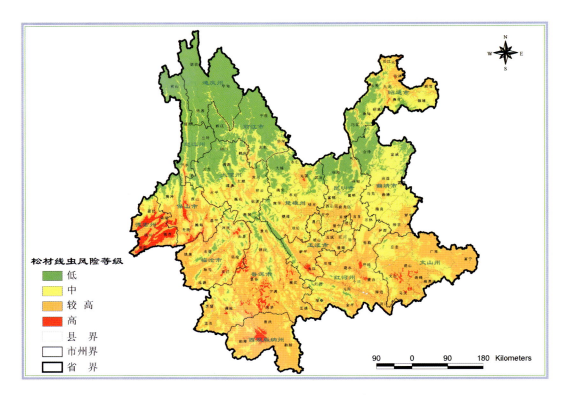

图7-48 云南省松材线虫病风险等级

Fig. 7-48 The risk ranking chart of *B. xylophilus* disease in Yunnan province

7.6.1 综合风险概述

（1）迪庆藏族自治州整体为低风险地区，但沿着金沙江河谷一个很窄的一个条带的区域内，存在中度风险区（图7-48）。

（2）怒江傈僳族自治州的整体区域为低风险区，但沿着怒江河谷、澜沧江河谷一带、怒江河谷南部存在少量较高风险期和部分中度风险区。

（3）大理白族自治州的西北部为低风险期，南部和东北部以中度风险区为主，个别区域为高风险区。

（4）丽江市的北部为高风险期，南部以中度风险区为主，由部分低风险区和少量较高风险区。

（5）昭通市的盐津、彝良存在局部的高风险区，昭通市沿金沙江河谷一带的低海拔区为较高风险区，其他中低海拔区为中度风险区。高海拔区为低风险期。

（6）云南的中部主要为中度风险区，禄丰、安宁、成贡、宜良、晋宁、安宁为较高风险区。

（7）德宏傣族景颇族自治州整体属于高风险区，仅有北部少数区域属于中度、低度风险区。

（8）普洱市的思茅松林区域总体为高度风险区，其他大部分区域为较高风险区，主要因为是寄主采集数据的精度低，现采集的寄主数据表明该区域没有寄主。

（9）云南南部的文山、版纳、临沧、红河以及西部的 保山等地都有少量的高风险区。南部的其他区域多以较高风险区为主。

7.6.2 重点区域风险分析

（1）德宏傣族景颇族自治州的畹町为高度风险区，瑞丽市的西南部为较高风险区，其余地方为高度风险区。潞西沿遮放镇流通到芒市镇的整个区域为高度风险区，其他区域为较高风险区，法帕乡附近的少量区域为中度风险区，从中缅边境一线开始沿陇川中部向东北方向延伸到护国乡的区域为高度风险区，陇川与潞西的行政交界处的一个条带为高风险区，其他地区为较高风险区。梁河沿与潞西的交界处的一带为高度风险期，沿着盈江边界向东北的区域为高风险区。盈江县沿与陇川交界处向东北方向的条带区域为高度风险区，周边为较高风险区。其余多为中度风险区(图 7-49)。

（2）保山市沿怒江河谷一带区域皆为高度风险区，沿高黎贡山山脉的部分区域为低度风险区，汶上乡、瓦房乡、瓦窑乡三乡交界区域为低度风险区。河谷地带或较低海拔区域为较高风险区，其他地区为中度风险区(图 7-50)。

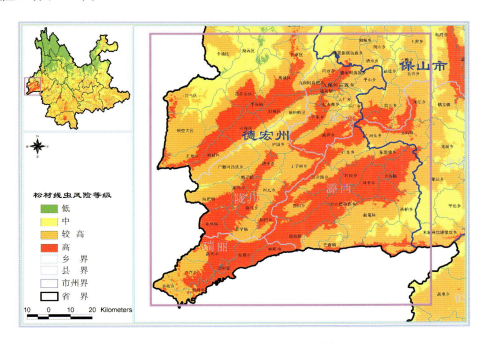

图 7-49　德宏周边松材线虫病风险等级

Fig. 7-49　The risk ranking chart of *B. xylophilus* disease around Dehong

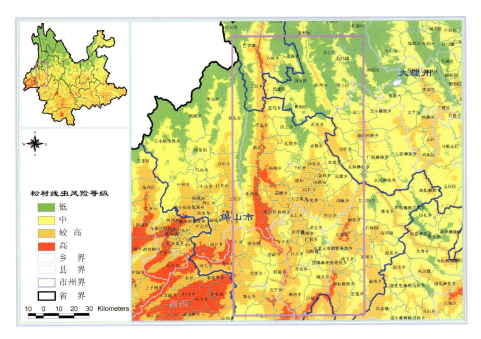

图 7-50　保山周边松材线虫病风险等级

Fig. 7-50　The risk ranking chart of *B. xylophilus* disease around Baoshan

（3）临沧的云城乡与小街区的交界处、茂兰区的西南部分为高度风险区。贺六乡、勐勐镇、沙河乡和梦库镇的4乡镇交界处为高度风险区。临沧与普洱交界处的那招乡、平村乡、马台乡、民乐乡、永平镇区域是高度风险区（图7-51）。

（4）普洱市的永平镇、益智乡、钟山乡的交界处，正兴乡的南部，德化乡的西南部，震东乡、翠云和南屏乡，雅口乡与竹林乡交界处，竹林乡与新城乡的交界处等区域皆为高度风险区，其他区域多为中度风险区（图7-52）。

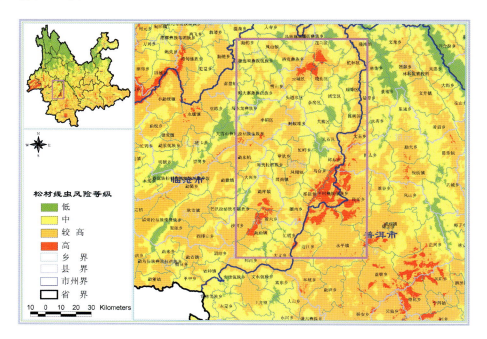

图7-51 临沧周边松材线虫病风险等级

Fig. 7-51 The risk ranking chart of *B. xylophilus* disease around Lincang

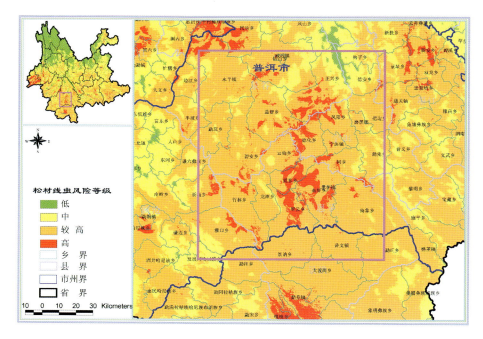

图7-52 普洱周边松材线虫病风险等级

Fig. 7-52 The risk ranking chart of *B. xylophilus* disease around Puer

　　（5）西双版纳的嘎栋乡、勐养镇、嘎洒乡的交界处的连片区域为高风险区。勐罕镇、象山镇、曼洪镇的局部地区为高风险期，其他地区为较高风险区（图 7-53）。

　　（6）普洱、玉溪的东峨区、甘庄华侨农场、大水平区的交界处的区域为高风险区。羊街区与大水平区的交界带为高风险区，与红河州交界宝秀镇、青龙厂区、大桥乡、扬武区的交界线为高风险期（图 7-54）。

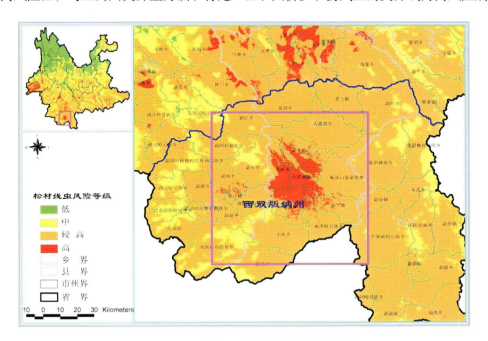

图 7-53　西双版纳周边松材线虫病风险等级

Fig. 7-53　The risk ranking chart of *B. xylophilus* disease around Xishuangbanna

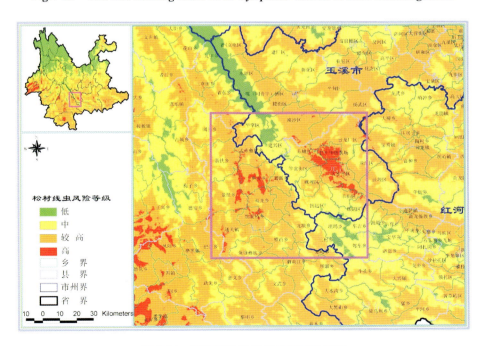

图 7-54　玉溪周边松材线虫病风险等级

Fig. 7-54　The risk ranking chart of *B. xylophilus* disease around Yuxi

（7）文山壮族苗族自治州的将那镇、盘龙乡、马塘乡、喜古乡、攀枝花乡、东山乡、古木乡的部分区域为高风险期，八嘎乡、西洒乡、蚌峨乡的部分区域为高风险期，马日镇、坡脚乡、南捞乡、新马街乡、山车乡的部分地区为高风险区，其他地区以较高风险区、中度风险区为主（图7-55）。

（8）红河哈尼族彝族自治州的灵泉街道办事处、小龙潭街道办事处、乐白道街道办事处为高风险区，大屯镇、倘甸乡、沙甸镇、鸡街镇的少量区域为高风险区，雨过铺镇、十里铺镇、法勒乡、文润镇和红寨镇的连接区域为高度风险区（图7-56）。

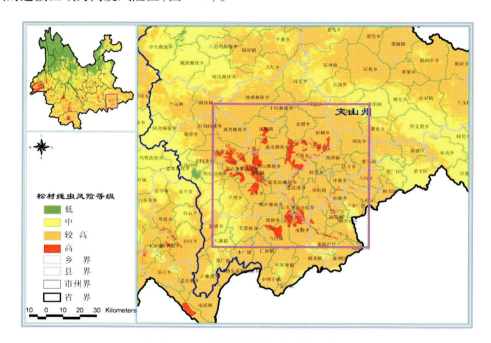

图7-55　文山周边松材线虫病风险等级

Fig. 7-55　The risk ranking chart of *B. xylophilus* disease around Wenshan

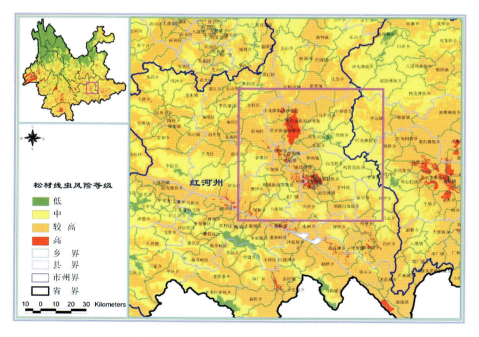

图7-56　红河周边松材线虫病风险等级

Fig. 7-56　The risk ranking chart of *B. xylophilus* disease around Honghe

　　（9）元谋的元马镇、直林区、黄瓜园镇的部分区域为高风险区，其他区域主要为较高风险区（图 7-57）。

　　（10）滇西北地区主要为低度风险区；但需要注意的是澜沧江、怒江、金沙江河谷地带为中度风险区（图 7-58）。

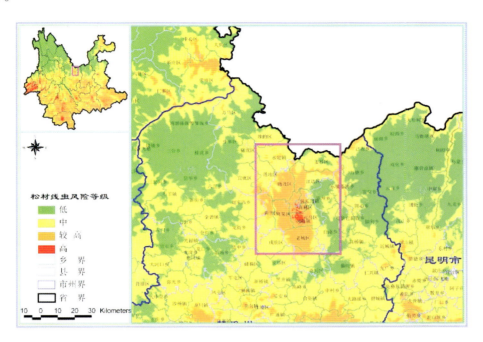

图 7-57　元谋县周边松材线虫病风险等级

Fig. 7-57　The risk ranking chart of *B. xylophilus* disease around Yuanmou

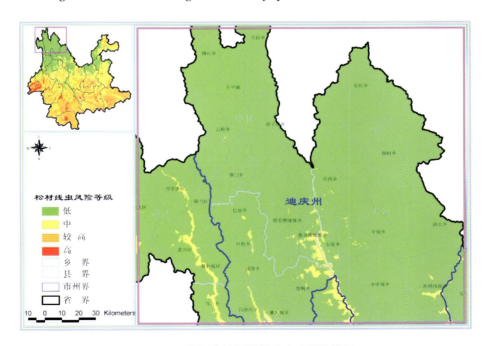

图 7-58　滇西北地区松材线虫病风险等级

Fig. 7-58　The risk ranking chart of *B. xylophilus* disease in northwest of Yunnan province

7.6.3 县区单位综合风险

对各个县区的位于不同松材线虫病风险等级区域的土地面积进行统计，得到统计表7-12。

表7-12 不同松材线虫病风险等级的各县区面积（hm²）

Table 7-12 The measure of areas for different counties on the different risk levels of *B. xylophilus* disease（acre）

序号	区(县)	低度风险	中度风险	较高风险	高度风险	高风险及较高风险比例%	序号	区(县)	低度风险	中度风险	较高风险	高度风险	高风险及较高风险比例%
1	瑞丽	0	0	30367	63347	100.0	64	双柏	31327	184933	172193	1140	44.5
2	西畴	0	1273	142387	5827	99.1	65	丘北	5080	281307	217287	253	43.2
3	思茅	0	12180	314493	58373	96.8	66	云县	21373	189167	140733	13973	42.4
4	景洪	0	25387	578973	84827	96.3	67	澄江	0	44453	30820	0	40.9
5	陇川	0	8013	107520	72187	95.7	68	易门	80	91493	60773	0	39.9
6	河口	0	5713	120687	5687	95.7	69	禄丰	5487	216593	132907	13	37.4
7	潞西	13	19107	113513	158280	93.4	70	师宗	340	175453	102460	520	36.9
8	梁河	0	8007	60013	46173	93.0	71	曲靖	7	97500	55107	0	36.1
9	勐腊	0	88233	596333	100	87.1	72	华宁	600	81793	42587	0	34.1
10	富宁	0	82867	444020	840	84.3	73	景东	68260	227860	148013	2093	33.6
11	呈贡	0	10040	45193	0	81.8	74	泸西	887	110093	53793	53	32.7
12	砚山	0	75047	296193	16647	80.7	75	红河	14953	126787	61873	193	30.5
13	马关	20	51627	204600	10587	80.6	76	弥渡	12613	99587	40733	0	26.6
14	景谷	7053	152613	530007	62060	78.8	77	腾冲	143380	274547	135507	16080	26.6
15	江城	0	73913	266693	140	78.3	78	大关	24847	101513	44533	907	26.4
16	玉溪	0	21220	73860	7	77.7	79	凤庆	26180	218353	87080	633	26.4
17	勐海	0	122827	409487	3573	77.1	80	漾濞	25520	112927	47587	13	25.6
18	盐津	880	47673	149833	2987	75.9	81	彝良	39293	171333	65620	3273	24.6
19	普洱	5747	91633	246673	23193	73.5	82	巍山	4280	160247	53507	13	24.5
20	广南	0	205667	566373	1407	73.4	83	楚雄	41733	295967	105953	7	23.9
21	文山	2220	80607	192800	21753	72.1	84	宾川	67773	125153	60227	0	23.8
22	麻栗坡	33	65880	165307	4160	72.0	85	大理	17087	90673	32493	0	23.2
23	墨江	33	148487	359373	20700	71.9	86	永善	129767	83860	60800	1020	22.4
24	西盟	0	36540	89213	20	70.9	87	石林	200	134527	32760	0	19.6
25	耿马	9760	102193	260780	1387	70.1	88	永平	14747	211633	53160	0	19.0
26	孟连	3047	54793	131267	0	69.4	89	东川	84167	70260	31247	127	16.9
27	龙陵	247	89407	148793	42140	68.0	90	泸水	175867	86547	42167	5300	15.3
28	镇康	5033	75920	165527	5820	67.9	91	南涧	23447	124660	26493	0	15.2
29	水富	20	14113	25687	3687	67.5	92	沾益	7200	239773	35560	0	12.6
30	个旧	0	49460	93100	7980	67.1	93	祥云	24347	188353	29820	0	12.3
31	绥江	173	24293	48767	547	66.8	94	鹤庆	63113	145320	28613	0	12.1
32	开远	1860	62900	114187	15180	66.6	95	富民	2533	91500	12153	0	11.4
33	屏边	13	63000	118267	2947	65.8	96	华坪	68053	121233	23307	0	11.0
34	金平	17013	108660	231513	3293	65.1	97	巧家	209560	74253	34193	133	10.8
35	沧源	1667	90573	152207	173	62.3	98	永胜	208627	231860	53120	0	10.8
36	建水	80	143780	232020	1867	61.9	99	镇雄	25400	307500	37093	0	10.0
37	江川	13	31160	49393	0	61.3	100	富源	23573	270980	29560	0	9.1
38	元江	1373	104313	136080	30140	61.1	101	南华	38307	168013	19920	0	8.8
39	盈江	20753	148453	171200	91687	60.8	102	马龙	0	149980	10747	0	6.7
40	双江	5533	79353	118193	12940	60.7	103	鲁甸	53120	85247	9220	213	6.4
41	通海	0	29147	44680	0	60.5	104	牟定	3680	131700	8947	0	6.2

（续）

序号	区（县）	低度风险	中度风险	较高风险	高度风险	高风险及较高风险比例%	序号	区（县）	低度风险	中度风险	较高风险	高度风险	高风险及较高风险比例%
42	元阳	10040	79453	130640	1300	59.6	105	陆良	660	186507	10880	0	5.5
43	临沧	5020	100233	124700	26207	58.9	106	永仁	64633	140500	9053	0	4.2
44	峨山	0	80833	112140	180	58.2	107	武定	114993	167740	11980	0	4.1
45	盘龙区	0	44700	62067	0	58.1	108	嵩明	7207	123233	4700	0	3.5
46	施甸	1020	81133	97727	14920	57.8	109	云龙	285707	140053	11033	460	2.6
47	晋宁	0	57900	73900	0	56.1	110	禄劝	260280	150940	10180	0	2.4
48	新平	45793	141860	235887	2807	56.0	111	寻甸	131280	219893	8200	0	2.3
49	蒙自	13	95960	111380	9313	55.7	112	昭通	58093	153307	4873	7	2.3
50	永德	27227	118947	167140	9867	54.8	113	福贡	220600	48400	5867	0	2.1
51	威信	0	62580	75460	73	54.7	114	大姚	203460	194807	5693	0	1.4
52	宜良	33	87047	104673	13	54.6	115	会泽	400193	182307	6180	0	1.0
53	保山	38933	185940	222420	39580	53.8	116	丽江	559973	183093	2480	0	0.3
54	澜沧	9187	395227	455207	13520	53.7	117	宣威	144087	458747	1980	0	0.3
55	安宁	0	60380	69940	0	53.7	118	洱源	156267	129500	820	0	0.3
56	石屏	1660	140920	160453	2107	53.3	119	维西	413453	36607	620	0	0.1
57	弥勒	0	184327	207593	33	53.0	120	姚安	50553	119007	13	0	0.0
58	元谋	13820	83033	99560	4247	51.7	121	中甸	1092400	48600	33	0	0.0
59	绿春	3400	145940	159100	7	51.6	122	兰坪	389593	48113	7	0	0.0
60	西山区	0	52440	54027	0	50.7	123	德钦	711400	14173	0	0	0.0
61	昌宁	9640	181447	174433	12487	49.4	124	贡山	409800	27133	0	0	0.0
62	罗平	380	153653	144007	2807	48.8	125	宁蒗	584380	16140	0	0	0.0
63	镇沅	33493	192767	182580	6900	45.6	126	剑川	171240	53120	0	0	0.0

由表 7-12 中可看出，云南松材线虫病的高风险区域集中在瑞丽、西畴、思茅、景洪、陇川、河口、潞西、梁河、勐腊、富宁等滇南地区。风险较低的区域主要在洱源、维西、姚安、中甸、兰坪、德钦、贡山、宁蒗、剑川等滇西北地区。

7.7 瑞丽、畹町疫点的风险验证

目前云南省已有疫点有两个，即德宏傣族景颇族自治州的畹町经济开发区和瑞丽市勐秀林场，二 2004 年发现，由于采取的防治措施得当，没有扩散蔓延。这两个疫点的发现，为风险评估模型的验证提供了可能。

7.7.1 验证空间模型的建立

为了验证分析结果的准确率，需要建立新的空间风险模型，首先将二级指标"周边疫点自然扩散"因子中两个云南的疫点从分析数据中去除，重新制作一级指标"病原"因子影响空间指数模型，然后代入权重值，与其他 4 个一级指标模型叠加，建立新的验证空间模型，并制作风险等级图（图 7-59）。

7.7.2 验证分析

从图 7-59 中可得到，德宏傣族景颇族自治州的瑞丽和畹町地区，大部分区域的风险值处于 0.42 ~ 0.58，处于较高风险区和中度风险区，从两个疫点周围的放大图中可得到，有寄主分布的区域都处于高度风险区，因为在该区域以思茅松为主的寄主是零星分布的，因此高风险区也呈现零星的分布，而一旦有病原的传入，出现疫点的区域与目前高风险区域高度重合。

因目前云南已发现的疫点只有瑞丽、畹町两个，不能进行更多的验证分析来检验风险模型大面上的准确率，但也可从本案例的分析中初步证明本风险评估模型具有较高的准确率。

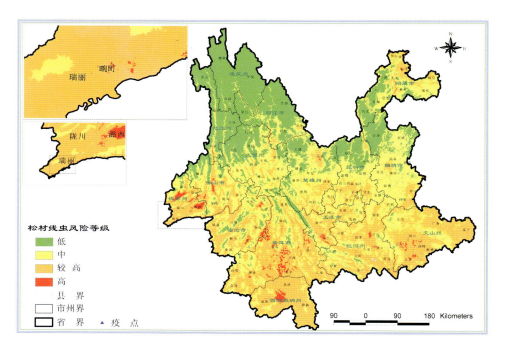

图 7-59　去除疫点影响后的云南省松材线虫病风险等级

Fig. 7-59　The risk ranking chart of *B. xylophilus* disease after removing epidemic influence in Yunnan Province

7.8　瑞丽、畹町疫点的扩散风险评估

将云南省松材线虫病风险评估模型等级图(图 7-48)及去除疫点影响后的云南省松材线虫病风险等级图(图 7-59)，德宏傣族景颇族自治州区域进行裁剪放大，合并制作疫点扩散风险等级比较图(图 7-60)，对比分析疫点的扩散风险。

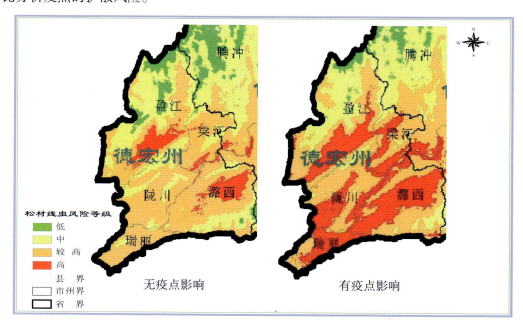

图 7-60　疫点扩散风险等级比较

Fig. 7-60　The differences between epidemic influence areas and nonepidemic influence areas

从图 7-60 中无疫点影响及有疫点影响的德宏的局部放大图的对比中也可看出，云南目前瑞丽、畹町两个疫点对外扩散的风险表现形式一种是自然扩散的风险，即通过媒介昆虫的迁飞进行传播，其传播距离有限，主要在疫点的周围按媒介昆虫的传播半径，以各疫点为中心向外叠加扩散。另一种是随交通干道、人为活动密集区的人为干扰风险。在无疫点前，这也证明了该风险模型能较真实地模拟现实状况下疫点的扩散蔓延形式。

无疫点之前，德宏傣族景颇族自治州的高风险区主要分布在潞西市的中北部，梁河县的东南角，盈江县东部以及瑞丽市的极小区域，约占德宏总面积的 8%，而较高风险区约占总面积的 70%，中度风险及低风险区约占 22%。疫点出现后，高风险区扩展到潞西市的整个北部及西南部，梁河县的东南部及西部，盈江县的东部以南部，瑞丽市除西部以外的大部区域，陇川县则从无高风险区域扩展到中南部大部为高风险区。整个德宏高风险等级区域由 8% 扩大到 39%，而较高风险区约占总面积的 43%，中度风险及低风险区则减少到 18%。从该结果来看，一个疫点的出现，对周边区域的影响是非常大的，特别是对较高风险等级的区域，将有近一半的区域提高一个风险等级。

7.9　风险评估模型的动态模拟实例

有害生物的风险评估是一个动态的过程，随着时间的推移，寄主分布状况、疫点、气象、交通、人为活动等因子情况就会发生变化，风险值也就相应地发生变化，根据实际情况不断地更新相关因子的数据，就可模拟现时的风险状况。图 7-61 模拟了云南原有两个疫点已被拔除，但又新增了 3 个疫点，风险评估结果变化的情况。

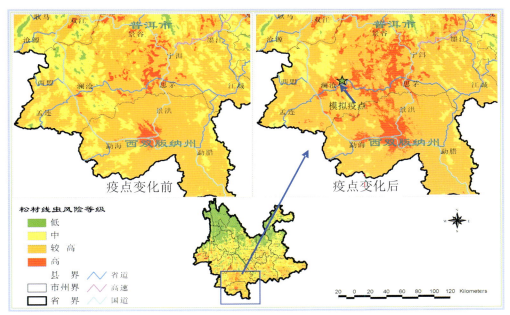

图 7-61　模拟疫点变化后的风险评估变化情况
Fig. 7-61　The simulation ranks of the risk evaluation after epidemic areas change

从图中可以看出，随着影响因子的变化，代入相应的模型，就可计算得到一个新的风险等级图，例中疫点变化前后的放大图，较好反映了影响因子变化所引起的风险等级变化情况。如将松材线虫病指标体系的各级影响因子进行分类，划分出长、中、短期变化因子，对中、短期变化因子的数据实时或定期进行更新，如部分气象因子、林分指数等因子就可根据 Modis 数据获取。同时，将风险评估模型进行系统化和自动化处理，即可在目前所取得成果的基础上建立起一套松材线虫病的测报系统，这是本研究下一步研究的方向和目标。

7.10 小　结

为了直观的表达寄主、病原、媒介昆虫、环境、人为干扰等因子以及各因子综合作用空间分析模型，将各级模型计算所得的数值划分为低风险区、中度风险区、较高风险区和高风险区四个级别，对每个模型所得到的结果建立风险等级图进行综合风险概述，将重点区域放大，逐个进行重点区域的风险分析，对各个县、区的不同因子风险等级区域的土地面积进行统计，计算出各县、区不同等级的面积，以及较高风险区占总面积的比例，可对该县、区松材线虫病的防治策略提供指导意见。

表7-13　云南省松材线虫病风险等级划分情况

Table 7-13　The circs of the risking ranks for Pine wilt disease disease in Yunnan Province

等　级	总区域		针叶林分布区域	
	面积/hm²	比例/%	面积/ hm²	比例/%
低风险区	8929734.00	23.31	2124725	30.52
中度风险区	14554595.00	38.00	2434138	34.97
较高风险区	13781977.00	35.98	2056075	29.54
高风险区	1034997.00	2.70	346445	4.98
合　计	38301303	100	6961383	100

将云南省松材线虫病风险等级图（图7-48）的各分级等级进行统计，计算南省松材线虫病风险等级划分情况（表7-13），从表7-13中可以看出，云南省国土面积的34.52%处于松材线虫病发生的较高风险区及高风险区，如果只计算云南省的主要针叶林分布区（图7-62），云南省针叶林分布区的34.51%处于松材线虫病发生的较高风险区（表7-14），处于高风险区的针叶林主要是思茅松林（占高风险区面积的84.36%）、云南松林（占高风险区面积的12.56%）、杉木林（占高风险区面积的2.89%）（见表6-11）。以上三个树种处于高风险区的面积占该树种总面积的比例分别为24.68%、1.15%、19.20%。

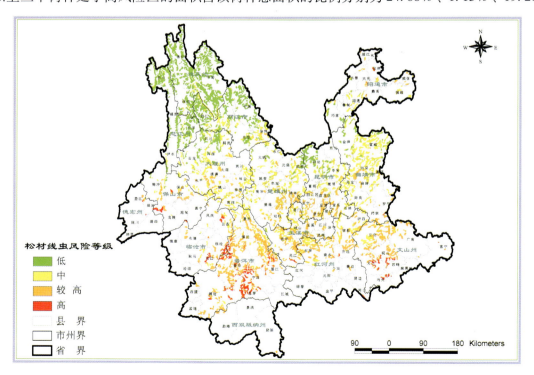

图7-62　云南省主要针叶林松材线虫病风险等级

Fig. 7-62　The risk ranking chart of Pine wilt disease disease in main conifers in Yunnan Province

表 7-14　云南省主要针叶林树种松材线虫病风险等级划分情况
Table 7-14　The table of the risk ranks of Pine wilt disease disease in main conifers in Yunnan Province

树　种	低风险区		中度风险区		较高风险区		高风险区	
	面积/ hm²	比例/%	面积/ hm²	比例/%	面积/hm²	比例/%	面积/hm²	比例/%
巴山冷杉林	8	0.00	1248	0.05	484	0.02	0	0.00
苍山冷杉林	455190	21.42	39908	1.64	3583	0.17	0	0.00
长苞冷杉林	506789	23.85	2508	0.10	0	0.00	0	0.00
川滇冷杉林	2301	0.11	384	0.02	0	0.00	0	0.00
川西云杉林	1991	0.09	5031	0.21	991	0.05	0	0.00
大果红杉林	15084	0.71	2494	0.10	7	0.00	0	0.00
高山松林	381357	17.95	123864	5.09	6136	0.30	0	0.00
华山松林	26629	1.25	14740	0.61	12871	0.63	0	0.00
丽江云杉林	43144	2.03	16315	0.67	1710	0.03	646	0.19
马尾松林	30	0.00	1902	0.08	0	0.00	0	0.00
云南松林	496722	23.38	1982493	81.45	1255957	61.09	43519	12.56
林芝云杉林	2766	0.13	3258	0.13	0	0.00	0	0.00
麦吊杉林	25281	1.19	3759	0.15	168	0.01	0	0.00
杉木林	42	0.00	19502	0.80	22623	1.10	10020	2.89
思茅松林	2799	0.13	147447	6.06	741588	36.07	292258	84.36
太白红杉林	4279	0.20	253	0.01	0	0.00	0	0.00
喜马拉雅冷杉林	8936	0.42	1161	0.05	1	0.00	0	0.00
云南铁杉林	143686	6.76	61220	2.52	8242	0.40	2	0.00
云杉林	3974	0.19	0	0.00	0	0.00	0	0.00
紫果云杉林	3509	0.17	6651	0.27	1714	0.03	0	0.00
鳞皮冷杉林	208	0.01	0	0.00	0	0.00	0	0.00

行政区域的划分来说，高风险区主要集中在德宏的盈江、梁河、潞西、龙川、瑞丽；保山市的保山、腾冲、龙陵；临沧市的双江、临沧、云县；普洱市的景谷、思茅、墨江、宁洱；西双版纳的景洪；玉溪的元江；红河的开远、蒙自；文山的文山、砚山及马关等县（区）。以及元谋、施甸、昌宁、元阳、个旧、屏边、金平、河口、屏边、泸水、广南、镇沅、新平、澜沧、勐海、镇康、绥江、水富、彝良、盐津、永善、罗平、师宗县（区）的河谷地区。

低风险区主要集中在滇西北地区，主要有有迪庆的德钦、中甸、维西；怒江州的贡山、兰坪、福贡；丽江市宁蒗，大理的云龙、剑川、昆明市的禄劝；曲靖市的会泽；昭通市的巧家，永善等县/区。以及腾冲、泸水、洱源、鹤庆、宾川、南涧、永胜、丽江、华坪、大姚、永仁、姚安、南华、楚雄、双柏、武定、寻甸、东川、宣威、鲁甸、昭通、彝良、景东、新平、永德等县（区）的高寒山区。

为了验证分析结果的准确率，将瑞丽、畹町两个疫点的影响值从该级图层的计算中去除，重新建立一个新的风险评估模型，通过计算，德宏州的瑞丽和畹町地区，大部分处于较高风险区和中度风险区，但只有针叶林分布的区域都处于高度风险区，而一旦有病原的传入，出现的疫点的区域与目前高风险区域高度重合。可从本案例的分析中初步证明本风险评估模型具有较高的准确率。

由于本风险评估模型的风险值可计算到每一个栅格点（大约相当于 1 hm²），即风险的测报值可以落实到具体的林地，因此，具有很强的实用性。

有害生物的风险评估是一个动态的过程，随着时间的推移，气象、疫点、寄主分布状况、交通、人为活动等因子情况就会发生变化，风险值也就相应地发生变化，根据实际情况不断地更新相关因子的数据，可模拟现时的风险变化状况。

第8章　结论与讨论

8.1　结　论

8.1.1　基于3S技术风险评估指标体系的建立

根据欧洲和地中海地区植物保护组织（EPPO，1997）制定的《有害生物风险评估方案》和蒋青（1995）制定的《有害生物危险性评估（PRA）指标体系》，建立基于大尺度（例如以一个国家、一省区或县为单位）一种有害生物的风险评估指标体系，此方法得到广泛的认同和使用。

在这个PRA指标体系中，因为考虑的因子主要是大尺度定性的指标，包括国内分布状况、潜在的经济危害性、是否为其他检疫性有害生物的传播媒介、国外重视程度、国外分布广否、根除难度等，而定量的、基于小尺度的指标较少，因此，基于这个指标体系所得到的结果中只能是大尺度，其分析结果不可能精确到具体的山头地块的风险等级，有它一定的局限性。

由于研究手段的不断提升，可以利用GPS定位，通过RS解译寄主分布和环境情况，在GIS系统上可建立一套完整的精细的松材线虫病风险评估模型。为了使模型的建立能充分考虑到各种因子的影响，特别是人为活动的影响，根据目前技术的成熟度以及数据的可采集性，经对前人大量研究结果进行分析整理，并咨询了相关的专家的基础上，我们初步建立基于3S技术在空间上连续的的松材线虫病风险评估指标体系。

这套评价体系最大的特点是将3S技术的应用贯穿到整个体系的构建中，每个指标都可在GIS系统上模拟，并可在此系统上进行运算和拟合、校准、反演，它得到的结果的精度就是所采用的基础地理数据的分辨率，例如，采用Quick Bird（快鸟）卫星数据，其全色波段分辨率为0.61 m，彩色多光谱分辨率为2.44 m，幅宽为16.5 km，如采用MODIS卫星数据，其星下点的空间分辨率1～2通道为250 m，3～7通道为500 m，8～36通道为1000 m，扫描速度20.3RPM，扫描宽度2330 km×10 km。即基于该体系计算出的风险等级是该分辨率下的每一个栅格点的风险等级，它的精度就比传统的方法提高了多个数量级。

该指标体系同时能表达空间差异性、空间分布格局、空间多因子累积或交叉作用与影响，从小尺度区域上更精细地评价有害生物的危险性。指标体系共设一级层次指标5个，二级层次指标10个，三级层次指标27个，四级指标69个。

8.1.2　空间数据的连续化影响模型建立

已有的松材线虫风险评估研究，使用的主要数据是以各种台站的观测数据为行政区划单元内的代表数据，其实质是将地理区域看成是匀质的最小尺度空间单元，依此评估出这些单元的风险等级，该类方法也只能适用于大尺度区域的概略性评估，不能精细地表达小尺度区域内的各种林分在不同小气候生态条件下、在不同人为影响下的风险差异性。本文提出了以100m的空间栅格单元作为表达生物因子、交通因子及人为活动因子的最小载体，建立空间模型，利用GIS的空间分析、空间运算手段，从100m的空间尺度开始，进行精细化的风险评估方法。研究中，在100m空间尺度下，通过调查、采集、建模、模拟等手段，建立了林分结构、气象分布、环境因子分布、人为活动因子分布的地图层。

当前，很多基础生物学、生态学研究较好地阐述了松材线虫病发生、蔓延的主要影响因子，但各种因子对传播、流行的作用或贡献的定量描述成果较少。本文提出了以专家打分，或以生物学、生态学规律的半定量描述为基础，建立连续化的多元回归模型，并利用回归模型建立了空间因子影响的计算机模拟方法。实现了基于气象因子的松材线虫病及媒介昆虫的精细化适应性评，人为活动因子、交通因子影响的精细化评估，并实现了这些因子的连续化空间影响的计算机模拟。

在松材线虫及媒介昆虫的适生性分析中，对温度因子的连续空间模拟采取了五种内插方法进行比较研究，由于气象观测点的空间样本点稀少，从内插得到的空间地图结合云南的气象特征分析表明关联函数内插法建模是最好的方法，其模型连续模拟的温度图很好地体现了云南北低南高、西高东低的总体气温变化规律，同时又体现了峡谷地带中局部干热河谷的特点。本研究中使用多因子关联函数方法来模拟各种气象因子的空间分布。

在建立松材线虫病及媒介昆虫适生性的空间模型时，通过将基本生态学研究结果的文字描述，转换为一个能进行数量化运算的适宜性概率函数，通过构这个概率函数，计算出地图上每个栅格点的适生性指标数值，即建立了一个空间上连续变化的适宜性分布模型。

8.1.3　利用 MODIS 数据反演气象因子及植被指数的初步实现

长期积累的气象数据是描述云南省的气象格局与规律的基础，对于风险评估模型的研究必不可少。风险评估模型投入实际应用后，则需要输入实时、动态的气象数据以及其他因子采集的数据，大面积基于地面采样的经典数据采集方法难以支撑应用。MODIS 卫星遥感数据能以天为单位获取地表的物理信息，利用这些信息可快速提取和反演出地面连续分布、连续变化的气象数据、地表森林健康变化数据，本文开展了温度指标、湿度指标、森林叶面积覆盖指数变化、林分郁闭度的反演。这为解决实际应用中的连续气象因子、森林健康状况因子采集提供了一种全新的思想和手段。

对云南地区的陆面温度进行反演，其反演的温度梯度变化由滇西北向滇东南逐渐增加，这一现象符合了云南高纬度与高海拔相结合、低纬度和低海拔相一致的地形环境，说明反演的瞬时陆面温度的分布与同步气温数据的宏观变化规律基本一致。总体来说，VSWI 和 SWCI 都在反演土壤相对湿度方面都有一定的可行性，但云南地形复杂，要推导出较合理的模型，还需要大量的采样分析，并选择合适的参数及曲线方程。

研究表明：从遥感测量得到的地面温/湿度可以反映每个像元的下垫面温/湿度的平均状况和下垫面温/湿度场的空间分布特征，具有传统观测方法无法比拟的优越性。虽然利用 MODIS 遥感数据反演陆面温/湿度还存在相当的问题，但它仍然是目前获取大面积区域陆面温/湿度的最有效、最简便的方法，也是未来研究和发展的方向。

利用 MODIS 数据反演植被指数的方法有归一化植被指数（NDVI）和增强型植被指数（EVI）两种，由于归一化植被指数具有能更准确的反映植被生长状态及植被覆盖度，并且可部分消除与太阳高度角、卫星观测角、地形、云、阴影和大气条件有关的辐照度条件变化等的影响，因此本文利用归一化植被指数，基于植被指数法计算植被覆盖率的公式模型得到植被覆盖率，来替代郁闭度因子，通过 MODIS 数据反演得到的覆盖率图能较真实地反演云南省植被生长情况，从北部高纬度及高海拔地带到低纬度低海拔地区逐渐变大，思茅、西双版纳等滇南和滇西南等地区植被生长最好。

8.1.4　基于专家打分的评判权重建立

松材线虫病风险评估指标体系有一级指标 5 个，二级层次指标 10 个，三级层次指标 27 个，四级指标 69 个。各级指标之间又有极复杂的关系，而在前人的研究中，又没有一个人系统地研究过这些指标之间的相互关系，因此，如何确定各级指标的权重值是一个相当困难的工作。专家打分法（德尔菲法）是以匿名方式征询有关专家的意见，对专家意见进行统计、处理、分析和归纳，客观地综合多数专家经验与主观判断，对大量难以采用技术方法进行定量分析的因素做出合理估算，经过多轮意见征询、反馈和调整后，对事物进行评价分析的方法，是对本文的指标体系进行定量分析最好的方法。

本文通过 11 位专家的打分，经分析处理计算后得到各层次的权重值，并建立层次分析模型。为了避免上一级指标的权重在传递到下一级指标时发生不应有的损失，提出了权重传递的概念，即在出现下一级指标的各个权重是独立对上一级指标贡献时，将上一级指标的权重直接传递给该级指标中权重值最大的一个指标，该级其他指标的权重再按比例分别计算。

8.1.5　多因素综合评估模型的交叉、叠加技术

目前有关松材线虫病的基础生物学、生态学研究成果较多，而有关松材线虫病的风险评估及发生

预报的研究较少，需要开展更多的与生产单位应用关联的预防防治的风险评估、预测预报研究。

当前基础生物学、生态学研究成果已经较好地阐述了松材线虫病发生、蔓延的主要影响因子，但各种因子对传播、流行的作用或贡献的定量描述成果较少，需要开展更多的定量化研究，以体现各种因子对松材线虫病的传播、流行的贡献率。

许多经典生态学研究表明，人为活动是松材线虫病发展与蔓延的主要因子之一，但目前很多风险评估研究主要使用气象因子为风险预测变量，而很少使用人为活动影响因子作为预测变量。因而，需要将人为活动因子的作为重点测报变量进行考虑。

目前的风险评估定量模型研究，只考虑到预测变量直接的、线性的影响，没有考虑复杂的空间分布与格局影响，也没有建立真正体现空间交互作用的空间模型。影响松材线虫病发生、发展、蔓延与流行的因子很多，它们具有极其复杂的时间与空间分布格局，影响因子的时间空间格局与关联森林分布的时间空间格局交叉、叠加作用，构成了极其复杂的空间格局和模式，经典的非空间变量约束模型，多元线性或非线性回归模型或层次分析模型，如 $Y = a_1 \times f(x_1) + a_1 \times f(x_1) + \cdots + a_n \times f(x_n) + C$，它考虑到了预测变量如疫点 X_1 对确定区域上的林分的风险 Y 的作用，但该模型未能考虑林分周边的疫点 X_1 有若干个，它们与该林分的距离有远近、传播的空间媒介格局不同，因而对该林分的风险的影响也不同。类似，生物因子等其他因子的影响也与空间模式有关联，只用经典模型不能阐明复杂的空间关系，需要建立空间交互作用模型，才能较好地表达风险评估与预报中的空间交互影响。所以，今后的研究中要更多的考虑各种因子在空间上分布格局及其对周边林分的综合影响，考虑多种因子对周边林分的叠加效应影响、协同作用影响，建立实用、合理的 GIS 空间风险评估模型。

影响松材线虫病发生、发展、蔓延与流行的因子很多，它们具有极其复杂的空间分布结构，这些因子借助空间媒介交叉作用、叠加作用，构成了极其复杂的空间格局和模式。为体现小尺度区域上因子分布的不均匀性、不同距离的空间对象的影响或作用的不一致性，本文提出了一种基于空间位置与空间距离的累计作用影响模型，实现了以上因子的空间格局的累积影响的计算机模拟，较好地表达了疫区、居民区、交通、大型企业、大中型在建工程等对位于不同空间格局上的寄主的交叉与累积风险影响的基本规律。

8.1.6　空间风险评估模型的建立

按层次关系模型，将 69 个指标得到的地图层分级进行累加运算，最后得到了云南省以每个栅格点的大小（100m×100m）为单位的连续的松材线虫病风险值，并建立松材线虫病风险分布地图。宏观上表明云南南部一线是高风险区，中部一线是一般风险区，云南北部是低风险区。从微观上讲，靠近交通要道、疫点、人为活动频繁地区的风险较高，远离这些区域的地区风险低。在一个较小尺度的区域内，依据各个因子的空间格局和影响，各个生态位上的风险是有差异的，这反映出了风险的精细化评估结局，与前人所做过的风险评估的结果比较，该结果更为精细并且是连续化表达的，该研究可直接指导基层森防单位在不同的区域内，采取有针对性的措施进行风险的防范。

8.1.7　风险评估模型的应用分析

为了直观的表达寄主、病原、媒介昆虫、环境、人为干扰等因子以及各因子综合作用模型的计算结果，将各级模型计算所得的数值划分为低风险区，中度风险区，较高风险区和高风险区四个级别，对每个模型所得到的结果建立风险等级图进行综合风险概述，将重点区域放大，逐个进行重点区域的风险分析，对各个县、区的不同因子风险等级区域的土地面积进行统计，计算出各县、区不同等级的面积，以及较高风险区占总面积的比例，可对该县、区松材线虫病的防治策略提供指导意见。

对各因子综合模型的计算表明，云南省国土面积的 34.52% 处于松材线虫病发生的较高风险区或高度风险区，针叶林分布区的 34.51% 处于松材线虫病发生的较高风险区或高度风险区，以县、区为单位的计算表明，云南松材线虫病的高风险区主要集中在德宏州的盈江，梁河，潞西，陇川，瑞丽；保山市的隆阳区、腾冲、龙陵；临沧市的双江、临沧、云县；普洱市的景谷、思茅、墨江、宁洱；西双版纳的景洪；玉溪的元江；红河的开远、蒙自；文山的文山、岘山及马关等县（区）。以及元谋、施甸、昌宁、元阳、个旧、屏边、金平、河口、屏边、泸水、广南、镇沅、新平、澜沧、勐海、镇康、绥江、水富、彝良、盐津、永善、罗平、师宗县/区的河谷地区。

低风险区主要集中在滇西北地区，主要有迪庆的德钦、中甸、维西；怒江的贡山、兰坪、福贡；丽江市宁蒗；大理的云龙、剑川；昆明市的禄劝；曲靖市的会泽；昭通市的巧家、永善等县（区）。以及腾冲、泸水、洱源、鹤庆、宾川、南涧、永胜、丽江、华坪、大姚、永仁、姚安、南华、楚雄、双柏、武定、寻甸、东川、宣威、鲁甸、昭通、彝良、景东、新平、永德等县（区）的高寒山区。

8.1.8　案例分析

为了验证分析结果的准确率，本文将云南省已发生疫情的两个地点作为实例，将瑞丽、畹町两个疫点的影响值从该级图层的计算中

去除，重新建立一个新的风险评估模型，通过计算，德宏傣族景颇族自治州的瑞丽和畹町地区，大部分处于较高风险区和中度风险区，但只有针叶林分布的区域都处于高度风险区，而一旦有病原的传入，出现疫点的区域与目前高风险区域高度重合。可从本案例的分析中初步证明本风险评估模型具有较高的准确率。

通过云南两个疫点去除前后的对比，表明云南目前的瑞丽、畹町两个疫点对外扩散的风险表现形式一种是自然扩散的风险，另一种是随交通干道、人为活动密集区的人为扩散风险。这也证明了该风险模型能较真实地模拟现实状况下疫点的扩散蔓延形式。

由于本风险评估模型的风险值可计算到每一个栅格点（大约相当于 $1 hm^2$），这样风险的测报值可以落实到了山头地块，因此，具有很强的实用性。

有害生物的风险评估是一个动态的过程，随着时间的推移，气象、疫点、寄主分布状况、交通、人为活动等因子情况就会发生变化，风险值也就相应地发生变化，根据实际情况不断地更新相关因子的数据，就可模拟现时的风险变化状况。

8.2　讨　论

8.2.1　数据采集的困难与误差

由于基础数据采集的困难很大，如全省的林业资源二调数据保密，不能直接利用，在建的通讯基站数据因为涉及同行之间的商业竞争也为保密，因此这部分数据无法取得。同时在采集过程中又因技术手段、研究条件的限制，会出现一些误差，如在对 TM 数据、MODIS 数据进行解译得到的森林分布图，反演的地表温/湿度等，会出现不难于避免的误差。

在气象台站数据的采集中，由于气象站点具有非常特殊的空间位置，它的位置与行政区划、气象观察地理条件、人居及其生活条件有关，这些数据基本上可以作为典型抽样数据处理，其不足是未能充分体现抽样数据的随机性和规律性。同时，在体现气象数据的空间分布格局的规律性方面，有一定的不足，如样本数据稀疏、局部沟谷山地微气候规律的体现等有一定的欠缺。

虽然在数据采集过程中出现了这些困难和误差，但本文已通过技术手段加以解决，部分误差在规定的许可范围之内，对最终评估结果不会产生大的影响。

8.2.2　评价指标体系的验证与完善

因为该指标体系可体现空间微格局与连续变化，但该指标体系仅仅是第一次测试和应用，特别是用于微观尺度下的模拟，难免有一定的疏漏之处。还需要进一步开展验证、修订，不断提高它的实用性和可靠性。这需要在将来的工作中继续完善和提高。

8.2.3　专家打分系统的不足

由于松材线虫病风险评估的指标体系异常复杂，而且又缺乏各指标因子间相关性的定量分析研究结果，难于应用如主因子分析、偏相关分析等数学方法来分析各因子的相互关系及各因子的权重或贡献率，因此，专家打分系统及层次分析法是对本文复杂的指标体系进行定量分析最有效的方法，但是，它也有不足之处，专家对各事件的预测判断不一定都能达到统一，由于专家组成成员之间存在身份和

地位上的差别以及其他社会原因，有可能使其中一些人因不愿批评或否定其他人的观点而放弃自己的合理主张。要防止这类问题的出现，必须避免专家们面对面的集体讨论，而是由专家单独提出意见。

另外，对专家的挑选应基于其对项目情况的了解程度，专家既包括第一线的科研人员，也可以是科技管理人员和外请专家。

8.2.4 MODIS 数据反演气象因子及植被指数的不足

对 MODIS 遥感资料的处理以及应用研究在国内还处于起步阶段，许多方法开发也还处于不断地研究和试验之中，尚存在诸多不足：

（1）资料处理受到软硬件性能的局限。MODIS 资料量十分庞大，白天 1 条 10 分钟左右的数据集大约须占用 1.5G 存储空间；另外高分辨率波段数据处理效率较低，特别是在进行条纹噪声分析时，整个计算过程要耗费近一分钟。

（2）在计算光谱反射率值时，仅做了简单的太阳天顶角订正，没有考虑大气的影响。

（3）在对云、雪、水等检测中，只是通过多光谱组合，设定某些阈值，阈值的过大过小都会影响像元的判断。

（4）温/湿度反演模型是基于物体表面为均匀同温/湿的假设，而陆面是既不均匀又不同温/湿的混合表面，且所用遥感数据的空间分辨率比较低，这样得到的陆面温/湿度其实是像元的平均温度，非同温/湿混合像元的存在使得陆面温/湿度的反演变得非常复杂。

（5）地形对地表温度的影响是很复杂的，它在不同纬度、季节、天气和植被下都有所不同，海拔、瞬时入射太阳辐射能、地表反照率、归一化植被指数、坡度和纬度等都将影响地表温度，如何在地面上有效的验证是当前难以解决的问题。

（6）对于土壤湿度的反演，其难度更大，除了地形、环境、气象、植被等诸多因素影响地面的验证外，特别是实测土壤湿度资料的不足，还难以进行有效的验证。

8.3 展 望

8.3.1 通用型的基于3S 技术的病虫害风险评估平台的研建展望

本文的研究论述主要是针对松材线虫病这一具体的病害进行的风险评估研究，但由于松材线虫病的特殊性，它不但涉及的病原本身同时涉及了媒介昆虫的适生性和传播的风险影响，以及寄主、地形、林分状况、交通、人为干扰等因子的综合影响情况，因此，本文研究的基本原理和技术手段几乎涵盖了所有的病、虫害风险评估可能会涉及的影响因子。如果将这些基本原理、技术手段、研究方法及相关的模型加以理论化、系统化和程序化，就可利用本文的研究成果，例如风险评价指标体系、专家打分系统、影响因子的连续空间模拟、MODIS 数据反演气象因子及植被指数等，建立一个通用型的基于3S 技术的病虫害风险评估平台，在此平台上，只要根据具体的研究对象，调整相关因子的基础数据、权重值，就可即时生成该病虫害的风险评估结果，这将大大提高病虫害防治的工作效率，这也是本研究下一步的研究方向。

8.3.2 预测预报模型的研建展望

风险评估使用的主要指标或变量是静态或相对静态的，即在一定的时间范围内，认为它们是不变或相对不变的，如当前的疫区格局、现在的交通格局和人为活动格局，松林的林分结构。如果将这些变量看成是动态变量，需要连续的计算、更新这些变量，风险评估就变成了预测预报。所以，这一套定量化研究与模拟方法可适用于有害生物发生、发展的预测预报中。开发通用化的 GIS 平台软件，集成适合基层单位使用的技术产品，预测预报、风险评估工作即可走向实用化。

虽然利用 MODIS 遥感数据反演陆面温/湿度还存在一些不足，但它仍然是目前获取大面积区域陆面温/湿度的最有效、简便的方法，也是未来研究和发展的方向。如果将这一方法与松材线虫及媒介昆虫的适生性评价模型建立关联，并结合其他因子的分析模型，就可望建立实时(每天自动更新)的预测预报模型，并可推广应用到其他病虫害的预测预报工作中，具有重大的创新性，也是将来本研究的方向。

附　录

表 A－1　云南省各气象站点基本情况及各月平均气温

站名	东经	北纬	海拔/m	各月平均气温												全年
				1月	2月	3月	4月	5月	6月	7月	8月	9月	10月	11月	12月	
昆明	102°41′	25°01′	1891.5	7.5	9.3	12.7	16.1	18.9	19.4	19.7	18.9	17.4	14.8	11	8	14.5
富民	102°30′	25°14′	1692.2	8.3	10.3	13.7	18	20.9	21.2	21.2	20.2	18.9	16.3	12.1	8.7	15.8
安宁	102°29′	24°56′	1848	7.2	9.5	13.4	16.7	19.2	19.9	20.1	19.3	17.8	14.9	10.7	7.5	14.7
晋宁	102°37′	24°41′	1891.4	7.7	9.7	13.4	16.8	19.1	19.3	19.6	18.9	17.4	14.8	11.1	8.2	14.7
呈贡	102°48′	24°53′	1906.6	7.8	9.7	13.4	16.6	19	19.7	19.7	19	17.6	14.7	11	8.3	14.7
太华山	102°37′	24°57′	2358.3	6	8	11.6	14.3	15.9	16.1	16.6	16	14.7	12.1	8.7	6.4	12.2
绥江	103°57′	28°36′	413.1	8	9.5	14.3	19.1	22.3	24.3	26.5	26.1	22.3	18.3	13.8	9.9	17.9
永善	103°38′	28°14′	877.2	6.6	8.1	13	17.8	19.9	22.7	25.4	24.7	20.9	16.9	12.4	8.5	16.5
盐津	104°15′	28°04′	595.8	7	8.5	13.3	18.1	21.2	23.4	26.2	25.8	21.9	17.4	12.7	8.9	17
威信	105°03′	27°51′	1172.5	3.1	4.8	9.4	14.2	17.4	19.7	22.7	22	18.2	14	9	5.1	13.3
镇雄	104°52′	27°26′	1666.7	1.2	2.9	7.8	12.5	15.5	17.5	20.5	19.7	16.4	12.2	7.2	3.2	11.4
大关	103°53′	27°46′	1065.5	5	6.6	11.6	16.5	19.4	21.2	24.1	23.4	19.7	15.3	10.8	6.8	15
彝良	104°03′	27°38′	880.4	7	8.8	13.8	18.5	21.5	23.1	25.6	24.7	21.5	17.5	13	9.4	17
昭通	103°43′	27°21′	1949.5	2	3.4	8.8	13.1	15.9	17.3	19.8	18.9	15.1	12.2	7.2	3.7	11.5
大山包	103°17′	27°26′	3119.6	-1	0.3	4.3	7.3	9.5	10.7	12.6	11.7	9.7	6.6	2.4	0.3	6.2
鲁甸	103°33′	27°11′	1950	2.7	4.9	9.9	14	16.7	17.9	20.3	19.3	16.6	12.6	7.7	4.2	12.2
巧家	102°55′	26°55′	840.7	12.2	15.5	21.1	25.2	26.5	25.6	27.4	26.7	24	20.3	16.2	12.9	21.1
新村	103°10′	26°06′	1254.1	12.6	15.3	20.5	23.9	24.9	23.9	25.2	24.2	22.8	19.9	15.6	13.1	20.2
汤丹	103°04′	26°11′	2251	6.1	8	12.6	15.7	17.1	17	18.3	17.8	15.9	13	9.1	6.8	13.1
落雪	103°00′	26°14′	3227.7	1.1	2.7	5.7	8.6	10.1	11	11.8	11.1	9.5	7	3.6	2.1	7
者海	103°37′	26°34′	2075.2	4.4	6.5	11.2	15.1	17.4	18	19.3	18.5	16.5	13.1	8.2	5.3	12.8
会泽	103°17′	26°25′	2109.5	4.6	7.1	11.5	15	17	17.9	19.1	18.1	16	12.7	7.9	5.4	12.7
宣威	104°05′	26°13′	1983.5	5.1	7	11.9	15.6	17.8	18.3	19.5	18.6	16.7	13.7	9.2	6.3	13.3
沾益	103°50′	25°35′	1898.7	6.9	8.9	13.3	16.7	18.7	19.1	19.9	19.1	17.4	14.5	10.5	7.9	14.4
寻甸	103°16′	25°33′	1872.9	6.8	9.1	13.4	16.8	19.1	19.4	20.1	19.2	17.5	14.4	10.2	7.5	14.5
嵩明	103°02′	25°20′	1919.7	6.4	8.3	12.1	15.8	18.6	19.3	19.7	18.9	17.3	14.3	10.1	7.2	14
马龙	103°33′	25°25′	2036.8	6.5	8.4	12.7	15.8	17.7	18.1	18.8	18.1	16.3	13.6	9.6	7.3	13.6
富源	104°15′	25°40′	1852	5.6	7.5	12.3	16.1	18.3	18.9	19.9	18.9	17.2	14.1	9.8	6.9	13.8
罗平	104°19′	24°53′	1482.7	6.3	8.3	13.4	17.4	19.9	20.5	21.3	20.5	18.7	15.6	11.2	8.1	15.1
师宗	103°59′	24°50′	1844.2	5.8	7.6	12.6	16.2	18.9	19.4	19.5	18.7	17	14	9.9	7.2	13.8
陆良	103°40′	25°02′	1840.2	7	9	13.4	17	19.3	19.6	20.2	19.4	17.8	14.9	10.8	7.8	14.7
路南	103°16′	24°44′	1679.8	8.4	10.3	14.4	18.2	20.3	20.5	20.6	19.9	18.2	15.7	11.6	8.9	15.6

（续）

站名	东经	北纬	海拔/m	各月平均气温												全年
				1月	2月	3月	4月	5月	6月	7月	8月	9月	10月	11月	12月	
宜良	103°10′	24°55′	1532.1	8.1	10.2	14.4	19.3	21.5	21.6	21.7	20.9	19.4	16.7	12.4	9.1	16.3
邱北	104°11′	24°03′	1451.5	8.4	10.3	15.4	19.3	20.9	21.2	21.6	20.6	19.1	16.3	12.3	9.6	16.3
广南	105°04′	24°04′	1249.6	8.3	10.7	15.2	19.2	21.4	21.9	22.6	21.6	20	17	12.6	9.8	16.7
富宁	105°38′	23°39′	685.8	10.8	12.9	17.7	21.7	24.3	24.9	25.4	24.4	22.7	19.6	15.4	12.3	19.3
砚山	104°20′	23°37′	1561.1	8.6	10.7	15.2	18.5	20.4	20.8	21	20.3	18.9	16.2	12.3	9.7	16.1
西畴	104°41′	23°27′	1473.5	8.4	9.8	14.2	17.7	20.2	20.7	21.1	20.6	19.1	16.3	12.6	9.9	15.9
文山	104°15′	23°23′	1271.6	10.6	12.7	16.8	20.2	22.2	22.4	22.6	21.7	20.6	18.1	14.3	11.7	17.8
马关	104°25′	23°02′	1332.9	9.6	11	15.3	18.5	20.9	21.5	21.8	21.3	20	17.3	13.7	11.1	16.9
麻栗坡	104°42′	23°08′	1094.4	10	11.5	15.4	18.9	21.9	22.6	23	22.3	21.3	18.4	14.5	11.6	17.6
弥勒	103°27′	24°24′	1415.2	9.8	11.7	16.5	20	22.1	22.2	22.3	21.6	20.3	17.5	13.5	10.7	17.4
泸西	103°46′	24°32′	1704.3	7.3	9.2	13.8	17.6	19.9	20.2	20.6	19.6	18.1	15.4	11.3	8.5	15.1
石屏	102°29′	23°42′	1418.6	11.6	13.7	17.4	20	22.1	22.2	22.2	21.5	20.6	18.3	14.6	11.9	18
建水	102°50′	23°37′	1308.8	11.8	14	18.1	21	22.7	22.8	22.8	22.2	21.1	18.5	14.9	12.2	18.5
开远	103°15′	23°42′	1050.9	12.8	14.8	19.1	22.2	24.1	24.2	24.3	23.6	22.4	19.8	16	13.4	19.7
个旧	103°09′	23°23′	1692.1	9.9	11.7	15.3	17.8	19.4	19.9	20.1	19.5	18.2	15.9	12.4	10.3	15.9
蒙自	103°23′	23°23′	1300.7	12	13.8	18	20.9	22.7	22.8	22.8	22	21	18.7	15.2	12.6	18.6
红河	102°26′	23°22′	974.5	13.3	14.9	19.3	22.5	24.7	24.5	24	24	23.3	20.8	17.1	14.4	20.3
元阳	102°45′	23°10′	1542.6	9.9	11.4	15.8	18.6	20.2	20.3	20.6	20.3	19.2	16.8	13.3	10.9	16.4
绿春	102°25′	23°00′	1642.8	11.4	13.2	16.8	18.6	19.6	19.8	19.8	19.6	18.7	16.7	13.6	11.4	16.6
金平	103°14′	22°47′	1260	11.9	13.4	17.1	19.6	21.2	21.4	21.4	21.2	20.3	18.2	15	12.5	17.8
屏边	103°41′	22°59′	1414.1	9.2	10.5	14.7	18.1	20.7	21.3	21.6	21.1	19.7	17.1	13.4	10.6	16.5
河口	103°57′	22°30′	136.7	15.2	16.7	20.6	23.9	26.8	27.5	27.7	27.1	26	23.5	19.8	16.8	22.6
易门	102°10′	24°40′	1575.4	7.9	9.9	13.4	17.7	21.1	21.4	21.3	20.6	19.3	16.8	12.4	8.8	15.9
玉溪	102°33′	24°21′	1636.8	8.3	10	13.4	17.2	20.4	20.7	20.8	20.1	19	16.6	12.5	9.1	15.7
澄江	102°54′	24°40′	1746.2	8.4	10.2	14	17.8	20	20.2	20.6	19.8	18.5	16	12.2	9.2	15.6
江川	102°46′	24°17′	1730.7	8.1	10.1	13.9	17.8	20.4	20.5	19.8	19.6	18.6	16.2	12.1	8.8	15.6
华宁	102°55′	24°12′	1608.4	8	10	13.8	17.6	20.6	20.9	21	20.2	18.9	16.3	12.1	8.7	15.7
通海	102°45′	24°07′	1806	9	11	14.9	18.1	19.9	19.9	20	19.3	18	15.7	12.1	9.3	15.6
峨山	102°24′	24°11′	1538.7	8.5	10.4	13.9	17.6	20.6	21.1	21.1	20.3	19.3	16.7	12.6	9.2	15.9
新平	101°58′	24°04′	1497.2	10.5	12.8	16.9	19.7	21.6	21.7	21.6	20.9	20.1	17.6	13.8	10.9	17.4
元江	101°59′	23°36′	396.4	16.7	18.7	22.9	26	28.3	28.4	28.6	27.5	26.6	24	20.2	16.7	23.7
丽江	100°13′	26°52′	2393.2	5.9	7.5	10.3	13.4	16.6	17.7	18	17.2	16	13.2	9.2	6.3	12.6
宁蒗	100°51′	27°18′	2240.5	4.2	6.7	10.4	14.2	17.6	18.9	19.4	18.5	17	13.3	8.3	4.8	12.8
永胜	100°45′	26°41′	2130	6	8.4	11.4	14.6	18.4	19	19.1	18.2	17	13.9	9.5	6.1	13.5
华坪	101°16′	26°38′	1244.8	12	15.6	19.9	23.5	25.7	24.7	24.6	23.7	22.3	19.5	15.1	11.8	19.9
德钦	98°53′	28°27′	3485	-3.1	-2.3	0.3	3.8	7.8	10.6	11.7	11.4	9.8	6	1.5	-1.5	4.7
中甸	99°42′	27°50′	3276.1	-3.9	-1.5	1.7	5.1	9.5	12.5	13.2	12.5	11.2	6.4	0.9	-3.1	5.4
维西	99°17′	27°10′	2325.6	3.6	4.8	7.5	10.9	15	17.6	18.4	17.8	16.3	12.3	7.5	4.4	11.3
贡山	98°40′	27°45′	1591.3	7.6	8.4	11.2	14	18	20.3	21.3	21.3	19.7	15.8	11.2	8.1	14.7

（续）

站名	东经	北纬	海拔/m	各月平均气温												全年
				1月	2月	3月	4月	5月	6月	7月	8月	9月	10月	11月	12月	
福贡	98°52′	26°54′	1190.9	9.5	11.1	13.7	16.3	20.1	22.6	23.6	23.4	22.1	18.4	13.4	9.7	17
碧江	98°55′	26°32′	1927.8	7.6	8.3	10.8	13	16.7	18.6	19.3	19.3	18.3	15.2	11.1	8.3	13.9
兰坪	99°25′	26°25′	2344.9	3.4	5.3	8.3	11.6	15.2	17.3	17.9	17.3	16.1	12.4	7.3	4	11.3
泸水	98°49′	25°59′	1804.9	9.1	10.5	13.1	15.3	18.1	19	19.3	19.4	18.8	16.2	12.4	9.7	15.1
六库	98°51′	25°52′	910	13.2	15.8	18.8	21.9	23.8	24.6	24.8	24.6	23.8	20.1	17.1	14	20.2
剑川	99°55′	26°32′	2191.1	4.4	6.5	9.3	12.4	16.2	18.4	18.9	18.1	16.7	13.1	8.4	5	12.3
鹤庆	100°11′	26°35′	2197.2	6.4	8.4	11.3	14.5	18	19	19.2	18.3	16.9	13.9	9.7	6.7	13.6
洱源	99°58′	26°07′	2069	6.8	8.8	11.3	14.2	17.9	19.6	20	19	17.7	14.4	10.3	7.2	13.9
云龙	99°22′	25°54′	1664.9	5.1	7.2	10.4	13.8	17.2	19.2	19.8	19.1	17.3	14.3	8.9	5.7	13.2
永平	99°31′	25°28′	1616.4	8.2	10.4	13.5	16.9	20.2	21.4	21.4	21	19.9	17.1	12.3	8.7	15.9
漾濞	99°57′	25°41′	1626.1	8.7	11	14.2	17.3	20.6	21.4	21.4	20.8	19.9	16.9	12.5	9.1	16.2
大理	100°11′	25°42′	1990.5	8.4	10.3	13.1	15.7	18.7	19.9	20.1	19.2	18	15.1	11.5	8.5	14.9
宾川	100°34′	25°50′	1438.4	9.3	11.6	15	19.6	23.7	23.9	23.5	22.4	21.5	18.7	14	9.9	17.8
祥云	100°35′	25°29′	2002.9	8.1	9.9	12.7	16	19.1	19.7	19.7	18.9	17.8	15.1	11.1	8.4	14.7
弥渡	100°29′	25°21′	1659.6	8.9	10.8	14	18.1	21.3	21.7	21.6	20.7	19.5	16.8	12.5	9.3	16.3
巍山	100°17′	25°16′	1741.1	8	10.1	13.2	17	20.2	21.2	21.2	20.5	19.3	16.4	11.9	8.4	15.6
南涧	100°32′	25°03′	1381	11.9	14.4	17.8	20.7	23.4	23.8	23	22.2	19.4	15.2	12.2		19.0
下关	100°10′	25°35′	1997.2	8.9	10.8	13.7	16.5	19.1	19.6	19.7	19.3	18.4	15.8	12	9.3	15.3
永仁	101°40′	26°03′	1531.1	10.2	13.1	17	20.7	23.3	22.8	23	22	20.5	17.6	13.3	9.9	17.8
大姚	101°19′	25°43′	1878.1	8.9	11.2	14.6	17.6	20.2	20.5	20.6	19.6	18.3	15.7	11.5	8.8	15.7
元谋	101°52′	25°44′	1120.2	15	18.1	21.8	25.2	27	26.2	26.3	25.2	24.1	21.3	17.3	14.5	21.8
姚安	101°14′	25°32′	1873	7.9	10.1	13.4	17.2	20.2	20.5	20.5	19.5	18.1	15.6	11.4	8.2	15.2
南华	101°17′	25°11′	1856.6	7.6	9.9	13.2	16.5	19.5	20.2	20.2	19.2	17.9	15.3	10.9	7.7	14.8
牟定	101°31′	25°20′	1768.5	8.3	10.5	14	17.8	20.6	20.9	20.9	20	18.6	16	11.8	8.6	15.7
武定	102°25′	25°32′	1710.1	7.3	9.4	12.8	16.9	20.2	20.7	20.8	20.1	18.7	16	11.4	7.3	15.2
禄劝	102°26′	25°35′	1669.4	7.9	10.1	13.4	17.3	20.6	21.1	21	20.3	19	16.2	11.7	8.2	15.6
楚雄	101°32′	25°01′	1772	8.1	10.5	14.1	17.5	20.2	20.8	20.7	20	18.6	15.9	11.6	8.3	15.5
禄丰	102°04°	25°09′	1565.8	8.3	10.6	14.2	18.1	21.2	21.7	21.7	20.9	19.7	16.9	12.5	8.7	16.2
双柏	101°36′	24°41′	1968.1	8.6	10.8	14.7	17.4	19.1	19.2	19.2	18.6	17.4	14.8	11.3	8.3	15
景东	100°52′	24°28′	1162.3	11	13.6	16.9	20.1	22.7	23.3	23.3	22.8	21.7	19.1	15.1	11.5	18.4
镇沅	100°53′	23°53′	1247.5	11.7	14.2	17.7	20.4	22.6	22.9	22.7	22.3	21.5	19.1	15.4	12.2	18.6
景谷	100°42′	23°30′	913.2	13	15.6	19.4	22.1	24.4	24.6	24.5	24.1	23.4	21	17.2	13.6	20.2
墨江	101°43′	23°26′	1281.9	11.5	13.6	16.9	19.5	21.7	22	22.1	21.6	20.7	18.4	14.8	11.9	17.9
普洱	101°03′	23°02′	1320	12.1	14	17.4	19.7	21.4	21.9	21.9	21.6	21	18.9	15.5	12.5	18.2
思茅	100°58′	22°47′	1302.1	11.6	13.5	16.8	19.4	21.4	21.7	21.7	21.3	20.6	18.6	15.2	12.3	17.8
江城	101°51′	22°35′	1119.5	12.1	13.6	16.8	19.5	21.6	22.2	22.2	21.8	20.9	18.9	15.6	12.8	18.2
西盟	99°27′	22°44′	1897.9	10.3	12.5	15.7	17.5	17.9	17.7	17.5	17.6	17.4	15.8	13	10.7	15.3
澜沧	99°56′	22°34′	1054.8	12.6	14.5	17.8	20.7	22.7	23.1	22.8	22.6	22.1	20.1	16.6	13.4	19.1
孟连	99°37′	22°20′	950	13.2	14.9	18.3	21.4	23.4	23.7	23.4	23.1	22.6	20.7	17.3	14	19.7

（续）

站名	东经	北纬	海拔/m	各月平均气温												全年
				1月	2月	3月	4月	5月	6月	7月	8月	9月	10月	11月	12月	
景洪	100°48′	22°00′	552.7	15.7	17.8	21.1	24.1	25.6	25.5	25.4	24.9	24.4	22.5	19.3	16.3	21.9
勐海	100°25′	21°55′	1176.3	11.9	13.8	17.2	20.1	22	22.4	22.2	21.8	20.9	18.8	15.5	12.4	18.2
大勐龙	100°40′	21°35′	626.6	15.3	17.3	20.3	23.2	24.8	25.1	25.1	24.5	23.7	21.8	18.7	15.5	21.3
勐腊	101°34′	21°29′	631.9	15.3	16.9	19.7	22.6	24.4	24.7	24.6	24.3	23.8	21.9	18.8	15.8	21.1
凤庆	99°54′	24°36′	1587.8	10.3	12.3	15.3	17.7	20.2	20.8	20.8	20.6	19.6	17.1	13.5	10.5	16.6
云县	100°08′	24°27′	1108.6	12.4	15	18.3	21.2	23.8	24.1	23.9	23.6	22.9	20.1	16.1	12.5	19.5
临沧	100°05′	23°53′	1502.4	10.8	13.1	16.3	18.8	20.8	21.3	21.3	21.1	20.3	18	14.4	11.2	17.3
永德	99°14′	24°02′	1606.2	11.8	14	17.4	19.4	20.6	20.6	20.5	20.4	20	17.8	14.6	12	17.4
镇康	98°58′	24°04′	1008.1	11.8	13.9	17.5	20.4	22.5	23.1	23		22.5	20	16.1	12.5	18.9
耿马	99°24′	23°33′	1104.4	11.7	14	17.8	20.8	22.9	23.3	23.1	22.9	22.2	19.6	15.7	12.1	18.8
孟定	99°05′	23°34′	511.4	14.3	16.4	20.3	23.3	25.7	25.9	25.6	25.5	25.1	22.8	18.9	15.2	21.6
沧源	99°16′	23°09′	1278.3	10.8	12.5	16	18.9	21.1	21.7	21.4	21.3	20.7	18.5	15	11.7	17.5
双江	99°48′	23°28′	1044.1	12.6	14.9	18.5	21.2	23.6	23.8	23.8	23.5	22.8	20.5	16.5	12.9	19.6
腾冲	98°30′	25°01′	1647.8	7.6	9.4	12.7	15.6	18.1	19.5	19.6	19.8	19.1	16.3	12	8.5	14.9
保山	99°10′	25°07′	1653.5	8.1	10	12.9	16	19.5	20.9	20.9	20.5	19.5	16.9	12.5	8.8	15.6
潞江坝	98°53′	24°58′	704.4	14.1	17	20.6	23.3	25.9	26.3	26.4	25.9	25.1	21.8	17.3	13.9	21.5
施甸	99°11′	24°44′	1468.2	9.9	12.1	15.6	18.4	21.2	21.9	21.7	21.5	20.6	18.1	14.1	10.4	17.1
昌宁	99°37′	24°50′	1659.3	7.3	9.2	12.4	15.4	18.6	20.3	20.4	20.2	19.2	16.2	11.9	8.2	15.0
龙陵	98°41′	24°36′	1527.1	7.4	9.3	12.5	15.6	18.5	19.9	19.9	20	19.4	16.5	12.1	8.4	15.0
盈江	97°57′	24°42′	826.7	11.7	13.9	17.7	21.3	23.3	24	23.9	23.8	23.5	20.6	16.2	12.4	19.4
梁河	98°18′	24°49′	1012.9	11	13.2	16.8	19.8	21.9	22.9	22.9	23	22.5	19.9	15.4	11.8	18.4
潞西	98°35′	24°26′	913.8	12.1	14.2	17.9	21.1	23.3	23.9	23.8	23.8	23.4	20.8	16.7	12.9	19.5
陇川	97°57′	24°22′	966.7	11.4	13.7	17.5	20.8	22.7	23.4	23.4	23.1	22.8	20.2	15.9	12.2	18.9
瑞丽	97°51′	24°01′	775.6	12.6	15.1	18.9	22.1	23.8	24.2	24.2	24.1	23.7	21.3	17.4	13.4	20.1

附录 B:松材线虫病及媒介昆虫适生性多元统计分析数据及分析结果

表 B-1　空间模拟气象因子多元统计分析数据

站名	年均温	6~8月均温	纬度 N_DD	经度 E_DD	海拔 ELEV	坡向指数			沟谷指数 CUV1	坡形指数 IND1	T≥10.8℃积温	沟谷指数的平方 cuv²	海拔的平方根 elev²
						SLP	ASPECT	SLOPE					
昆明	14.50	19.33	25.0167	102.683300	1891.50	0.0000	60	0	53	100	4490	385.8458	43.49138
富民	15.80	20.87	25.2333	102.500000	1692.20	0.0025	60	0	59	100	4996	453.1876	41.13636
安宁	14.70	19.77	24.9333	102.483300	1848.00	0.0000	60	0	53	100	4571	385.8458	42.98837
晋宁	14.70	19.27	24.6833	102.616700	1891.40	0.0000	60	0	53	100	4533	385.8458	43.49023
呈贡	14.70	19.47	24.8833	102.800000	1906.60	0.0000	60	0	53	100	4506	385.8458	43.66463
太华山	12.20	16.23	24.9500	102.616700	2358.30	8.4976	85	5	45	104	3267	301.8692	48.56233
绥江	17.90	25.63	28.6000	103.950000	413.10	1.7041	60	0	167	100	5778	2158.116	20.32486
永善	16.50	24.27	28.2333	103.633300	877.20	13.8298	46	8	123	93	5165	1364.136	29.61756
盐津	17.00	25.13	28.0667	104.250000	595.80	19.4486	91	17	120	119	5370	1314.534	24.40901

(续)

| 站名 | 年均温 | 6~8月均温 | 纬度 N_DD | 经度 E_DD | 海拔 ELEV | 坡向指数 | | | 沟谷指数 CUV1 | 坡形指数 IND1 | T≥10.8℃积温 | 沟谷指数的平方 cuv² | 海拔的平方根 elev² |
						SLP	ASPECT	SLOPE					
威信	13.30	21.47	27.8500	105.050000	1172.50	3.9791	63	1	83	83	3957	756.166	34.24179
镇雄	11.40	19.23	27.4333	104.866700	1666.70	5.9144	81	3	62	86	3208	488.1885	40.82524
大关	15.00	22.90	27.7667	103.883300	1065.50	5.0883	44	2	101	45	4605	1015.037	32.642
彝良	17.00	24.47	27.6333	104.050000	880.40	16.0294	56	8	106	76	5367	1091.337	29.67154
昭通	11.50	18.67	27.3500	103.716700	1949.50	0.0000	60	0	50	100	3217	353.5534	44.15314
大山包	6.20	11.67	27.4333	103.283300	3119.60	5.5616	33	2	32	98	1018	181.0193	55.85338
鲁甸	12.20	19.17	27.1833	103.550000	1950.00	0.0001	60	0	50	100	3417	353.5534	44.1588
巧家	21.10	26.57	26.9167	102.916700	840.70	8.8753	76	4	123	105	7299	1364.136	28.99483
新村	20.20	24.43	26.1000	103.166700	1254.10	3.8827	89	1	83	93	6704	756.166	35.41327
汤丹	13.10	17.70	26.1833	103.066700	2251.00	29.8049	26	13	46	171	3519	311.9872	47.4447
落雪	7.00	11.30	26.2333	103.000000	3227.70	37.7812	23	12	32	126	747	181.0193	56.81285
者海	12.80	18.60	26.5667	103.616700	2075.20	4.8553	75	1	48	93	3605	332.5538	45.55436
会泽	12.70	18.37	26.4167	103.283300	2109.50	0.8481	60	0	45	98	3540	301.8692	45.92929
宣威	13.30	18.80	26.2167	104.083300	1983.50	0.0395	60	0	50	100	3822	353.5534	44.5365
沾益	14.40	19.37	25.5833	103.833300	1898.70	0.0000	60	0	53	100	4414	385.8458	43.57407
寻甸	14.50	19.57	25.5500	103.266700	1872.90	0.0000	60	0	53	100	4357	385.8458	43.27701
嵩明	14.00	19.30	25.3333	103.033300	1919.70	1.6081	39	0	52	99	4175	374.9773	43.81438
马龙	13.60	18.33	25.4167	103.550000	2036.80	0.2006	60	0	48	100	3900	332.5538	45.13092
富源	13.80	19.23	25.6667	104.250000	1852.00	2.1413	0	5	55	92	4022	407.8909	43.0348
罗平	15.10	20.77	24.8833	104.316700	1482.70	23.1394	60	0	67	100	4538	548.4186	38.5058
师宗	13.80	19.03	24.8333	103.983300	1844.20	1.0318	50	0	53	97	4000	385.8458	42.9441
陆良	14.70	19.73	25.0333	103.666700	1840.20	0.0115	60	0	54	100	4494	396.8173	42.8975
路南	15.60	20.33	24.7333	103.266700	1679.80	0.0000	60	0	59	100	4858	453.1876	40.9853
宜良	16.30	21.40	24.9167	103.166700	1532.10	0.0282	60	0	63	100	5205	500.047	39.1420
邱北	16.30	21.13	24.0500	104.183300	1451.50	0.2369	60	0	67	100	5032	548.4186	38.0985
广南	16.70	22.03	24.0667	105.066700	1249.60	2.0481	95	1	78	100	5147	588.8773	35.34963
富宁	19.30	24.90	23.6500	105.633300	685.80	18.5474	90	14	93	144	6437	896.8595	26.18773
砚山	16.10	20.70	23.6167	104.333300	1561.10	0.0000	60	0	53	100	4878	500.047	39.51075
西畴	15.90	20.80	23.4500	104.683300	1473.50	5.0393	82	2	54	93	4864	512	38.3862
文山	17.80	22.23	23.3833	104.250000	1271.60	12.0379	89	4	75	86	5780	649.5191	35.6595
马关	16.90	21.53	23.0333	104.416700	1332.90	12.8302	94	9	57	125	5317	548.4186	36.5089
麻栗坡	17.60	22.63	23.1333	104.700000	1094.40	2.3559	87	0	89	84	5712	839.6243	33.08172
弥勒	17.40	22.03	24.4000	103.450000	1415.20	12.3738	85	1	69	100	5622	573.157	37.61914
泸西	15.10	20.17	24.5333	103.766700	1704.30	9.1399	98	6	57	104	4639	430.3406	41.28317
石屏	18.00	21.97	23.7000	102.483300	1418.60	0.0195	60	0	67	100	6132	548.4186	37.66431
建水	18.50	22.60	23.6167	102.833300	1308.80	0.0000	60	0	71	100	6270	598.2566	36.1774
开远	19.70	24.03	23.7000	103.250000	1050.90	0.1031	60	0	91	100	6868	868.0847	32.41759
个旧	15.90	19.83	23.3833	103.150000	1692.10	0.2232	25	1	56	93	4885	419.0656	41.13514
蒙自	18.60	22.53	23.3833	103.383300	1300.70	0.0000	60	0	77	100	6255	675.6723	36.06522

（续）

站名	年均温	6~8月均温	纬度N_DD	经度E_DD	海拔ELEV	坡向指数			沟谷指数CUV1	坡形指数IND1	T≥10.8℃积温	沟谷指数的平方cuv²	海拔的平方根elev²
						SLP	ASPECT	SLOPE					
红河	20.30	24.33	23.3667	102.433300	974.50	11.5548	9	5	133	111	7108	1533.831	31.21698
元阳	16.40	20.40	23.1667	102.750000	1542.60	7.6867	50	4	71	131	5102	598.2566	39.27595
绿春	16.60	19.73	23.0000	102.416700	1642.80	22.6209	98	14	61	49	5475	476.4252	40.53147
金平	17.80	2.0军[.33	22.7833	103.233300	1260.00	11.4096	71	7	75	101	5943	649.5191	35.49648
屏边	16.50	21.33	22.9833	103.683300	1414.10	12.7003	13	8	70	113	5139	585.662	37.60452
河口	22.60	27.43	22.5000	103.950000	136.70	0.0077	60	0	53	100	8246	385.8458	11.69188
易门	15.90	21.10	24.6667	102.166700	1575.40	1.3983	14	0	63	96	5072	500.047	39.69131
玉溪	15.70	20.53	24.3500	102.550000	1636.80	27.6936	60	0	59	100	5105	453.1876	40.45738
澄江	15.60	20.20	24.6667	102.900000	1746.20	0.0000	60	0	56	100	4907	419.0656	41.78756
江川	15.60	20.27	24.2833	102.766700	1730.70	31.4087	60	0	56	100	4946	419.0656	41.60168
华宁	15.70	20.70	24.2000	102.916700	1608.40	3.5389	50	1	59	102	4989	453.1876	40.10486
通海	15.60	19.73	24.1167	102.750000	1806.00	6.9873	18	4	54	99	4910	396.8173	42.49706
峨山	15.90	20.83	24.1833	102.400000	1538.70	0.3132	60	0	63	96	5116	500.047	39.22627
新平	17.40	21.40	24.0667	101.966700	1497.20	3.2679	53	2	66	89	5723	536.1865	38.69367
元江	23.70	28.17	23.6000	101.983300	396.40	1.2565	60	0	167	100	8709	2158.116	19.9098
丽江	12.60	17.63	26.8667	100.216700	2393.20	0.0000	60	0	42	100	3519	272.1911	48.92034
宁蒗	12.80	18.93	27.3000	100.850000	2240.50	1.0940	38	0	43	98	3782	281.9699	47.33392
永胜	13.50	18.77	26.6833	100.750000	2130.00	24.8657	25	0	45	102	3992	301.8692	46.15192
华坪	19.90	24.33	26.6333	101.266700	1244.80	6.5476	97	4	82	86	7108	742.5416	35.28172
德钦	4.70	11.23	28.4500	98.883300	3485.00	46.7184	36	30	30	100	687	164.3168	59.03389
中甸	5.40	12.73	27.8333	99.700000	3276.10	0.9768	60	0	30	100	1388	164.3168	57.23723
维西	11.30	17.93	27.1667	99.283300	2325.60	11.9743	0	4	42	100	3092	272.1911	48.22448
贡山	14.70	20.97	27.7500	98.666700	1591.30	11.6663	76	5	65	25	4329	524.0468	39.8911
福贡	17.00	23.20	26.9000	98.866700	1190.90	18.5724	62	11	79	58	5454	702.1674	34.50942
碧江	13.90	19.07	26.5333	98.916700	1927.80	30.3744	80	15	64	26	3902	512	43.90672
兰坪	11.30	17.50	26.4167	99.416700	2344.90	24.6248	70	13	40	104	3173	252.9822	48.42417
泸水	15.10	19.23	25.9833	98.816700	1804.90	16.4955	31	9	57	135	4738	430.3406	42.48411
六库	20.20	24.67	25.8667	98.850000	910.00	1.6578	89	10	114	73	7375	1217.187	30.16621
剑川	12.30	18.47	26.5333	99.916700	2191.10	0.0055	60	0	45	100	3484	301.8692	46.80919
鹤庆	13.60	18.83	26.5833	100.183300	2197.20	0.0000	60	0	45	100	4004	301.8692	46.8743
洱源	13.90	19.53	26.1167	99.966700	2069.00	0.0000	60	0	48	100	4108	332.5538	45.48626
云龙	13.20	19.50	25.9000	99.366700	1664.90	15.3107	96	6	57	71	3942	430.3406	40.80319
永平	15.90	21.27	25.4667	99.516700	1616.40	6.2315	51	2	61	88	5092	476.4252	40.20448
漾濞	16.20	21.20	25.6833	99.950000	1626.10	0.9839	75	0	63	98	5259	500.047	40.32493
大理	14.90	19.73	25.7000	100.183300	1990.50	0.0000	75	0	50	100	4661	353.5534	44.61502
宾川	17.80	23.27	25.8333	100.566700	1438.40	0.0000	60	0	67	100	5920	548.4186	37.92624
祥云	14.70	19.43	25.4833	100.583300	2002.90	0.0000	60	0	50	100	4483	353.5534	44.75377
弥渡	16.30	21.33	25.3500	100.483330	1659.60	0.0048	60	0	59	100	5202	453.1876	40.73819
巍山	15.60	20.97	25.2667	100.283330	1741.10	4.1233	86	2	58	100	4902	441.7148	41.72649

（续）

站名	年均温	6~8月均温	纬度 N_DD	经度 E_DD	海拔 ELEV	坡向指数			沟谷指数 CUV1	坡形指数 IND1	T≥10.8℃ 积温	沟谷指数的平方 cuv²	海拔的平方根 elev²
						SLP	ASPECT	SLOPE					
南涧	19.00	23.53	25.0500	100.583300	1381.00	25.8601	16	17	59	135	6843	453.1876	37.1615
下关	15.30	19.53	25.5833	100.166670	1997.20	40.4900	86	19	41	88	4865	262.5281	44.6904
永仁	17.80	22.60	26.0500	100.716700	1531.10	20.9297	14	14	37	107	5888	225.0622	39.1297
大姚	15.70	20.23	25.7167	101.316670	1878.10	6.2751	6	3	52	100	4875	374.9773	43.3375
元谋	21.80	25.90	25.7333	101.866670	1120.20	16.9737	79	1	90	98	7996	853.815	33.4693
姚安	15.20	20.17	25.5333	101.233330	1873.00	0.0000	60	0	53	100	4784	385.8458	43.2787
南华	14.80	19.87	25.1833	101.283330	1856.60	0.0000	60	0	53	100	4591	385.8458	43.0828
牟定	15.70	20.60	25.3333	101.516670	1768.50	1.0697	60	0	56	98	4928	419.0656	42.0534
武定	15.20	20.53	25.5333	102.416670	1710.10	4.7754	39	1	56	104	4709	419.0656	41.3536
禄劝	15.60	20.83	25.5833	102.433330	1669.40	4.7515	24	5	53	91	4848	385.8458	40.8582
楚雄	15.50	20.50	25.0167	101.533330	1772.00	5.8071	25	2	53	103	4941	385.8458	42.0951
禄丰	16.20	21.43	25.1500	102.066670	1565.80	0.4121	60	0	63	100	5201	500.047	39.5701
双柏	15.00	19.00	24.6833	101.600000	1968.10	6.7391	7	2	52	93	4656	374.9773	44.3632
景东	18.40	23.13	24.4667	100.866670	1162.30	14.7510	91	6	69	94	6443	573.157	34.0925
镇沅	18.60	22.63	23.8833	100.883330	1247.50	9.0884	94	4	78	92	6651	688.8773	35.3159
景谷	20.20	24.40	23.5000	100.700000	913.20	2.9604	73	1	102	92	7359	1030.15	30.2192
墨江	17.90	21.97	23.4333	101.716670	1281.90	2.0089	67	1	65	123	6303	524.0468	35.8063
普洱	18.20	21.80	23.0333	101.050000	1320.00	0.0452	89	0	71	100	6573	598.2566	36.331
思茅	17.80	21.57	22.7833	100.966670	1302.10	0.0566	60	0	77	100	6296	675.6723	36.0846
江城	18.20	22.07	22.5833	101.850000	1119.50	1.6779	8	1	83	91	6412	756.166	33.4593
西盟	15.30	17.60	22.7333	99.450000	1897.90	18.3906	52	11	51	122	5207	364.2128	43.5649
澜沧	19.10	22.83	22.5667	99.933330	1054.80	0.0816	60	0	91	100	6894	868.0847	32.4768
孟连	19.70	23.40	22.3333	99.616670	950.00	4.6052	54	0	100	88	7153	1000	30.8207
景洪	21.90	25.27	22.0000	100.800000	552.70	0.0000	60	0	167	100	7950	2158.116	23.5057
勐海	18.20	22.13	21.9167	100.416670	1176.30	9.3907	17	5	76	94	6533	662.5526	34.2923
大勐龙	21.30	24.90	21.5833	100.666670	626.60	0.0000	60	0	143	100	7743	1710.031	25.0398
勐腊	21.10	24.53	21.4833	101.566670	631.90	0.0000	60	0	143	100	7653	1710.031	25.1362
凤庆	16.60	20.73	24.6000	99.900000	1587.80	11.3563	5	6	60	91	5594	464.758	39.8421
云县	19.50	23.87	24.4500	100.133330	1108.60	17.5279	76	1	90	94	6679	853.815	33.2965
临沧	17.30	21.23	23.8833	100.083330	1502.40	0.6679	60	0	67	100	6081	548.4186	38.7608
永德	17.40	20.50	24.0333	99.233330	1606.20	35.4750	31	20	47	94	6269	322.2158	40.0743
镇康	18.90	23.10	24.0667	98.966670	1008.40	1.6388	75	0	91	100	6813	868.0847	31.7531
耿马	18.80	23.10	23.5500	99.400000	1104.40	0.0125	60	0	91	100	6723	868.0847	33.2351
孟定	21.60	25.67	23.5667	99.083330	511.40	0.0001	60	0	167	100	7875	2158.116	22.6145
沧源	17.50	21.47	23.1500	99.266670	1278.30	6.5557	68	3	76	92	6100	662.5526	35.7532
双江	19.60	23.80	23.4667	99.800000	1044.10	5.6952	73	2	95	94	7109	925.9455	32.3124
腾冲	14.90	19.63	25.0167	98.500000	1647.80	0.0588	60	0	59	100	4665	453.1876	40.5931
保山	15.60	20.77	25.1167	99.166670	1653.50	0.0193	60	0	59	100	4929	453.1875	40.6625
潞江坝	21.50	26.20	24.9667	98.883330	704.40	5.6596	18	0	142	87	7800	1692.125	26.5454

（续）

站名	年均温	6～8月均温	纬度 N_DD	经度 E_DD	海拔 ELEV	坡向指数			沟谷指数 CUV1	坡形指数 IND1	T≥10.8℃积温	沟谷指数的平方 cuv²	海拔的平方根 elev²
						SLP	ASPECT	SLOPE					
施甸	17.10	21.70	24.7333	99.183330	1468.20	0.6980	60	0	67	100	5799	548.4186	38.3171
昌宁	15.00	20.30	24.8333	99.616670	1659.30	0.0000	60	0	59	100	4663	453.1876	40.73451
龙陵	15.00	19.93	24.6000	98.683330	1527.10	0.3179	60	0	63	100	4696	500.047	39.07813
盈江	19.40	23.90	24.7000	97.950000	826.70	0.0000	60	0	111	100	6975	1169.458	28.75239
梁河	18.40	22.93	24.8167	98.300000	1012.90	0.0502	60	0	91	100	6535	868.0847	31.82609
潞西	19.50	23.83	24.4333	98.583330	913.80	6.3700	61	2	106	102	7108	1091.337	30.22913
陇川	18.90	23.37	24.3667	97.950000	966.70	0.0000	60	0	100	102	6757	1000	31.0918
瑞丽	20.10	24.23	24.0167	97.850000	775.60	0.0000	60	0	125	100	7309	1397.542	27.8496

SPSS 统计软件包多元回归分析结果

1.6～8月均温空间分布模型与显著性检验

将134个台站的气象观测数据与空间采样得到的环境梯度数据作为样本数据集，调入 SPSS 统计软件包中，进行逐步回归分析，得到回归模型。

复相关系数 $R = 0.969$。

	Sum of Squares	Mean Square	F
Regression	975.425	162.571	325.008
Residual	63.026	0.500	
Total	1038.451		

F 统计量为325.008，按90%的可靠性查 F 检验的临界值表，分别得到模型的临界值为1.83，小于325.008，所以回归模型通过正确性检验。

回归系数与 T 统计量的见下表：

	Unstandardized Coefficients		Standardized Coefficients	T 统计量
常数项	32.354	3.477		9.305
N_DD	0.213	0.048	0.117	4.460
E_DD	$-7.282E-02$	0.033	-0.051	-2.220
ELEV	$-5.703E-03$	0.000	-1.129	-22.253
ASPECT	$-3.572E-04$	0.003	-0.003	-0.126
CUV1	$-1.219E-02$	0.004	-0.126	-2.731
IND1	$5.160E-03$	0.004	0.030	1.293

对每个回归系数进行相关性检验，皆满足 $t > t_0$。各个回归变量作用显著。

回归模型为：$Y6～8$月均温 $= 32.354 + 0.213 \times N\_DD - 7.282E-0.2 \times E\_DD - 5.703E-0.3 \times ELEV - 3.572E-0.4 \times ASPECT - 1.219E-0.2 \times CUV1 + 5.160E-0.3 \times IND1$

分别将6个栅格地图北纬 N_DD、东经 E_DD、高程 ELEV、坡向指数 ASPECT、沟谷指数 CUV1、坡型指数 IND1 代入回归方程进行计算，得到云南6～8月的均温分布模拟图（见图4-12）。

2. 年均温空间分布模型与显著性检验

复相关系数 R 为0.956

	Sum of Squares	Df	Mean Square	F

Regression	1119.393	3	373.131	235.060
Residual	206.360	130	1.587	
Total	1325.753	133		

F 统计量为235,小于 F 检验临界值2.14,回归方程成立。

Coefficients

		Unstandardized Coefficients		Standardized Coefficients	t	Sig.
3	（Constant）	45.943	1.939		22.152	0.0003
	N_DD	−0.536	0.079	−0.263	−6.745	0.000
	CUV2	−2.565E−04	0.000	−0.034	−0.546	0.586
	ELEV2	−0.344	0.028	−0.804	−12.084	0.000

T 统计量小于临界值,每个变量作用明显。

回归方程为:y 年均温 $= 45.943 - 0.536 \times N\_DD - 2.565E - 04 \times CUV2 - 0.344 \times ELEV2$

分别将3个栅格地图北纬 N_DD、沟谷指数 CUV、高程代入回归方程进行计算,得到云南年均温分布模拟图。见(图4-13)。

3. $T \geqslant 10.8℃$ 积温的空间分布模型与显著性检验

模型相关系数表

R	R Square	Adjusted R Square	Std. Error of the Estimate
0.939	0.881	0.877	513.31

复相关系数 $R = 0.939$

回归系数与 T 统计量表

	Unstandardized Coefficients B	Std. Error	Standardized Coefficients Beta	t	Sig.
（Constant）	30149.118	2719.000		11.088	0.000
N_DD	−251.881	32.598	−0.267	−7.727	0.000
E_DD	−144.832	23.196	−0.193	−6.244	0.000
CUV1	49.563	17.923	0.984	2.765	0.007
CUV2	−3.292	1.138	−.941	−2.892	0.005
ELEV2	−138.030	14.033	−0.697	−9.836	0.000

回归方程为:$T \geqslant 10.8℃$ 积温 $Yj1 = 30149.12 - 251.881 \times N\_DD - 144.832 \times E\_DD + 49.536 \times cuv1 - 3.292 \times cuv2 - 138.03 \times pow(dem\_dd, 0.5)$

分别将3个栅格地图纬度、经度、地形指数、高程代入上面回归方程,得到云南年均温分布模拟图。见(图4-14)

附录 C:寄主易感情况表

表 C-1 寄主易感情况

属 名	松属树种	拉丁学名	自然条件下感病情况		人工接种下感病情况		易感指数
			感病程度	论述次数	感病程度	论述次数	
松属植物(72种,平均易感指数:0.74)	日本黑松	*Pinus thunbergii* Parl.	感病	7	感病	2	0.92
			高度感病	5			
	马尾松	*P. massoniana* Lamb.	感病	6	感病	1	0.52
			较抗病	2	较抗病	1	
			抗病	4	抗病	1	
			高度抗病	1	高度抗病	1	
	火炬松	*P. taeda* Linn.	感病	4			0.42
			较抗病	2			
			抗病	5	抗病	1	
			高度抗病	1	高度抗病	2	
	华山松	*P. armandii* Franch.	感病	2	感病	6	0.78
			较易感	1	抗病	1	
	刚松(坚叶松)	*P. rigida* Mill.	感病	3			0.51
			较抗病	1	抗病	1	
			抗病	2	高度抗病	1	
	湿地松	*P. elliottii* Engelm.	感病	6	感病	2	0.61
			较抗病	2	较抗病	1	
			抗病	3	抗病	1	
	华南五针松	*P. kwangtungensis* Chun ex Tsiang	感病	2	感病	4	0.83
	奄美岛松	*P. amamiana* Kcidzumi	感病	1			0.9
	台湾果松	*P. armandii var. mastersiana* (Hayata) Hayata	感病	1			0.9
	美国短叶松(班克松,北美短叶松)	*P. banksiana* Lamb.	感病	3			0.38
			较抗病	2			
			抗病	3	抗病	1	
			高度抗病	3			
	白皮松	*P. bungeana* Zucc. ex Endl.	感病	5	感病	2	0.6
			较易感	1			
			抗病	4			
			高度抗病	1			
	加勒比松	*P. caribaea* Morelet	感病	3			0.62
			抗病	2			
	瑞士五针松(瑞士石松)	*P. cembra* Linn.	感病	2			0.9
	美国沙松	*P. clausa* Sarg.	感病	3			0.62
			较抗病	1			
			高度抗病	1			
	小干松(扭叶松,山地松)	*P. contorta* Loud.	感病	1	感病	3	0.6
			较抗病	1			
			抗病	2			
	日本赤松	*P. densiflora* Sieb. et Zucc.	感病	8	感病	3	0.91
			高度感病	4			
	千头赤松	*P. densiflora var. umberaclifora*	感病	2			0.9
	短叶松(萌芽松)	*P. echinata* Mill.	感病	3			0.58
			抗病	1	高度抗病	2	
	恩氏松(大叶松)	*P. englmannii* Carr.	感病	6			0.9
	硬枝展松	*P. greggii* Engelm.	感病	3			0.9
	阿勒颇松(地中海松)	*P. halepensis* Mill.	感病	3			0.62
			抗病	2			
	卡西亚松	*P. kesiya* Royle ex Gordn.	感病	1			0.9

（续）

属名	松属树种	拉丁学名	自然条件下感病情况		人工接种下感病情况		易感指数
			感病程度	论述次数	感病程度	论述次数	
松属植物（72种，平均易感指数:0.74）	光叶松	P. leiophylle Schlecht & Cham	感病	6			0.91
			高度感病	1			
	琉球松	P. luchuensis Mayr	感病	8			0.93
			高度感病	3			
	米却肯松	P. michoacana Martinez	感病	4			0.92
			高度感病	1			
	欧洲山松（中欧山松）	P. mugo Turra	感病	4			0.92
			高度感病	1			
	加州沼松	P. muricata D. Don	感病	6			0.91
			高度感病	1			
	小干松变种	P. murrayana（Grebille & JH Balfour）Critchfield	感病	1			0.9
	欧洲黑松（南欧黑松）	P. nigra Arnold	感病	6			0.93
			高度感病	2			
	卵果松	P. oocarpa Schiede	感病	7			0.9
	日本五针松	P. parviflora Sieb. &Zucc.	感病	4			0.9
	美国长叶松（大王松）	P. palustris Mill.	感病	4			0.59
			抗病	2			
			高度抗病	1			
	展叶松	P. patula Schlecht. et Cham.	感病	1			0.6
			较抗病	1			
	海岸松	P. pinaster Ait.	感病	6			0.91
			高度感病	1			
	西黄松（美国黄松）	P. ponderosa Dougl. et Laws.	感病	7	感病	1	0.89
	拟北美乔松	P. pseudostrobus Lindl.	感病	4			0.9
	辐射松	P. radiata D. Don	感病	7			0.9
	美加红松（树脂松，多脂松）	P. resinosa Ait.	感病	3	感病	1	0.76
			较抗病	1			
	野松（粗糙松）	P. rudis Endl.	感病	6			0.9
	北美乔松（美国五针松）	P. strobus Linn.	感病	3	感病	1	0.56
			较抗病	2			
			抗病	2			
	墨西哥白松	P. strobus var. chiapensis Martinez	感病	1			0.9
	欧洲赤松	P. sylvestris Linn.	感病	6	感病	1	0.9
			高度感病	1			
	黄山松（台湾二针松）	P. taiwanensis Hayata	感病	3	感病	2	0.64
			较易感	1	较抗病	2	
			抗病	1	抗病	1	
					高度抗病	1	
	黄松	P. thunbergii × P. massoniana	感病	4			0.68
			较抗病	1			
			抗病	1			
	北美二针松（矮松）	P. virginiana Mill.	感病	4			0.7
			高度抗病	1			
	卡西松	P. kesiya	感病	2			0.9
	蒙大纳松	P. montana	感病	2			0.9
	大果松	P. coulteri	较抗病	1			0.3
	海南五针松（粤松）	P. fenzeliana Hand. – Mzt.			感病	6	0.7
					较易感	1	
	柔松（大枝松）	P. flexilis James			感病	3	0.8
	光松	P. glabra Walt.			感病	3	0.8

（续）

属名	松属树种	拉丁学名	自然条件下感病情况		人工接种下感病情况		易感指数
			感病程度	论述次数	感病程度	论述次数	
松属植物（72种，平均易感指数：0.74）	乔松	*P. griffithii* McClelland			感病	5	0.68
					较易感	1	
					较抗病	2	
					抗病	1	
	约弗松（黑材松）	*P. jeffreyi* A. Murr.			感病	3	0.68
					高度抗病	1	
	东北红松（朝鲜五针松）	*P. koraiensis* Sieb. et Zucc.			感病	7	0.81
					高度感病	1	
	糖松	*P. lambertiana* Dougl.			感病	3	0.8
	山白松（西部白松，加州山松）	*P. monticola* Lamb.			感病	7	0.8
	台湾五针松	*P. morrisonicola* Hayata			感病	4	0.74
					较抗病	1	
	日本五须松（五叶松）	*P. pentaphylla* Mayr.			感病	2	0.8
	刺针松（辛松，台湾松）	*P. pungens* Lamb.			感病	3	0.57
					较抗病	1	
					抗病	2	
					高度抗病	1	
	云南松	*P. yunnanensis* Franch.			感病	8	0.79
					较易感	1	
	思茅松	*P. khasya*	感病	1	感病	1	0.85
	晚松	*P. serotina* Michx.			感病	3	0.73
					较抗病	1	
	类球松（类球果松，中美白松）	*P. strobiformis* Engelm.			感病	5	0.8
	樟子松	*P. sylvestris var. mongolica* Litvin.			感病	5	0.74
					较易感	1	
					较抗病	1	
	油松	*P. tabulaeformis* Carr.			感病	5	0.63
					较抗病	1	
					抗病	3	
	意大利五针松（意大利伞松）	*P. pinea*			感病	1	0.85
					高度感病	1	
	中文名不详	*P. hinekomatus*			感病	1	0.8
	北美油松	*P. rigida*			抗病	1	0.4
	北美赤松	*P. resinosa*			抗病	2	0.4
	土耳其松	*P. burtia*			抗病	3	0.4
	北美白松	*P. strobus*			高度抗病	1	0.3
	高松	*P. excelsa*			抗病	1	0.4
冷杉属（7种，平均易感指数：0.81）	胶枞（香脂冷杉）	*Abies balsamea*（L.）Mill.	感病	4	感病	1	0.88
	平泽银枞	*A. amabilis*（Dougl.）Forb.			感病	1	0.8
	日本冷杉	*A. firma* Sieb. et Zucc.			感病	2	0.8
	巨冷杉	*A. grandis* Lindl.			感病	2	0.8
	日光冷杉	*A. homolepis* Sieb. et Zucc.			感病	2	0.8
	太平洋银枞	*A. amabilis*（Dougl. ex Loud.）Forb.			感病	1	0.8
	库页冷杉（萨哈林冷杉）	*A. sachalinensis* Mast.			感病	3	0.8
雪松属（2种，平均易感指数：0.85）	北非雪松（大西洋雪松）	*Cedrus atlantica* Manetti	感病	4			0.9
	雪松	*C. deodara*（Roxb.）Loud.	感病	4	抗病	1	0.8

（续）

属名	松属树种	拉丁学名	自然条件下感病情况		人工接种下感病情况		易感指数
			感病程度	论述次数	感病程度	论述次数	
落叶松属（5种,平均易感指数:0.83）	欧洲落叶松	*Larix decidua* Mill .	感病	4			0.9
	日本落叶松	*L. kaempferi*（Lamb.）Carr.			感病	3	0.8
	西方落叶松	*L. occidentalis* Nuttall			感病	2	0.8
	美洲落叶松（美加落叶松）	*L. laricina* K. Koch			感病	1	0.8
云杉属（10种,平均易感指数:0.86）	挪威云杉	*Picea abies*（L.）Karst.	感病	1			0.9
	加拿大云杉	*P. canadensis*（Mill.）Britton,Sterns&Poggenb.	感病	3			0.9
	欧洲云杉	*P. excelsa*（Lam.）Link	感病	4			0.9
	白云杉	*P. glauca*（Moench）Voss.	感病	3	感病	1	0.88
	黑云杉	*P. mariana* B. S. P.	感病	1	感病	1	0.85
	锐尖北美云杉（北美云杉）	*P. pungens* Engelm.	感病	3			0.9
	红云杉(美国红果云杉)	*P. rubens* Sarg .	感病	1	感病	1	0.85
	北美云杉	*P. sitchensis*（Bong.）Carr.			感病	2	0.8
	北美山地云杉	*P. engelmannii*（Parry）Engelm.	感病	2	感病	1	0.8
黄杉属(2种,平均易感指数:0.83)	花旗松（北美黄杉）	*Pseudotsuga menzeisii*（Mirbel）Franco	感病	2	感病	1	0.87
	黄杉	*P. douglasii*			感病	1	0.8
铁杉属(1种,平均易感指数:0.80)	西美山铁杉（黑铁杉）	*Tsuga mertensiana*（Bong.）Carr.			感病	2	0.8
杉属(1种,平均易感指数:0.80)	杉木	*Cunninghamia Lanceolata*			感病	1	0.8

附录 D:MODIS 数据相关数据及参数

表 D-1　　MODIS 波段分布特征

基本用途	波段序号	波段宽度/nm	光谱灵敏度 W/m2-μm-sr	信噪比
陆地与云的界限	1	620~670	21.8	128
	2	841~876	24.7	201
陆地与云的性质	3	459~479	35.3	243
	4	545~565	29.0	228
	5	1230~1250	5.4	74
	6	1628~1652	7.3	275
	7	2105~2155	1.0	110
海洋颜色、水体表层性质、生物化学	8	405~420	44.9	880
	9	438~448	41.9	838
	10	483~493	32.1	802
	11	526~536	27.9	754
	12	546~556	21.0	750
	13	662~672	9.5	910
	14	673~683	8.7	1087
	15	743~753	10.2	586
	16	862~877	6.2	516
大气水分	17	890~920	10.0	167
	18	931~941	3.6	57
	19	915~965	15.0	250

（续）

基本用途	波段序号	波段宽度/nm	光谱灵敏度 W/m2 – μm – sr	信噪比
地表/云温度	20	3.660 ~ 3.840	0.45(300K)	0.05
	21	3.929 ~ 3.989	2.38(335K)	2.00
	22	3.929 ~ 3.989	0.67(300K)	0.07
	23	4.020 ~ 4.080	0.79(300K)	0.07
大气温度	24	4.433 ~ 4.498	0.17(250K)	0.25
	25	4.482 ~ 4.549	0.59(275K)	0.25
卷云	26	1.360 ~ 1.390	6.00	150(SNR)
水汽	27	6.535 ~ 6.895	1.16(240K)	0.25
	28	7.175 ~ 7.475	2.18(250K)	0.25
	29	8.400 ~ 8.700	9.58(300K)	0.05
臭氧	30	9.580 ~ 9.880	3.69(250K)	0.25
地表/云温度	31	10.780 ~ 11.280	9.55(300K)	0.05
	32	11.770 ~ 12.270	8.94(300K)	0.05
云顶高度	33	13.185 ~ 13.485	4.52(260K)	0.25
	34	13.485 ~ 13.785	3.76(250K)	0.25
	35	13.785 ~ 14.085	3.11(240K)	0.25
	36	14.085 ~ 14.385	2.08(220K)	0.25

表 D – 2　MODIS 热红外波段计算亮温的公式参数

热红外波段	$v(nm)$	tcs	tci ($Kelvin$)
20	2.641775E + 03	9.993411E – 01	4.770532E – 0l
21	2.505277E + 03	9.998646E – 01	9.262664E – 02
22	2.518028E + 03	9.998584E – 01	9.757996E – 02
23	2.465428E + 03	9.998682E – 01	8.929242E – 02
24	2.235815E + 03	9.998819E – 0l	7.310901E – 02
25	2.200346E + 03	9.998845E – 0l	7.060415E – 02
27	1.477967E + 03	9.994877E – 0l	2.204921E – 01
28	1.362737E + 03	9.994918E – 0l	2.046087E – 01
29	1.173190E + 03	9.995495E – 0l	1.599191E – 0l
30	1.027715E + 03	9.997398E – 0l	8.253401E – 02
31	9.080884E + 02	9.995608E – 01	1.302699E – 01
32	8.315399E + 02	9.997256E – 01	7.181833E – 02
33	7.483394E + 02	9.999160E – 0l	1.972608E – 02
34	7.308963E + 02	9.999167E – 0l	1.913568E – 02
35	7.188681E + 02	9.999191E – 01	1.817817E – 02
36	7.045367E + 02	9.999281E – 0l	1.583042E – 02

附录 E：十一份专家打分表

松材线虫危险程度评价专家打分表（1）

打分说明：松材线虫危险程度评价指标体系分为三个层次，根据各层指标对上一级对应指标的贡献程度或重要程度，对各个指标分别打分，值域为 0 ~ 100 分，即 0 分不重要，100 分为非常重要。具体分值分配见表 1。表 2 为各位专家对该项指标熟悉程度的自评得分，值域为 0 ~ 4，即 0 分为不熟悉，4 分为熟悉。松材线虫危险程度评价专家打分表见表 3，请各位专家在打分栏中对每个层次的各个指标进行打分,在专家熟悉程度栏中为各位专家对该项指标的熟悉程度自评打分。

表 1　指标重要程度得分表

指标重要程度	非常重要	很重要	重要	一般	不太重要	不重要
指标得分	90～100	80～98	60～79	50～59	20～49	20分以下

表 2　专家对该项指标熟悉程度得分

专家熟悉程度	熟悉	较熟悉	一般	不太熟悉	不熟悉
专家自评得分	4	3	2	1	0

表 3　松材线虫危险程度评价专家打分

指标层次一	打分	专家熟悉程度	指标层次二	打分	专家熟悉程度	指标层次三	打分
1. 寄主易感性	90	3	对媒介昆虫易感性	95	4	—	—
			对松材线虫易感性	95	4	—	—
2. 松材线虫适生性	90	3	—	—	—	—	—
3. 媒介昆虫适生分布区	90	3	轻度区	70	3	—	—
			中度区	80	3	—	—
			重度区	90	3	—	—
4. 疫区发生程度及自然扩散能力	60	3	轻度发生区	60	3	100m 以内	50
						100～500m	70
						500～100m	90
			中度发生区	80	3	100m 以内	60
						100～500m	70
						500～100m	90
			重度发生区	90	3	100m 以内	80
						100～500m	80
						500～100m	90
5. 林分状况	50	3	森林结构	60	3	纯林	80
						混交林	70
			树龄	70	3	幼龄林	90
						中龄林	60
						成熟林	80
			郁闭度	50	3	<0.3	70
						0.3～0.7	70
						>0.7	70
6. 地形因子	50	3	坡度	60	4	0°～5°	80
						5°～15°	80
						15°～25°	70
						25°～35°	70
						35°<	60
			坡向	70	4	阴坡	70
						阳坡	70
						半阳坡	70
			坡位	70	4	上坡位	70
						中坡位	70
						下坡位	70
			海拔	90	4	400m 以下	70
						400～700m	70
						700m 以上	70

（续）

指标层次一	打分	专家熟悉程度	指标层次二	打分	专家熟悉程度	指标层次三	打分
7. 交通影响	60	3	国　道	60	3	1km 以内	80
						1～5km	60
						5～10km	60
			省　道	60	3	1km 以内	80
						1～5km	60
						5～10km	60
			高速公路	60	3	1km 以内	80
						1～5km	70
						5～10km	60
			县乡公路	70	3	1km 以内	80
						1～5km	70
						5～10km	60
			乡乡公路	70	3	1km 以内	80
						1～5km	60
						5～10km	60
			乡村道路	70	3	1km 以内	80
						1～2km	60
						2～5km	60
			枢纽火车站	80	3	1km 以内	80
						1～5km	70
						5～10km	70
			中型火车站	80	3	1km 以内	80
						1～5km	70
						5～10km	70
			小型火车站	80	3	1km 以内	80
						1～5km	70
						5～10km	70
			机场	60	3	1km 以内	70
						1～10km	60
						10～100km	60
						100km 以外	60
8. 人为活动	70	3	村　落	70	3	1km 以内	80
						1～2km	70
						2～5km	60
			村　庄	70	3	1km 以内	80
						1～2km	70
						2～5km	70
			乡　镇	70	3	1km 以内	80
						1～5km	70
						5～0km	60
			县　区	80	3	1km 以内	80
						1～5km	70
						5～10km	70
			城　市	80	3	1km 以内	80
						1～10km	70
						10～50km	60
			大型企业	80	3	1km 以内	80
						1～10 km	70
						10～50 km	70
			大型矿山	80	3	1km 以内	80
						1～10km	80
						10～50km	70

（续）

指标层次一	打分	专家熟悉程度	指标层次二	打分	专家熟悉程度	指标层次三	打分
8. 人为活动	70	3	在建大型基建工地	90	3	1 km 以内	90
						1～10 km	80
						10～50 km	70
			在建移动通讯基站	90	3	1 km 以内	90
						1～10 km	80
						10～50 km	70

专家姓名：梁军　　　　　　职称/职务：研究员

单位：中国林科院森环森保所

2008 年 3 月 15 日

松材线虫危险程度评价专家打分表（2）

打分说明：松材线虫危险程度评价指标体系分为三个层次，根据各层指标对上一级对应指标的贡献程度或重要程度，对各个指标分别打分，值域为 0～100 分，即 0 分不重要，100 分为非常重要。具体分值分配见表 1。表 2 为各位专家对该项指标熟悉程度的自评得分，值域为 0～4，即 0 分为不熟悉，4 分为熟悉。松材线虫危险程度评价专家打分表见表 3，请各位专家在打分栏中对每个层次的各个指标进行打分，在专家熟悉程度栏中为各位专家对该项指标的熟悉程度自评打分。

表 1　指标重要程度得分表

指标重要程度	非常重要	很重要	重要	一般	不太重要	不重要
指标得分	90～100	80～98	60～79	50～59	20～49	20 分以下

表 2　专家对该项指标熟悉程度得分表

专家熟悉程度	熟悉	较熟悉	一般	不太熟悉	不熟悉
专家自评得分	4	3	2	1	0

表 3　松材线虫危险程度评价专家打分表

指标层次一	打分	专家熟悉程度	指标层次二	打分	专家熟悉程度	指标层次三	打分
1. 寄主易感性	95	3	对媒介昆虫易感性	95	4	—	—
			对松材线虫易感性	95	3	—	—
2. 松材线虫适生性	85	3	—	—	—	—	—
3. 媒介昆虫适生分布区	85	4	轻度区	70	4	—	—
			中度区	80	4	—	—
			重度区	90	4	—	—
4. 疫区发生程度及自然扩散能力	85	4	轻度发生区	75	4	100m 以内	65
						100～500m	75
						500～1000m	85
			中度发生区	85	4	100m 以内	75
						100～500m	85
						500～1000m	95
			重度发生区	95	4	100m 以内	85
						100～500m	95
						500～1000m	95

（续）

指标层次一	打分	专家熟悉程度	指标层次二	打分	专家熟悉程度	指标层次三	打分
5. 林分状况	75	3	森林结构	85	3	纯林	85
						混交林	75
			树龄	75	3	幼龄林	65
						中龄林	85
						成熟林	75
			郁闭度	75	3	<0.3	75
						0.3~0.7	85
						>0.7	75
6. 地形因子	75	3	坡度	65	3	0°~5°	65
						5°~15°	65
						15°~25°	65
						25°~35°	65
						35°<	55
			坡向	75	3	阴坡	55
						阳坡	75
						半阳坡	65
			坡位	65	3	上坡位	55
						中坡位	65
						下坡位	65
			海拔	75	3	400m 以下	65
						400~700m	75
						700m 以上	75
7. 交通影响	85	3	国道	85	3	1km 以内	85
						1~5km	75
						5~10km	65
			省道	75	3	1km 以内	75
						1~5km	65
						5~10km	55
			高速公路	85	3	1km 以内	85
						1~5km	75
						5~10km	65
			县乡公路	65	3	1km 以内	65
						1~5km	55
						5~10km	45
			乡乡公路	55	3	1km 以内	55
						1~5 km	45
						5~10km	35
			乡村道路	45	3	1km 以内	45
						1~2km	35
						2~5km	25
			枢纽火车站	85	3	1km 以内	85
						1~5km	75
						5~10km	65
			中型火车站	75	3	1km 以内	75
						1~5km	65
						5~10km	55
			小型火车站	65	3	1km 以内	65
						1~5km	55
						5~10km	45
			机场	75	3	1km 以内	75
						1~10km	65
						10~100km	55
						100km 以外	45

（续）

指标层次一	打分	专家熟悉程度	指标层次二	打分	专家熟悉程度	指标层次三	打分
8. 人为活动	85	3	村 落	45	3	1km 以内	45
						1～2km	35
						2～5km	25
			村 庄	55	3	1km 以内	55
						1～2km	45
						2～5km	35
			乡 镇	65	3	1km 以内	65
						1～5km	75
						5～10km	85
			县 区	75	3	1km 以内	75
						1～5km	65
						5～10km	55
			城 市	85	3	1km 以内	85
						1～10km	75
						10～50km	65
			大型企业	85	3	1km 以内	85
						1～10km	75
						10～50km	65
			大型矿山	85	3	1km 以内	85
						1～10km	75
						10～50km	65
			在建大型基建工地	85	3	1km 以内	85
						1～10km	75
						10～50km	65
			在建移动通讯基站	75	3	1km 以内	75
						1～10km	65
						10～50km	55

专家姓名：徐正会　　　　　职称/职务：教授
单位：西南林学院

2008 年 3 月 4 日

松材线虫危险程度评价专家打分表（3）

　　打分说明：松材线虫危险程度评价指标体系分为三个层次，根据各层指标对上一级对应指标的贡献程度或重要程度，对各个指标分别打分，值域为 0～100 分，即 0 分不重要，100 分为非常重要。具体分值分配见表1。表2 为各位专家对该项指标熟悉程度的自评得分，值域为 0～4，即 0 分为不熟悉，4 分为熟悉。松材线虫危险程度评价专家打分表见表3，请各位专家在打分栏中对每个层次的各个指标进行打分，在专家熟悉程度栏中为各位专家对该项指标的熟悉程度自评打分。

表 1　指标重要程度得分表

指标重要程度	非常重要	很重要	重要	一般	不太重要	不重要
指标得分	90～100	80～98	60～79	50～59	20～49	20分以下

表 2　专家对该项指标熟悉程度得分表

专家熟悉程度	熟悉	较熟悉	一般	不太熟悉	不熟悉
专家自评得分	4	3	2	1	0

表3　松材线虫危险程度评价专家打分表

指标层次一	打分	专家熟悉程度	指标层次二	打分	专家熟悉程度	指标层次三	打分
1. 寄主易感性	98	3	对媒介昆虫易感性	90	4	—	—
			对松材线虫易感性	95	3	—	—
2. 松材线虫适生性	90	3	—	—	—	—	—
3. 媒介昆虫适生分布区	80	4	轻度区	70	4	—	—
			中度区	80	4	—	—
			重度区	90	4	—	—
4. 疫区发生程度及自然扩散能力	85	3	轻度发生区	70	4	100m 以内	80
						100~500m	75
						500~100m	70
			中度发生区	80	4	100m 以内	90
						100~500m	85
						500~100m	80
			重度发生区	95	4	100m 以内	95
						100~500m	90
						500~100m	85
5. 林分状况	75	4	森林结构	80	4	纯林	85
						混交林	80
			树龄	70	4	幼龄林	65
						中龄林	85
						成熟林	75
			郁闭度	70	4	<0.3	70
						0.3~0.7	85
						>0.7	70
6. 地形因子	70	3	坡度	60	3	0°~5°	65
						5°~15°	70
						15°~25°	70
						25°~35°	65
						35°<	55
			坡向	70	3	阴坡	60
						阳坡	75
						半阳坡	65
			坡位	60	3	上坡位	55
						中坡位	65
						下坡位	55
			海拔	75	4	400m 以下	65
						400~700m	75
						700m 以上	75
7. 交通影响	85	3	国道	85	3	1km 以内	85
						1~5km	80
						5~10km	70
			省道	75	3	1km 以内	75
						1~5km	70
						5~10km	60
			高速公路	80	3	1km 以内	80
						1~5km	75
						5~10km	60

（续）

指标层次一	打分	专家熟悉程度	指标层次二	打分	专家熟悉程度	指标层次三	打分
7. 交通影响	85	3	县乡公路	70	4	1km 以内	65
						1～5km	50
						5～10km	45
			乡乡公路	50	4	1km 以内	55
						1～5km	45
						5～10km	35
			乡村道路	30	3	1km 以内	45
						1～2km	35
						2～5km	25
			枢纽火车站	80	3	1km 以内	85
						1～5km	75
						5～10km	65
			中型火车站	75	3	1km 以内	75
						1～5km	65
						5～10km	55
			小型火车站	60	3	1km 以内	65
						1～5km	55
						5～10km	45
			机场	70	3	1km 以内	80
						1～10km	75
						10～100km	65
						100km 以外	45
8. 人为活动	85	3	村落	35	3	1km 以内	45
						1～2km	35
						2～5km	25
			村庄	50	3	1km 以内	55
						1～2km	45
						2～5km	35
			乡镇	65	3	1km 以内	65
						1～5km	60
						5～10km	55
			县区	70	3	1km 以内	75
						1～5km	65
						5～10km	55
			城市	85	3	1km 以内	85
						1～10km	75
						10～50km	65
			大型企业	80	3	1km 以内	85
						1～10km	75
						10～50km	65
			大型矿山	80	3	1km 以内	85
						1～10km	75
						10～50km	65
			在建大型基建工地	75	3	1km 以内	85
						1～10km	75
						10～50km	65
			在建移动通讯基站	75	3	1km 以内	80
						1～10km	70
						10～50km	55

专家姓名:何剑中　　　职称/职务:研究员

单位:中国林科院资源昆虫研究所

2008 年 3 月 12 日

松材线虫危险程度评价专家打分表（4）

打分说明:松材线虫危险程度评价指标体系分为三个层次,根据各层指标对上一级对应指标的贡献程度或重要程度,对各个指标分别打分,值域为 0 ~ 100 分,即 0 分不重要,100 分为非常重要。具体分值分配见表 1。表 2 为各位专家对该项指标熟悉程度的自评得分,值域为 0 ~ 4,即 0 分为不熟悉,4 分为熟悉。松材线虫危险程度评价专家打分表见表 3,请各位专家在打分栏中对每个层次的各个指标进行打分,在专家熟悉程度栏中为各位专家对该项指标的熟悉程度自评打分。

表 1　指标重要程度得分表

指标重要程度	非常重要	很重要	重要	一般	不太重要	不重要
指标得分	90 ~ 100	80 ~ 98	60 ~ 79	50 ~ 59	20 ~ 49	20 分以下

表 2　专家对该项指标熟悉程度得分表

专家熟悉程度	熟悉	较熟悉	一般	不太熟悉	不熟悉
专家自评得分	4	3	2	1	0

表 3　松材线虫危险程度评价专家打分表

指标层次一	打分	专家熟悉程度	指标层次二	打分	专家熟悉程度	指标层次三	打分
1. 寄主易感性	80	4	对媒介昆虫易感性	80	4	—	—
			对松材线虫易感性	80	4	—	—
2. 松材线虫适生性	80	4	—	—	—	—	—
3. 媒介昆虫适生分布区	80	4	轻度区	80	4	—	—
			中度区	80	4	—	—
			重度区	80	4	—	—
4. 疫区发生程度及自然扩散能力	90	4	轻度发生区	80	4	100m 以内	80
						100 ~ 500m	75
						500 ~ 100m	75
			中度发生区	85	4	100m 以内	85
						100 ~ 500m	80
						500 ~ 100m	80
			重度发生区	90	4	100m 以内	90
						100 ~ 500m	85
						500 ~ 100m	85
5. 林分状况	75	4	森林结构	85	4	纯林	95
						混交林	75
			树龄	75	4	幼龄林	75
						中龄林	75
						成熟林	75
			郁闭度	75	4	< 0.3	75
						0.3 ~ 0.7	75
						> 0.7	75
6. 地形因子	50	4	坡度	50	4	0° ~ 5°	50
						5° ~ 15°	50
						15° ~ 25°	50
						25° ~ 35°	50
						35° <	50

（续）

指标层次一	打分	专家熟悉程度	指标层次二	打分	专家熟悉程度	指标层次三	打分
6. 地形因子	50	4	坡向	50	4	阴坡	50
						阳坡	50
						半阳坡	50
			坡位	50	4	上坡位	50
						中坡位	50
						下坡位	50
			海拔	50	4	400m 以下	50
						400～700m	50
						700m 以上	50
7. 交通影响	75	4	国　道	75	4	5～10km	75
						1km 以内	75
						1～10km	50
			省　道	75	4	10～100km	75
						100km 以外	75
						1km 以内	50
			高速公路	75	4	1～2km	75
						2～5km	75
						1km 以内	50
			县乡公路	75	4	1～2km	75
						2～5km	75
						1km 以内	50
			乡乡公路	75	4	1～5km	75
						5～10km	75
						1km 以内	50
			乡村道路	75	4	1～5km	75
						5～10km	75
						1km 以内	50
			枢纽火车站	90	4	1～10km	90
						10～50km	90
						1km 以内	75
			中型火车站	90	4	1～10km	90
						10～50km	90
						1km 以内	75
			小型火车站	90	4	1～10km	65
						10～50km	90
						1km 以内	75
			机场	90	4	1～10km	90
						10～50km	90
						1km 以内	75
						1～10km	45
8. 人为活动	90	4	村　落	50	4	10～50km	50
						5～10km	50
						1km 以内	50
			村　庄	50	4	1～10km	50
						10～100km	50
						100km 以外	50
			乡　镇	50	4	1km 以内	50
						1～2km	50
						2～5km	50
			县　区	50	4	1km 以内	50
						1～2km	50
						2～5km	50

（续）

指标层次一	打分	专家熟悉程度	指标层次二	打分	专家熟悉程度	指标层次三	打分
8. 人为活动	90	4	城　市	50	4	1km 以内	50
						1～5km	50
						5～10km	50
			大型企业	75	4	1km 以内	75
						1～5km	65
						5～10km	50
			大型矿山	75	4	1km 以内	75
						1～10km	65
						10～50km	50
			在建大型基建工地	75	4	1km 以内	75
						1～10km	65
						10～50km	50
			在建移动通讯基站	90	4	1km 以内	90
						1～10km	90
						10～50km	60

专家姓名:黄焕华　　　　　　　　职称/职务:研究员
单　　　　位:广东省林业科学研究院

2008 年 3 月 12 日

松材线虫危险程度评价专家打分表(5)

打分说明:松材线虫危险程度评价指标体系分为三个层次,根据各层指标对上一级对应指标的贡献程度或重要程度,对各个指标分别打分,值域为 0～100 分,即 0 分不重要,100 分为非常重要。具体分值分配见表1。表2 为各位专家对该项指标熟悉程度的自评得分,值域为 0～4,即 0 分为不熟悉,4 分为熟悉。松材线虫危险程度评价专家打分表见表3,请各位专家在打分栏中对每个层次的各个指标进行打分,在专家熟悉程度栏中为各位专家对该项指标的熟悉程度自评打分。

表1　指标重要程度得分表

指标重要程度	非常重要	很重要	重要	一般	不太重要	不重要
指标得分	90～100	80～98	60～79	50～59	20～49	20分以下

表2　专家对该项指标熟悉程度得分表

专家熟悉程度	熟悉	较熟悉	一般	不太熟悉	不熟悉
专家自评得分	4	3	2	1	0

表3　松材线虫危险程度评价专家打分表

指标层次一	打分	专家熟悉程度	指标层次二	打分	专家熟悉程度	指标层次三	打分
1. 寄主易感性	90	3	对媒介昆虫易感性	95	4	—	—
			对松材线虫易感性	95	3	—	—
2. 松材线虫适生性	85	3	—	—	—	—	—

（续）

指标层次一	打分	专家熟悉程度	指标层次二	打分	专家熟悉程度	指标层次三	打分
3. 媒介昆虫适生分布区	90	3	轻度区	70	3	—	—
			中度区	80	3	—	—
			重度区	90	3	—	—
4. 疫区发生程度及自然扩散能力	85	3	轻度发生区	75	3	100m 以内	70
						100～500m	75
						500～100m	85
			中度发生区	85	3	100m 以内	75
						100～500m	85
						500～100m	95
			重度发生区	95	3	100m 以内	90
						100～500m	95
						500～100m	95
5. 林分状况	75	3	森林结构	85	3	纯林	85
						混交林	75
			树龄	75	3	幼龄林	65
						中龄林	85
						成熟林	75
			郁闭度	75	3	<0.3	75
						0.3～0.7	85
						>0.7	75
6. 地形因子	75	3	坡度	65	3	0°～5°	65
						5°～15°	65
						15°～25°	65
						25°～35°	65
						35°<	55
			坡向	75	3	阴坡	55
						阳坡	75
						半阳坡	65
			坡位	65	3	上坡位	55
						中坡位	65
						下坡位	65
			海拔	75	3	400m 以下	65
						400～700m	75
						700m 以上	75
7. 交通影响	85	3	国 道	85	3	5～10km	85
						1km 以内	75
			省 道	75	3	1～10km	65
						10～100km	75
						100km 以外	65
			高速公路	85	3	1km 以内	55
						1～2km	85
						2～5km	75
			县乡公路	65	3	1km 以内	65
						1～2km	65
						2～5km	55
			乡乡公路	55	3	1km 以内	45
						1～5km	55
						5～10km	45
			乡村道路	45	3	1km 以内	35
						1～5km	45
						5～10km	35
						1km 以内	25

（续）

指标层次一	打分	专家熟悉程度	指标层次二	打分	专家熟悉程度	指标层次三	打分
7. 交通影响	85	3	枢纽火车站	85	3	1～10km	85
						10～50km	75
						1km 以内	65
			中型火车站	75	3	1～10km	75
						10～50km	65
						1km 以内	55
			小型火车站	65	3	1～10km	65
						10～50km	55
						1km 以内	45
			机场	75	3	1～10km	75
						10～50km	65
						1km 以内	55
8. 人为活动	90	3	村落	45	3	1～10km	45
						10～50km	45
						5～10km	35
						1km 以内	25
			村庄	55	3	1～10km	55
						10～100km	45
						100km 以外	35
			乡镇	65	3	1km 以内	65
						1～2km	75
						2～5km	85
			县区	75	3	1km 以内	75
						1～2km	65
						2～5km	55
			城市	85	3	1km 以内	85
						1～5km	75
						5～10km	65
			大型企业	85	3	1km 以内	85
						1～5km	75
						5～10km	65
			大型矿山	85	3	1km 以内	85
						1～10km	75
						10～50km	65
			在建大型基建工地	85	3	1km 以内	85
						1～10km	75
						10～50km	65
			在建移动通讯基站	75	3	1km 以内	75
						1～10km	65
						10～50km	55

专家姓名：周平阳　　　　　　职称/职务：高级工程师
单位：德宏傣族景颇族自治州森林病虫防治检疫站

2008 年 3 月 19 日

松材线虫危险程度评价专家打分表（6）

　　打分说明：松材线虫危险程度评价指标体系分为三个层次，根据各层指标对上一级对应指标的贡献程度或重要程度，对各个指标分别打分，值域为 0～100 分，即 0 分不重要，100 分为非常重要。具体分值分配见表 1。表 2 为各位专家对该项指标熟悉程度的自评得分，值域为 0～4，即 0 分为不熟悉，4 分为熟悉。松材线虫危险程度评价专家打分表见表 3，请各位专家在打分栏中对每个层次的各个指标进行打分,在专家熟悉程度栏中为各位专家对该项指标的熟悉程度自评打分。

表 1　指标重要程度得分表

指标重要程度	非常重要	很重要	重要	一般	不太重要	不重要
指标得分	90~100	80~98	60~79	50~59	20~49	2C 分以下

表 2　专家对该项指标熟悉程度得分表

专家熟悉程度	熟悉	较熟悉	一般	不太熟悉	不熟悉
专家自评得分	4	3	2	1	0

表 3　松材线虫危险程度评价专家打分表

指标层次一	打分	专家熟悉程度	指标层次二	打分	专家熟悉程度	指标层次三	打分
1. 寄主易感性	90	4	对媒介昆虫易感性	95	4	—	—
			对松材线虫易感性	95	4	—	—
2. 松材线虫适生性	90	4	—	—	—	—	—
3. 媒介昆虫适生分布区	85	4	轻度区	70	4	—	—
			中度区	80	4	—	—
			重度区	85	4	—	—
4. 疫区发生程度及自然扩散能力	85	4	轻度发生区	75	4	100m 以内	70
						100~500m	75
						500~100m	85
			中度发生区	85	4	100m 以内	75
						100~500m	85
						500~100m	95
			重度发生区	95	4	100m 以内	90
						100~500m	95
						500~100m	95
5. 林分状况	75	3	森林结构	85	3	纯林	85
						混交林	80
			树龄	75	3	幼龄林	65
						中龄林	85
						成熟林	75
			郁闭度	75	3	<0.3	75
						0.3~0.7	85
						>0.7	75
6. 地形因子	70	3	坡度	65	3	0°~5°	65
						5°~15°	70
						15°~25°	70
						25°~35°	65
						35°<	55
			坡向	75	3	阴坡	55
						阳坡	75
						半阳坡	65
			坡位	65	3	上坡位	55
						中坡位	65
						下坡位	55

（续）

指标层次一	打分	专家熟悉程度	指标层次二	打分	专家熟悉程度	指标层次三	打分
6. 地形因子	70	3	海拔	80	4	400m 以下	65
						400～700m	75
						700m 以上	75
7. 交通影响	85	4	国　道	85	4	5～10km	85
						1km 以内	80
			省　道	75	4	1～10km	70
						10～100km	75
						100km 以外	70
			高速公路	80	4	1km 以内	60
						1～2km	80
						2～5km	75
			县乡公路	70	4	1km 以内	60
						1～2km	65
						2～5km	55
			乡乡公路	55	4	1km 以内	45
						1～5km	55
						5～10km	45
			乡村道路	45	4	1km 以内	35
						1～5km	45
						5～10km	35
			枢纽火车站	85	4	1km 以内	25
						1～10km	85
						10～50km	75
			中型火车站	75	4	1km 以内	65
						1～10km	75
						10～50km	65
			小型火车站	65	4	1km 以内	55
						1～10km	65
						10～50km	55
			机场	75	4	1km 以内	45
						1～10km	75
						10～50km	65
8. 人为活动	90	3	村　落	45	4	1km 以内	55
						1～10km	45
						10～50km	45
			村　庄	55	4	5～10km	35
						1km 以内	25
						1～10km	55
						10～100km	45
			乡　镇	70	4	100km 以外	35
						1km 以内	65
						1～2km	75
			县　区	75	4	2～5km	85
						1km 以内	75
						1～2km	65
			城　市	85	4	2～5km	55
						1km 以内	85
						1～5km	75
			大型企业	85	4	5～10km	65
						1km 以内	85
						1～5km	75
						5～10km	65

（续）

指标层次一	打分	专家熟悉程度	指标层次二	打分	专家熟悉程度	指标层次三	打分
8. 人为活动	90	3	大型矿山	80	4	1km 以内	85
						1 ~ 10km	75
						10 ~ 50km	65
			在建大型基建工地	85	4	1km 以内	85
						1 ~ 10km	75
						10 ~ 50km	65
			在建移动通讯基站	80	4	1km 以内	80
						1 ~ 10km	70
						10 ~ 50km	55

专家姓名:刘宏屏　　　　　职称/职务:研究员

单位:云南省林业有害生物防治检疫局

2008 年 3 月 19 日

松材线虫危险程度评价专家打分表(7)

　　打分说明:松材线虫危险程度评价指标体系分为三个层次,根据各层指标对上一级对应指标的贡献程度或重要程度,对各个指标分别打分,值域为 0 ~ 100 分,即 0 分不重要,100 分为非常重要。具体分值分配见表 1。表 2 为各位专家对该项指标熟悉程度的自评得分,值域为 0 ~ 4,即 0 分为不熟悉,4 分为熟悉。松材线虫危险程度评价专家打分表见表 3,请各位专家在打分栏中对每个层次的各个指标进行打分,在专家熟悉程度栏中为各位专家对该项指标的熟悉程度自评打分。

表 1　指标重要程度得分表

指标重要程度	非常重要	很重要	重要	一般	不太重要	不重要
指标得分	90 ~ 100	80 ~ 98	60 ~ 79	50 ~ 59	20 ~ 49	20 分以下

表 2　专家对该项指标熟悉程度得分表

专家熟悉程度	熟悉	较熟悉	一般	不太熟悉	不熟悉
专家自评得分	4	3	2	1	0

表 3　松材线虫危险程度评价专家打分表

指标层次一	打分	专家熟悉程度	指标层次二	打分	专家熟悉程度	指标层次三	打分
1. 寄主易感性	95	4	对媒介昆虫易感性	79	3	—	—
			对松材线虫易感性	95	4	—	—
2. 松材线虫适生性	95	4	—	—	—	—	—
3. 媒介昆虫适生分布区	75	3	轻度区	65	3	—	—
			中度区	75	3	—	—
			重度区	85	3	—	—
4. 疫区发生程度及自然扩散能力	90	4	轻度发生区	60	4	100m 以内	95
						100 ~ 500m	90
						500 ~ 100m	50

（续）

指标层次一	打分	专家熟悉程度	指标层次二	打分	专家熟悉程度	指标层次三	打分
4. 疫区发生程度及自然扩散能力	90	4	中度发生区	80	4	100m 以内	95
						100~500m	90
						500~100m	50
			重度发生区	90	4	100m 以内	95
						100~500m	90
						500~100m	50
5. 林分状况	75	4	森林结构	85	4	纯林	90
						混交林	80
			树龄	80	4	幼龄林	20
						中龄林	55
						成熟林	85
			郁闭度	70	4	<0.3	60
						0.3~0.7	70
						>0.7	80
6. 地形因子	75	3	坡度	60	3	0°~5°	60
						5°~15°	60
						15°~25°	60
						25°~35°	60
						35°<	
			坡向	75	3	阴坡	70
						阳坡	80
						半阳坡	75
			坡位	70	3	上坡位	60
						中坡位	70
						下坡位	80
			海拔	85	3	400m 以下	90
						400~700m	80
						700m 以上	60
7. 交通影响	90	3	国　道	70	3	5~10km	85
						1km 以内	70
						1~10km	60
			省　道	85	3	10~100km	85
						100km 以外	70
			高速公路	60	3	1km 以内	60
						1~2km	85
						2~5km	70
			县乡公路	85	3	1km 以内	60
						1~2km	85
						2~5km	70
			乡乡公路	85	3	1km 以内	60
						1~5km	85
						5~10km	70
			乡村道路	85	3	1km 以内	60
						1~5km	85
						5~10km	70
			枢纽火车站	80	3	1km 以内	60
						1~10km	85
						10~50km	70
			中型火车站	80	3	1km 以内	60
						1~10km	85
						10~50km	70
						1km 以内	60

（续）

指标层次一	打分	专家熟悉程度	指标层次二	打分	专家熟悉程度	指标层次三	打分
7. 交通影响	90	3	小型火车站	70	3	1～10km	85
						10～50km	70
						1km 以内	60
			机场	85	3	1～10km	85
						10～50km	70
						1km 以内	60
8. 人为活动	90	3	村落	45	3	1～10km	20
						10～50km	85
						5～10km	70
						1km 以内	60
			村庄	50	3	1～10km	85
						10～100km	70
						100km 以外	60
			乡镇	55	3	1km 以内	85
						1～2km	70
						2～5km	60
			县区	60	3	1km 以内	85
						1～2km	70
						2～5km	60
			城市	65	3	1km 以内	85
						1～5km	70
						5～10km	60
			大型企业	65	3	1km 以内	85
						1～5km	70
						5～10km	60
			大型矿山	70	3	1km 以内	85
						1～10km	70
						10～50km	60
			在建大型基建工地	70	3	1km 以内	85
						1～10km	70
						10 ～50km	60
			在建移动通讯基站	90	3	1km 以内	85
						1～10km	70
						10～50km	60

专家姓名:吕全　　　　　职称/职务:副研究员

单位:中国林科院森林生态环境与保护研究所

2008 年 3 月 24 日

松材线虫危险程度评价专家打分表(8)

打分说明:松材线虫危险程度评价指标体系分为三个层次,根据各层指标对上一级对应指标的贡献程度或重要程度,对各个指标分别打分,值域为 0～100 分,即 0 分不重要,100 分为非常重要。具体分值分配见表 1。表 2 为各位专家对该项指标熟悉程度的自评得分,值域为 0～4,即 0 分为不熟悉,4 分为熟悉。松材线虫危险程度评价专家打分表见表 3,请各位专家在打分栏中对每个层次的各个指标进行打分,在专家熟悉程度栏中为各位专家对该项指标的熟悉程度自评打分。

表 1　指标重要程度得分表

指标重要程度	非常重要	很重要	重要	一般	不太重要	不重要
指标得分	90 ~ 100	80 ~ 98	60 ~ 79	50 ~ 59	20 ~ 49	20 分以下

表 2　专家对该项指标熟悉程度得分表

专家熟悉程度	熟悉	较熟悉	一般	不太熟悉	不熟悉
专家自评得分	4	3	2	1	0

表 3　松材线虫危险程度评价专家打分表

指标层次一	打分	专家熟悉程度	指标层次二	打分	专家熟悉程度	指标层次三	打分
1. 寄主易感性	90	4	对媒介昆虫感性	85	3	—	—
			对松材线虫易感性	90	4	—	—
2. 松材线虫适生性	80	4	—	—	—	—	—
3. 媒介昆虫适生分布区	80	4	轻度区	65	3	—	—
			中度区	75	3	—	—
			重度区	85	3	—	—
4. 疫区发生程度及自然扩散能力	85	3	轻度发生区	75	4	100m 以内	85
						100 ~ 500m	80
						500 ~ 1000m	50
			中度发生区	80	4	100m 以内	85
						100 ~ 500m	80
						500 ~ 1000m	50
			重度发生区	90	4	100m 以内	85
						100 ~ 500m	80
						500 ~ 1000m	60
5. 林分状况	70	3	森林结构	90	3	纯林	90
						混交林	80
			树龄	85	3	幼龄林	50
						中龄林	70
						成熟林	90
			郁闭度	70	3	< 0.3	60
						0.3 ~ 0.7	70
						> 0.7	80
6. 地形因子	60	3	坡度	80	3	0° ~ 5°	70
						5° ~ 15°	65
						15° ~ 25°	60
						25° ~ 35°	60
						35° <	60
			坡向	85	3	阴坡	60
						阳坡	80
						半阳坡	75
			坡位	70	3	上坡位	60
						中坡位	65
						下坡位	70
			海拔	85	3	400m 以下	80
						400 ~ 700m	85
						700m 以上	60

（续）

指标层次一	打分	专家熟悉程度	指标层次二	打分	专家熟悉程度	指标层次三	打分
7. 交通影响	80	3	国　道	85	3	5～10km	85
						1km 以内	70
			省　道	90	3	1～10km	60
						10～100km	85
						100km 以外	70
			高速公路	60	3	1km 以内	65
						1～2km	80
						2～5km	70
			县乡公路	85	3	1km 以内	60
						1～2km	85
						2～5km	70
			乡乡公路	70	3	1km 以内	60
						1～5km	80
						5～10km	70
			乡村道路	60	3	1km 以内	50
						1～5km	80
						5～10km	70
			枢纽火车站	80	3	1km 以内	50
						1～10km	85
						10～50km	70
			中型火车站	80	3	1km 以内	60
						1～10km	85
						10～50km	70
			小型火车站	70	3	1km 以内	55
						1～10km	85
						10～50km	70
			机场	70	3	1km 以内	50
						1～10km	80
						10～50km	70
						1km 以内	60
						1～10km	50
8. 人为活动	85	3	村　落	45	3	10～50km	85
						5～10km	70
			村　庄	50	3	1km 以内	40
						1～10km	85
						10～100km	70
			乡　镇	55	3	100km 以外	50
						1km 以内	85
						1～2km	70
			县　区	60	3	2～5km	50
						1km 以内	85
						1～2km	70
			城　市	65	3	2～5km	55
						1km 以内	85
						1～5km	70
			大型企业	60	3	5～10km	60
						1km 以内	85
						1～5km	70
			大型矿山	70	3	5～10km	60
						1km 以内	80
						1～10km	70
						10～50km	65

（续）

指标层次一	打分	专家熟悉 程度	指标层次二	打分	专家熟悉 程度	指标层次三	打分
8. 人为活动	85	3	在建大型基建工地	80	3	1km 以内	90
						1 ~ 10km	80
						10 ~ 50km	70
			在建移动通讯基站	90	3	1km 以内	90
						1 ~ 10km	80
						10 ~ 50km	70

专家姓名：杨斌　　　　　职称/职务：教授

单位：西南林学院

2008 年 3 月 28 日

松材线虫危险程度评价专家打分表（9）

打分说明：松材线虫危险程度评价指标体系分为三个层次，根据各层指标对上一级对应指标的贡献程度或重要程度，对各个指标分别打分，值域为 0 ~ 100 分，即 0 分不重要，100 分为非常重要。具体分值分配见表 1。表 2 为各位专家对该项指标熟悉程度的自评得分，值域为 0 ~ 4，即 0 分为不熟悉，4 分为熟悉。松材线虫危险程度评价专家打分表见表 3，请各位专家在打分栏中对每个层次的各个指标进行打分，在专家熟悉程度栏中为各位专家对该项指标的熟悉程度自评打分。

表 1　指标重要程度得分表

指标重要程度	非常重要	很重要	重要	一般	不太重要	不重要
指标得分	90 ~ 100	80 ~ 98	60 ~ 79	50 ~ 59	20 ~ 49	20 分以下

表 2　专家对该项指标熟悉程度得分表

专家熟悉程度	熟悉	较熟悉	一般	不太熟悉	不熟悉
专家自评得分	4	3	2	1	0

表 3　松材线虫危险程度评价专家打分表

指标层次一	打分	专家熟悉 程度	指标层次二	打分	专家熟悉 程度	指标层次三	打分
1. 寄主易感性	90	4	对媒介昆虫易感性	75	4	—	—
			对松材线虫易感性	90	4	—	—
2. 松材线虫适生性	85	4	—	—	—	—	—
3. 媒介昆虫适生分布区	85	3	轻度区	65	3	—	—
			中度区	75	3	—	—
			重度区	85	3	—	—
4. 疫区发生程度及自然扩散能力	90	3	轻度发生区	70	4	100m 以内	85
						100m 以内	80
						100 ~ 500m	50
			中度发生区	75	4	500 ~ 1000m	85
						100m 以内	80
						100 ~ 500m	50
			重度发生区	90	4	500 ~ 1000m	95
						100m 以内	85
						100 ~ 500m	50

（续·

指标层次一	打分	专家熟悉程度	指标层次二	打分	专家熟悉程度	指标层次三	打分
5. 林分状况	80	3	森林结构	85	4	纯林	90
						混交林	75
			树龄	75	4	幼龄林	50
						中龄林	60
						成熟林	85
			郁闭度	70	4	<0.3	60
						0.3～0.7	70
						>0.7	80
6. 地形因子	70	3	坡度	60	3	0°～5°	65
						5°～15°	70
						15°～25°	60
						25°～35°	60
						35°<	60
			坡向	75	3	阴坡	70
						阳坡	80
						半阳坡	75
			坡位	70	3	上坡位	65
						中坡位	70
						下坡位	75
			海拔	85	3	400m 以下	80
						400～700m	85
						700m 以上	60
7. 交通影响	90	3	国道	70	3	5～10km	85
						1km 以内	70
			省道	85	3	1～10km	60
						10～100km	85
						100km 以外	70
			高速公路	60	3	1km 以内	60
						1～2km	80
						2～5km	60
			县乡公路	85	3	1km 以内	50
						1～2km	85
						2～5km	70
			乡乡公路	75	3	1km 以内	50
						1～5km	85
						5～10km	70
			乡村道路	70	3	1km 以内	50
						1～5km	85
						5～10km	70
			枢纽火车站	85	3	1km 以内	50
						1～10km	85
						10～50km	75
			中型火车站	80	3	1km 以内	70
						1～10km	80
						10～50km	75
			小型火车站	80	3	1km 以内	60
						1～10km	80
						10～50km	70
			机场	85	3	1km 以内	60
						1～10km	80
						10～50km	75
						1km 以内	70
						1～10km	60

（续）

指标层次一	打分	专家熟悉程度	指标层次二	打分	专家熟悉程度	指标层次三	打分
			村　落	45	3	10~50km	85
						5~10km	70
						1km 以内	50
			村　庄	50	3	1~10km	85
						10~100km	70
						100km 以外	50
			乡　镇	60	3	1km 以内	85
						1~2km	70
						2~5km	50
			县　区	65	3	1km 以内	85
						1~2km	70
						2~5km	60
8. 人为活动	80	3	城　市	70	3	1km 以内	85
						1~5km	70
						5~10km	65
			大型企业	70	3	1km 以内	85
						1~5km	70
						5~10km	60
			大型矿山	70	3	1km 以内	85
						1~10km	70
						10~50km	65
			在建大型基建工地	85	3	1km 以内	85
						1~10km	75
						10~50km	70
			在建移动通讯基站	90	3	1km 以内	85
						1~10km	70
						10~50km	60

专家姓名:张军　　　职称/职务:博士、副教授
单位:云南大学地理研究所

2008 年 3 月 31 日

松材线虫危险程度评价专家打分表(10)

打分说明:松材线虫危险程度评价指标体系分为三个层次,根据各层指标对上一级对应指标的贡献程度或重要程度,对各个指标分别打分,值域为 0~100 分,即 0 分不重要,100 分为非常重要。具体分值分配见表 1。表 2 为各位专家对该项指标熟悉程度的自评得分,值域为 0~4,即 0 分为不熟悉,4 分为熟悉。松材线虫危险程度评价专家打分表见表 3,请各位专家在打分栏中对每个层次的各个指标进行打分,在专家熟悉程度栏中为各位专家对该项指标的熟悉程度自评打分。

表 1　指标重要程度得分表

指标重要程度	非常重要	很重要	重要	一般	不太重要	不重要
指标得分	90~100	80~98	60~79	50~59	20~49	20分以下

表 2　专家对该项指标熟悉程度得分表

专家熟悉程度	熟悉	较熟悉	一般	不太熟悉	不熟悉
专家自评得分	4	3	2	1	0

表 3　松材线虫危险程度评价专家打分表

指标层次一	打分	专家熟悉程度	指标层次二	打分	专家熟悉程度	指标层次三	打分
1. 寄主易感性	90	4	对媒介昆虫易感性	90	3	—	—
			对松材线虫易感性	90	4	—	—
2. 松材线虫适生性	85	4	—	—	—	—	—
3. 媒介昆虫适生分布区	85	4	轻度区	60	3	—	—
			中度区	75	3	—	—
			重度区	85	3	—	—
4. 疫区发生程度及自然扩散能力	80	4	轻度发生区	70	4	100m 以内	95
						100～500m	85
						500～1000m	50
			中度发生区	80	4	100m 以内	95
						100～500m	85
						500～1000m	50
			重度发生区	90	4	100m 以内	95
						100～500m	90
						500～1000m	60
5. 林分状况	75	4	森林结构	85	4	纯林	90
						混交林	80
			树龄	80	4	幼龄林	50
						中龄林	55
						成熟林	85
			郁闭度	70	4	<0.3	60
						0.3～0.7	70
						>0.7	65
6. 地形因子	70	3	坡度	60	3	0°～5°	70
						5°～15°	65
						15°～25°	50
						25°～35°	50
						35°<	50
			坡向	80	3	阴坡	70
						阳坡	85
						半阳坡	75
			坡位	70	3	上坡位	65
						中坡位	70
						下坡位	75
			海拔	80	3	400m 以下	85
						400～700m	85
						700m 以上	70
7. 交通影响	85	3	国道	70	3	5～10km	80
						1km 以内	70
						1～10km	65
			省道	80	3	10～100km	85
						100km 以外	70
						1km 以内	60
			高速公路	70	3	1～2km	80
						2～5km	70
						1km 以内	50

（续）

指标层次一	打分	专家熟悉程度	指标层次二	打分	专家熟悉程度	指标层次三	打分
7. 交通影响	85	3	县乡公路	70	3	1～2km	80
						2～5km	70
						1km 以内	60
			乡乡公路	60	3	1～5km	80
						5～10km	70
						1km 以内	60
			乡村道路	60	3	1～5km	80
						5～10km	70
						1km 以内	50
			枢纽火车站	85	3	1～10km	85
						10～50km	75
						1km 以内	70
			中型火车站	80	3	1～10km	85
						10～50km	70
						1km 以内	60
			小型火车站	70	3	1～10km	85
						10～50km	70
						1km 以内	50
			机场	80	3	1～10km	85
						10～50km	80
						1km 以内	70
8. 人为活动	80	3	村落	50	3	1～10km	65
						10～50km	85
						5～10km	70
						1km 以内	40
			村庄	55	3	1～10km	85
						10～100km	70
						100km 以外	40
			乡镇	60	3	1km 以内	85
						1～2km	70
						2～5km	50
			县区	70	3	1km 以内	85
						1～2km	70
						2～5km	60
			城市	80	3	1km 以内	85
						1～5km	70
						5～10km	60
			大型企业	70	3	1km 以内	85
						1～5km	70
						5～10km	50
			大型矿山	70	3	1km 以内	85
						1～10km	70
						10～50km	60
			在建大型基建工地	85	3	1km 以内	85
						1～10km	75
						10～50km	70
			在建移动通讯基站	80	3	1km 以内	85
						1～10km	70
						10～50km	60

专家姓名:张忠和　　　　　职称/职务:博士、副研究员
单位:中国林科院资源昆虫研究所

2008 年 3 月 30 日

松材线虫危险程度评价专家打分表（11）

打分说明:松材线虫危险程度评价指标体系分为三个层次,根据各层指标对上一级对应指标的贡献程度或重要程度,对各个指标分别打分,值域为 0 ~ 100 分,即 0 分不重要,100 分为非常重要。具体分值分配见表 1。表 2 为各位专家对该项指标熟悉程度的自评得分,值域为 0 ~ 4,即 0 分为不熟悉,4 分为熟悉。松材线虫危险程度评价专家打分表见表 3,请各位专家在打分栏中对每个层次的各个指标进行打分,在专家熟悉程度栏中为各位专家对该项指标的熟悉程度自评打分。

表 1　指标重要程度得分表

指标重要程度	非常重要	很重要	重要	一般	不太重要	不重要
指标得分	90 ~ 100	80 ~ 98	60 ~ 79	50 ~ 59	20 ~ 49	20 分以下

表 2　专家对该项指标熟悉程度得分表

专家熟悉程度	熟悉	较熟悉	一般	不太熟悉	不熟悉
专家自评得分	4	3	2	1	0

表 3　松材线虫危险程度评价专家打分表

指标层次一	打分	专家熟悉程度	指标层次二	打分	专家熟悉程度	指标层次三	打分
1. 寄主易感性	90	3	对媒介昆虫易感性	90	3	—	—
			对松材线虫易感性	90	3	—	—
2. 松材线虫适生性	85	3	—	—	—	—	—
3. 媒介昆虫适生分布区	85	4	轻度区	65	3	—	—
			中度区	75	3	—	—
			重度区	85	3	—	—
4. 疫区发生程度及自然扩散能力	80	3	轻度发生区	75	3	100m 以内	85
						100 ~ 500m	75
						500 ~ 1000m	70
			中度发生区	85	3	100m 以内	85
						100 ~ 500m	90
						500 ~ 1000m	75
			重度发生区	90	3	100m 以内	90
						100 ~ 500m	90
						500 ~ 1000m	85
5. 林分状况	75	3	森林结构	85	3	纯林	85
						混交林	75
			树龄	75	3	幼龄林	70
						中龄林	85
						成熟林	75
			郁闭度	75	3	< 0.3	75
						0.3 ~ 0.7	80
						> 0.7	75

（续）

指标层次一	打分	专家熟悉程度	指标层次二	打分	专家熟悉程度	指标层次三	打分
6. 地形因子	75	3	坡度	70	3	0°～5°	70
						5°～15°	70
						15°～25°	70
						25°～35°	70
						35°<	70
			坡向	75	3	阴坡	60
						阳坡	75
						半阳坡	70
			坡位	70	3	上坡位	60
						中坡位	65
						下坡位	65
			海拔	70	3	400m 以下	65
						400～700m	65
						700m 以上	70
7. 交通影响	85	3	国道	85	3	5～10km	85
						1km 以内	75
			省道	80	3	1～10km	70
						10～100km	75
						100km 以外	70
			高速公路	85	3	1km 以内	60
						1～2km	75
						2～5km	65
			县乡公路	70	3	1km 以内	65
						1～2km	65
						2～5km	60
			乡乡公路	60	3	1km 以内	50
						1～5km	60
						5～10km	50
			乡村道路	50	3	1km 以内	40
						1～5km	45
						5～10km	35
			枢纽火车站	85	3	1km 以内	25
						1～10km	85
						10～50km	75
			中型火车站	75	3	1km 以内	70
						1～10km	75
						10～50km	65
			小型火车站	70	3	1km 以内	60
						1～10km	60
						10～50km	60
			机场	75	3	1km 以内	50
						1～10km	75
						10～50km	60
						1km 以内	60
						1～10km	45

（续）

指标层次一	打分	专家熟悉程度	指标层次二	打分	专家熟悉程度	指标层次三	打分
			村　落	50	3	10～50km	45
						5～10km	40
						1km 以内	30
			村　庄	55	3	1～10km	55
						10～100km	45
						100km 以外	40
			乡　镇	65	3	1km 以内	65
						1～2km	75
						2～5km	85
			县　区	75	3	1km 以内	75
						1～2km	65
						2～5km	60
8. 人为活动	85	3	城　市	85	3	1km 以内	85
						1～5km	75
						5～10km	70
			大型企业	85	3	1km 以内	70
						1～5km	85
						5～10km	75
			大型矿山	80	3	1km 以内	85
						1～10km	75
						10～50km	70
			在建大型基建工地	85	3	1km 以内	85
						1～10km	75
						10～50km	70
			在建移动通讯基站	75	3	1km 以内	75
						1～10km	70
						10～50km	60

专家姓名:潘涌智　　　　　　　　　　　　　职称/职务:教授
单位:西南林学院

2008 年 3 月 30 日

附录 F:三级指标影响权重概率密度函数:

1. 轻度疫点

$$lp = -0.1198x^{0.98}/1000 + 0.9978$$

$$y = \left(\frac{e^{-0.1198x^{0.98}/1000 + 0.9978}}{1 + e^{-0.1198x^{0.98}/1000 + 0.9978}} - 0.5003\right)/0.2305$$

2. 中度疫点

$$lp = -0.3938x^{1.1}/10000 + 0.9892$$

$$y = \left(\frac{e^{-0.3938x^{1.1}/10000 + 0.9892}}{1 + e^{-0.3938x^{1.1}/10000 + 0.9892}} - 0.4998\right)/0.2320$$

3. 重度疫点

$$lp = -0.00008x^{2.1}/10000 + 0.99074$$

$$y = \left(\frac{e^{-0.00008x^{2.1}/10000 + 0.99074}}{1 + e^{-0.00008x^{2.1}/10000 + 0.99074}} - 0.5714\right)/0.1579$$

4. 疫点对道路的加强

$$lp = -2.2827x^{0.5}/1000 + 1.0180$$

$$y = \left(\frac{e^{-2.2827x^{0.5}/1000 + 1.0180}}{1 + e^{-2.2827x^{0.5}/1000 + 1.0180}} - 0.4988 \right) / 0.2361$$

5. 海 拔

$$y = 3.2155 \times \left(\left(\frac{x}{1000} \right)^{2.35} \times e^{-4 \times \left(\frac{x}{1000} \right)^{2.1}} \right)^{0.49} + 0.0890$$

6. 坡 度

$$y = 3.5554 \times e^{-0.5 \times \left(\frac{x-10}{100} \right)^2} - 2.5755$$

7. 郁闭度

$$y = 5.4842 \times \left(x^{1.7} \times e^{-4 \times x^{3.2}} \right)^{0.1} - 3.6815$$

8. 高速公路

$$lp = -1.2110x^{0.52}/1000 + 0.9853$$

$$y = \left(\frac{e^{-1.2110x^{0.52}/1000 + 0.9853}}{1 + e^{-1.2110x^{0.52}/1000 + 0.9853}} - 0.4983 \right) / 0.2298$$

9. 国 道

$$lp = -2.2827x^{0.50}/1000 + 1.0180$$

$$y = \left(\frac{e^{-2.2827x^{0.50}/1000 + 1.0180}}{1 + e^{-2.2827x^{0.50}/1000 + 1.0180}} - 0.4988 \right) / 0.2361$$

10. 省 道

$$lp = -2.0411x^{0.48}/1000 + 0.9888$$

$$y = \left(\frac{e^{-2.0411x^{0.48}/1000 + 0.9888}}{1 + e^{-2.0411x^{0.48}/1000 + 0.9888}} - 0.5679 \right) / 0.1606$$

11. 其他公路

$$lp = -0.0345x^{1.5}/10000 + 0.9947$$

$$y = \left(\frac{e^{-0.0345x^{1.5}/10000 + 0.9947}}{1 + e^{-0.0345x^{1.5}/10000 + 0.9947}} - 0.5047 \right) / 0.2255$$

12. 枢纽火车站

$$lp = -3.5967x^{0.43}/1000 + 1.0121$$

$$y = \left(\frac{e^{-3.5967x^{0.43}/1000 + 1.0121}}{1 + e^{-3.5967x^{0.43}/1000 + 1.0121}} - 0.4992 \right) / 0.2335$$

13. 中型火车站

$$lp = -4.1043x^{0.42}/1000 + 1.0119$$

$$y = \left(\frac{e^{-4.1043x^{0.42}/1000 + 1.0119}}{1 + e^{-4.1043x^{0.42}/1000 + 1.0119}} - 0.4990 \right) / 0.2336$$

14. 小型火车站

$$lp = -2.7475x^{0.45}/1000 + 1.0157$$

$$y = \left(\frac{e^{-2.7475x^{0.45}/1000 + 1.0157}}{1 + e^{-2.7475x^{0.45}/1000 + 1.0157}} - 0.5018 \right) / 0.2320$$

15. 机 场

$$lp = -0.2386x^{0.8}/10000 + 0.9712$$

$$y = \left(\frac{e^{-0.2386x^{0.8}/10000 + 0.9712}}{1 + e^{-0.2386x^{0.8}/10000 + 0.9712}} - 0.5265 \right) / 0.1992$$

16. 城 市

$$lp = -0.1016x^{0.73}/1000 + 0.9956$$

$$y = \left(\frac{e^{-0.1016x^{0.73}/1000 + 0.9956}}{1 + e^{-0.1016x^{0.73}/1000 + 0.9956}} - 0.5273 \right) / 0.2029$$

17. 县 区

$$lp = -0.3184x^{0.69}/1000 + 0.9896$$

$$y = \left(\frac{e^{-0.3184x^{0.69}/1000 + 0.9896}}{1 + e^{-0.3184x^{0.69}/1000 + 0.9896}} - 0.5230 \right) / 0.2061$$

18. 村镇及以下

$$lp = -0.3389x^{0.73}/1000 + 1.0126$$

$$y = \left(\frac{e^{-0.3389x^{0.73}/1000 + 1.0126}}{1 + e^{-0.3389x^{0.73}/1000 + 1.0126}} - 0.5245 \right) / 0.2086$$

19. 大型企业

$$lp = -0.3604x^{0.62}/1000 + 1.0089$$

$$y = \left(\frac{e^{-0.3604x^{0.62}/1000 + 1.0089}}{1 + e^{-0.3604x^{0.62}/1000 + 1.0089}} - 0.5280 \right) / 0.2049$$

20. 在建工程

$$lp = -0.0511x^{0.8}/1000 + 0.9954$$

$$y = \left(\frac{e^{-0.0511x^{0.8}/1000 + 0.9954}}{1 + e^{-0.0511x^{0.8}/1000 + 0.9954}} - 0.5266 \right) / 0.2040$$

参考文献

［1］宁眺，方宇凌，汤坚，等．松材线虫及其关键传媒墨天牛的研究进展［J］．昆虫知识，2004，41（02）：97～104．

［2］Mamiya Y，Kiyohara T．Description of *Bursaphelenchus lignicolus* n. sp.（nematoda：Aphelenchoididae）from pine wood and histopathology of nematode-infected trees［J］．Nematologica，1972，（18）：120～124．

［3］Nickle Wr，et al．On the taxonomy and morphology of the pine wood nematode，*Bursaphelenchus xylophilus*（Steiner and Buhrer，1934）Nichle，1970［J］．lournal of Nematology，1981，13（3）：385～392．

［4］Mamiya Y．Pine wood nematode，*Bursaphelenchus lignicolus* Mamiya and Kiyohara，as a causal agent of pine wilting disease［J］．Review of Plant Protection Research，1972，5：46～60．

［5］杨宝君，贺长洋，王成法．国外松材线虫病发生概况［J］．森林病虫通讯，1999，（05）：40～42．

［6］Dropkin V H．The Resistance Mechanism s of Pines Against Pine Wilt Disease［D］．1984，Pine wilt in the United States，Proceedings of the United States-Japan Seminar：Japan．

［7］Wingfield M J，R A Blanchette，T H Nicholls，et al．Association of pine wood nematode with stressed trees in Minnesota，Iowa，and Wisconsin［J］．Plant Dis.，1982，6（10）：934～937．

［8］Bergdahl D R．Impact of pinewood nematode in North America［J］．resent and future，1988，20（2）：260～265．

［9］Miniya Y．History of pine wilt disease in Japan［J］．Journal Of Nematology，1988，20（2）．

［10］Chio Y E，Y S Moon．Survey on distribution of pine wood nematode（Bursaphelenchus xylophilus） and its pathogenicity to pine trees in Korea［J］．Korean Journal of Plant Pathology，1989，5（3）：277～286．

［11］Moon Y S，W H Yeo，S M Lee，et al．Seasonal damaged rate by pine wood Nematode，*Bursaphelenchus xylophilus*，and maturation feeding pattern of Japanese pine sawyer［D］．Chayi，Taiwan：Monochamus alternatus，Proc. Of the 3 Regional Workshop of IYFRO 7.03.08：2003：116～123．

［12］孙永春．南京中山陵发现松材线虫［J］．江苏林业科技，1982，（04）：47．

［13］刘雄鹰．我国松材线虫病疫区扩至113个县．中国绿色时报，2007-8-28（A1）．

［14］潘宏阳．我国森林病虫害预防工作存在的问题与对策［J］．中国森林病虫，2002，21（1）：42～47．

［15］韩兵，朴春根，汪来发，等．中国松材线虫病的发生现状及治理对策［J］．中国农学通报，2007，23（02）：146～150．

［16］骆有庆．高度重视虫传危险性森林病害——松材线虫病［J］．昆虫知识，2001，38（02）：150．

［17］周平阳，伍苏然，李祖钦，等．云南省畹町林区松墨天牛诱捕效果初报［J］．江西农业学报，2007，19（04）：56～57．

［18］王峰，喻盛甫，冯士明，等．松材线虫传入云南的风险评估［J］．云南农业大学学报，2002，17（04）：421～422．

［19］杨宝君，胡凯基，王秋丽，等．松树对松材线虫抗性的研究［J］．林业科学研究，1993，6（03）：249～255．

［20］杨宝君，王秋丽，邹卫东，等．不同松树品种对松材线虫的抗性［J］．植物病理学报，1987，17（4）：211～214．

［21］宋玉双．从文献分析看我国松材线虫病研究进展［J］．森林病虫通讯，1997，（03）：33～37．

［22］Evans H F，Mcnamara D G，Brasach B，et al．Pest risk analysis（PRA）for the territories of the European Union（as PRA area）on *Bursaphelunchus xylophilus* and its vectors in the genus Monochamus［J］．Bulletin OEPP，1996，（26）：199～249．

［23］Rutherfordt A，宋玉双．线虫引起的松枯萎病影响松枯萎病发生和分布的因素［J］．浙江林业科技，1991，11（02）：78～82．

［24］Mamiya Y．The life history of the pine wood nematode，*Bursaphelenchus lignicolus*［J］．Japanese Journal of Nematology，1975，（5）：16～25．

［25］李兰英，高岚，温亚利，等．松材线虫病研究进展［J］．浙江林业科技，2006，26（05）：74～79．

［26］王良华．松材线虫病发生的空洞化效应［J］．植物检疫，1991，5（05）：352．

［27］杨宝君．松材线虫病致病机理的研究进展［J］．中国森林病虫，2002，21（01）：27～31．

［28］杨宝君，潘宏阳，汤坚，等．松材线虫病［M］．北京：中国林业出版社，2003．

［29］杨振德，赵博光，郭建．松材线虫行为学研究进展［J］．南京林业大学学报（自然科学版），2003，27（01）：87～92．

［30］柴希民，蒋平．松材线虫病的发生与防治［M］．北京：中国农业出版社，2003．

［31］LINITMJ, KONDO E, SMITH M T. Insects associated with the pinewood nematode, Bursaphelenchus xylophilus（Nematoda : Aphelenchoididae）, in Missouri［J］. Environ Entomol, 1983（12）: 457～470.

［32］杨宝君. 松树萎蔫病［J］. 世界农业, 1987,（06）: 38～39.

［33］SOUSA E, BRAVO M A, et al. PIRES J Bursaphelenchus xylophilus（Nematoda : Aphelenchoididae）associated with Monochamus galloprovincialis（Coleoptera : Cerambycidae）in Portugal［J］. Nematol, 2001 3（1）: 89～91.

［34］张心团, 赵和平, 樊美珍, 等. 松墨天牛生物学特性的研究进展（综述）［J］. 安徽农业大学学报, 2004, 31（02）: 156～157.

［35］练宇. 松树枯死情况调查及原因分析［J］. 森林病虫通讯, 2000,（2）: 22～29.

［36］赵宇翔, 董燕, 徐正会. 云南省松墨天牛生物学特性和地理分布研究［J］. 中国森林病虫, 2004, 23（05）: 13～16.

［37］王玲萍. 松墨天牛生物学特性的研究［J］. 福建林业科技, 2004, 31（03）: 23～26.

［38］刘曙雯, 孙国定, 嵇保中, 等. 松墨天牛成虫补充营养期间传递线虫的特点［J］. 林业科技开发, 2007, 21（01）: 17～21.

［39］魏初奖. 松材线虫病在福建省的潜在危险性分析及检疫对策［J］. 福建林业科技, 1997, 21（01）: 54～57.

［40］宁眺, 方宇凌, 汤坚, 等. 松材线虫及其传媒松墨天牛的监测和防治现状［J］. 昆虫知识, 2005, 42（3）: 264～269.

［41］何学友, 黄金水. 日本松材线虫病研究的最新动向［J］. 中国森林病虫, 2005, 24（05）: 26～31.

［42］秦复牛, 潘沧桑. 松材线虫病研究进展（综述）［J］. 安徽农业大学学报, 2003, 30（04）: 370～376.

［43］崔相富, 陈绘画, 杨胜利, 等. 松材线虫病综合预防技术研究［J］. 江西林业科技, 2005,（05）: 34～37.

［44］王蕾, 黄华国, 张晓丽, 等. 3S 技术在森林虫害动态监测中的应用研究［J］. 世界林业研究, 2005, 18（2）: 51～56.

［45］孙淑清, 罗继生, 李庆君. 现代技术在我国森林病虫害监测管理中的应用［J］. 防护林科技, 2004,（2）: 38～39.

［46］刘琛, 张贵, 肖化顺. "3S" 在森林病虫害预警中的应用与展望［J］. 湖南环境生物职业技术学院学报, 2004, 10（4）: 295～297.

［47］黄磷, 张晓丽, 石韧. 森林病虫害遥感监测技术研究的现状与问题［J］. 遥感信息, 2006,（2）: 71～75.

［48］梁丽壮, 牛树奎, 王娟. 松材线虫入侵对生态系统功能影响的研究现状与展望［J］. 浙江林业科技, 2006, 26（05）: 73～78.

［49］高永刚, 刘丹. 卫星遥感在森林病虫害监测上的研究进展［J］. 中国农学通报, 2006, 22（2）: 113～117.

［50］Rilay J R. Remote Sensing in Entomology Amm［J］. Rev Entomology, 1980,（34）: 247～271.

［51］Kihachiro Ohba, 赵锦年. 亚热带不同松种和种源对松材线虫的感病性［J］. 浙江林业科技, 1985,（02）: 45～47.

［52］崔恒建, 武红敢, 乔彦友, 等. 马尾松毛虫灾害遥感监测模型的建立［J］. 生物数学学报, 1997, 12（5）: 611～616.

［53］武红敢, 石进. 松毛虫灾害的 TM 影像监测技术［J］. 遥感学报, 2004, 8（2）: 172～177.

［54］武红敢, 薛振南, 石进. 森林病虫灾害的航空录像监测技术［J］. 遥感技术与应用, 2004, 19（01）: 10～15.

［55］韩秀珍, 马建文. 利用 TM 及地面样方与光谱数据综合分析东亚飞蝗灾害［J］. 自然灾害学报, 2001, 10（4）: 173～178.

［56］王薇娟, 谢秉君. TM 图像在草在蝗虫分布中的应用［J］. 青海草业, 2002, 11（3）: 50～53.

［57］叶勤文, 周卫, 高景斌, 等. 航空摄像技术在松材线虫病监测上的应用［J］. 森林病虫通讯, 1997,（03）: 45～47.

［58］王蕾, 基于 "3S" 技术的松材线虫入侵前后马尾松林动态变化研究. 北京: 北京林业大学硕士学位论文, 2005.

［59］王福贵, 吴坚. 松毛虫灾害点的航空录像图像判别和定位研究［J］. 林业科学研究, 1996, 10（3）: 270～276.

［60］黄向东, 陈良昌, 邵荣华, 等. GPS 和生物农药在飞机防治松毛虫中的应用［J］. 森林病虫通讯, 1999,（5）: 9～12.

［61］石进, 马盛安, 蒋丽雅, 等. 航空遥感技术监测松材线虫病的应用［J］. 中国森林病虫, 2006, 25（1）: 18～20.

［62］胡文英, 赵耘. 地理信息系统在林业上的应用现状及其前景［J］. 西部林业科学, 2004, 33（2）: 99～102.

［63］温小荣, 彭世揆. 地理信息系统在我国林业上应用的进展［J］. 南京林业大学学报（自然科学版）, 2005, 29（2）: 73～78.

［64］张洪亮, 倪绍祥. GIS 支持下青海湖地区草地蝗虫发生的地形分析［J］. 地理科学, 2002, 22（4）: 441～444.

［65］张洪亮, 倪绍祥. GIS 支持下青海湖地区草地蝗虫发生的气候因子分析［J］. 地理学与国土研究, 2002, 19（1）: 63～66.

［66］张洪亮, 倪绍祥. GIS 支持下青海湖地区草地蝗虫发生与月均温的相关性［J］. 应用生态学报, 2002, 13（7）: 837～840.

［67］武红敢，陈改英．基于 GIS 的马尾松毛虫灾害空间扩散规律分析［J］．遥感学报，2004，8(5)：475～480．

［68］刘书华，杨晓红．基于 GIS 的农作物病虫害防治决策支持系统［J］．农业工程学报，2003，19(4)：147～150．

［69］A N rencz, J nementh. Defection of Mountain Pine Beetle Infeatation Using Landsat Mss and Simulated Thematic Mapper Data Candian［J］. Journal of Remote Sensing, 1985, 11(1)：50～80.

［70］SHEPHERD R F, Proe Lymantriidae. A comparison of features of new and old world tussock moths［M］. Washington, D C：USDA, 1988：381～400.

［71］SCHELL S P, J A Loekwood. Spatial analysis of ecological faetors related to rangeland grasshopper(Orthoptera：Aerididae) outbreaks in wyoming［J］. Enbiron Entomol, 26(6)：1343～1353.

［72］Kaneyuki nakane Yoshinori kimura. Assessment of Pine forest dmaage by blight based on Landsat TM data and correlation with enviromnental faetors［J］. Eeological Researeh, 1992, (7)：9～18.

［73］Joon－Bum, Myung－Hee Jo, Jeong－Soo Oh, et al. Extraction method of damaged area by pine wilt disease using remotely sensed data and gis［C］. The 22nd Asian Conference on Remote Sensing, 2001, 10(1)：123～134.

［74］安树杰，应用遥感与 GIS 的松材线虫病预测模型的研究，北京：北京林业大学硕士学位论文，2006．

［75］杨宝君，王秋丽．松材线虫在我的分布［J］．林业科学研究，1988，1(04)：450～452．

［76］宋玉双，臧秀强．松材线虫在我的适生性分析及检疫对策初探［J］．中国森林病虫，1989，(04)：38～41．

［77］白兴月．松材线虫的远距离传播及其检疫问题［J］．植物检疫，1993，7(02)：126～127．

［78］白兴月，程瑚瑞．松材线虫萎蔫病在我国南方林区的流行能力［J］．植物检疫，1993，7(04)：333～334．

［79］白兴月，程瑚瑞．松材线虫萎蔫病在中国南方林区流行的可能性［J］．南京农业大学学报，1993，16(04)：59～62．

［80］王峰，李丹蕾，喻盛甫．松材线虫风险评估数据库［J］．莱阳农学院学报，2004，21(02)：162～163．

［81］蒋金培，庞正轰．警惕松材线虫病侵入我区［J］．广西林业，1997，(05)：29．

［82］史东平，张华跃．浅谈松材线虫病对我省林业生产的潜在威胁及检疫对策［J］．江西植保，1997，20(01)：26～27．

［83］王存宝．松材线虫病传入丽水地区的可能与对策［J］．浙江林业科技，1997，17(2)：69～71．

［84］王明旭，陈良昌，宋玉双．松材线虫对湖南林业和生态环境影的风险性分析［J］．中国森林病虫，2001，(2)：42～45．

［85］赵锦年，王静茹，丁德贵，等．黄山风景区松材线虫病危险性评估 Ⅰ．松蛀虫种类、种群分布及动态监测［J］．林业科学研究，2002，15(03)：269～275．

［86］赵锦年，余盛明，姚剑飞，等．黄山风景区松材线虫病危险性评估 Ⅱ．松天牛携带线虫状况的监测［J］．林业科学研究，2004，17(01)：72～76．

［87］屠新虹，裴海潮，黄维正，等．松材线虫病危害河南松林潜在风险分析［J］．河南林业科技，2003，23(01)：37～43．

［88］李莉．松材线虫入侵陕西的风险分析［J］．陕西林业科技，2004，(04)：53～59．

［89］黄海勇，黄吉勇．松材线虫等 5 种有害生物在贵州省的风险分析［J］．中国森林病虫，2005，(06)：14～17．

［90］金昊．从适生性分析松材线虫对云南松树树种的威胁［J］．西部林业科学，1993，(02)：58～60．

［91］金昊．警惕松材线虫对云南松的威胁［J］．云南林业，1993，(02)：17．

［92］冯士明．松材线虫病在云南发生的可能性及预防对策［J］．植物检疫，2000，14(05)：289～291．

［93］蒋小龙，喻盛甫，沐咏民，等．松材线虫传入云南的可能性及检疫对策［J］．植物检疫，2004，18(06)：346～348．

［94］高景斌，周卫，叶勤文，等．应用 GIS 对松材线虫病进行信息管理［J］．森林病虫通讯，1997，(03)：20～22．

［95］吕全，王卫东，梁军，等．松材线虫在我的潜在适生性评价［J］．林业科学研究，2005，18(4)：460～464．

［96］王卫东．中国松材线虫病风险分析．北京：中国林业科学研究院硕士学位论文，2004．

［97］刘震宇．广州市松材线虫病管理信息系统研建．长沙：中南林学院硕士学位论文，2004，p. 1～9．

［98］蒋丽雅，武红敢，江顺利，等．基于 ArcView 的安徽省松材线虫病管理信息系统［J］．安徽农业大学学报，2007，34(1)：103～106．

［99］张志诚，牛海山，黄保续，等．基于 GIS 的中国松树萎蔫病发生的适应性评价［J］．兰州大学学报(自然科学版)，2005，41(05)：27～32．

［100］张志诚，刘鹏，孙江华，等．松树萎蔫病在安徽的浸染及其发生的气候分布研究［J］．宁夏大学学报(自然科学版)，2006，3. 89～92．

［101］张志诚，孙江华，黄保续，等．基于 GIS 的松树萎蔫病发生格局研究［J］．浙江大学学报(农业与生命科学版)，2006，32(05)：551～556．

[102]张志诚,毛振宾,欧阳华.松树萎蔫病发生中心化趋势和扩散模式研究[J].中山大学学报(自然科学版),2007,46(06):74~78.

[103]王峰,王志英,喻盛甫.基于 ArcView GIS 的松材线虫传入云南风险评估[J].云南农业大学学报,2007,22(05):639~644.

[104]白成亮.建设绿色经济强省的思考[J].中国林业,2006,(16):17~20.

[105]李新,程国栋,卢玲.空间内插方法比较[J].地球科学进展,1985,15(3):260~264.

[106]Visualization M. *Visualization* in GIS, Cartography and Vics Visualization in Geopraphical Information System[c]. *in* Hilary M Hearnshaw, David J Urwin eds. 1994.

[107]Wood M, K Brodlie. Visc and GIS Some Fundamental Considerations [c]. in Hilary M. Hearnshaw, David J Urwin eds. Visualization in Geogra-phical Information System. 1994.

[108]边馥苓.GIS 地理信息系统原理和方法[M].北京:测绘出版社,1996.

[109]蒋青,梁忆冰,王乃扬,等.有害生物危险性评价的定量分析方法研究[J].植物检疫,1995,9(4):208~211.

[110]杨宝君,胡凯基,王秋丽.松树对松材线虫抗性的研究[J].林业科学研究,1993,6(3):249~255.

[111]徐福元,席客,徐刚.不同龄级马尾松对松材线虫病抗性的探讨[J].南京林业大学学报,1994,18(3):27~33.

[112]徐福元,葛明宏,朱克恭.南京地区不同松种和马尾松种源对松材线虫病的抗性及病害流行规律[J].林业科学研究,1995,9(5):521~524.

[113]徐福元,葛明宏,张培,等.不同马尾松种源对松材线虫病的抗病性[J].南京林业大学学报,2000,22(2):29~33.

[114]徐福元,葛明宏,赵振东,等.马尾松不同种源氨基酸含量与抗松材线虫病的关系[J].林业科学研究,1998,1(03):313~318.

[115]Kihachiro, Ohba. Resistance to diseases and pests in forest trees Wageningen[J].日林志,1982:387~395.

[116]Kihachiro, Ohba. Suscep tibility of subtrop ical pine species and provenances to the pine wood nematode[J].日林志,1984,66(11):456~468.

[117]王斐,申荷丽.日本的抗松材线虫育种研究[J].世界林业研究,2004,17(6):44~46.

[118]近藤秀明.松材线虫对数种针叶树的致病性[J].胡学兵,译.江苏林业科技,1985,(02):47~48.

[119]张华峰,松墨天牛为害对马尾松针叶的影响及其成虫扩散能力的研究.福州:福建农林大学硕士学位论文,2004:53~58.

[120]张世渊,来燕学,周成枚,等.松褐天牛成虫补充营养取食研究[J].浙江林业科技,1998,18(2):44~48.

[121]徐福元,席客,杨宝君,等.南京地区松褐天牛成虫发生、补充营养和防治[J].林业科学研究,1994,7(2):215~219.

[122]郝德君,张永慧,戴华国,等.松墨天牛对寄主树木的产卵选择[J].昆虫学报,2005,48(3):460~464.

[123]杜永均.植物挥发性次生物质在植食性昆虫、寄主植物和昆虫天敌关系中的作用机理[J].昆虫学报,1994,37(2):233~250.

[124]朋金和,蒋丽雅,周健生,等.松材线虫病在纯松林内自然扩散规律的研究[J].森林病虫通讯,1997,(3):9~12.

[125]来燕学,周永平,俞林祥,等.松材线虫病新疫点成因机制初探[J].浙江林学院学报,1999,16(4):425~429.

[126]来燕学,周永平,余林祥,等.松林火灾对松材线虫病流行关系的研究[J].林业科学研究,2000,13(02):182~187.

[127]来燕学.松材线虫病自然扩散特性及防治策略[J].浙江林学院学报,2000,17(2):170~175.

[128]徐克勤,徐福元,许文力,等.干旱胁迫对松材线虫病发生的影响[J].南京林业大学学报,1996,20(02):80~83.

[129]余海滨,陈沐荣.广东松材线虫病发生规律研究[J].云南农业大学学报,1999,14(增刊):103~110.

[130]吕全,王卫东,梁军.松材线虫在我国的潜在适生性评价[J].林业科学研究,2005,18(4):460~464.

[131]宋红敏,徐汝梅.松墨天牛的全球潜在分布区分析[J].昆虫知识,2006,43(04):535~539.

[132]张连芹,梁雄飞.松材线虫病传播媒介——松墨天牛种群扩散距离的研究[J].林业科技通讯,1992,(12):26~27.

[133]Idon, Takedaj, Kobayashik. Dipersal behaviors of the pine sawyer released in the field[J]. J Kansai Branch Jpn For Soc,

1975，26：213～215.

[134] Kawabatak. Migration of the pine sawyer among small islands[J]. J Kyushu Branch Jpn For Soc，1979，32：281～282.

[135] Ogawas，Hagiwaray. Expansion of the pine infestation caused by pine wood nematodes[J]. Shinrin Boeki（For Pests），1980，29：115～117.

[136] 来燕学. 松墨天牛的飞行特性与防治松材线虫病的指导思想[J]. 浙江林学院学报，1998，15(3)：320～323.

[137] 宋红敏，松材线虫潜在分布区分析. 北京：北京师范大学博士学位论文，2004.

[138] 黄忠宏，陈玉惠. 松树抗松材线虫病机理的研究进展[J]. 四川林业科技，2002，23(04)：42～45.

[139] 高天裕. 松材线虫在我国的适生性分析[J]. 植物检疫，1987，1(03)：215～219.

[140] 胡学兵. 松属树种对松材线虫的抗性[J]. 江苏林业科技，1993，(03)：45～46.

[141] 徐福元，葛明宏，朱正昌，等. 南京地区不同松种和马尾松种源对松材线虫病的抗性及病害流行规律[J]. 林业科学研究，1996，9(05)：521～524.

[142] 徐福元，席客，徐刚，等. 不同龄级马尾松对松材线虫病抗性的探讨[J]. 南京林业大学学报，1994，18(3)：27～32.

[143] 张治宇，张克云，林茂松，等. 不同松材线虫群体对黑松的致病性测定[J]. 南京农业大学学报，2002，25(2)：43～46.

[144] 朱克恭. 松材线虫病研究综述[J]. 世界林业研究，1995，(3)：28～33.

[145] 陈鹏，刘宏屏，赵涛，等. 云南省松墨天牛危险性分析评估[J]. 中国森林病虫，2005，24(04)：14～16.

[146] 云南省气象局. 云南省农业气候资料[M]. 昆明：云南人民出版社，1983.

[147] 黄复生，郑乐怡，周尧. 云南森林昆虫[M]. 昆明：云南科技出版社. 1983：684～685.

[148] Zhang LY，ed. The format of EOS/ MODIS 1B dataset. Technology Report[R]. Beijing：National Satellite Meteorological Center，1999.

[149] 郭广猛. 关于 MODIS 卫星数据的几何校正方法[J]. 遥感信息，2002，(3)：26～28.

[150] 王毅. 国际新一代对地观测系统的发展及主要应用[M]. 北京：气象出版社，2006.

[151] Rossow W B. Measuring cloud properties from space[J]. Review. J. Climate，1989，(2)：201～213.

[152] Rossow W B，L C Garder. Cloud detection using satellite measurements of infrared and visible radiances for ISCCP[J]. Climate，1993，(6)：2341～2369.

[153] Seze G，W B Rossow. Time～cumulated visible and infrared radiance his to grams used as descripton of surface and cloud variations[J]. Int J RemoteSens，1993，(12)：877～920.

[154] 丁莉东，吴昊，王长健，等. 基于谱间关系的 MODIS 遥感影像水体提取研究[J]. 测绘与空间地理信息，2006，29(6)：25～27.

[155] 陈述彭，童庆禧，郭华东. 遥感信息机理研究[M]. 北京：科学出版社. 1998，177.

[156] Maosheng Zhao，Faith Ann Heinsch，Ramakrishna R Nemani，et al. Improvements of the MODIS terrestrial gross and net primary production global data set[J]. Remote Sensing of Environment，2005，(95)：164～176.

[157] 田庆久，闵祥军. 植被指数研究进展[J]. 地球科学进展，1998，13(4)：327～333.

[158] A Huete，K Didan，T Miura，et al. Overview of the radiometric and biophysical performance of the MODIS vegetation indices[J]. Remote Sensing of Environment，2002，(83)：195～213.

[159] Huete A，Justice C，Liu H. Development of vegetation and soil indices for MODIS – EOS[J]. Remote Sensing of Environment，1994，(49)：224～234.

[160] 赵英时. 遥感应用分析原理与方法[M]. 北京：科学出版社，2003：372～387.

[161] 云南省气象局. 云南省农业气候资料集[M]. 昆明：云南人民出版社，1984

后　记

本课题承蒙国家科技支撑计划及林业公益性行业科研专项经费项目的资助，特致谢意。

在本研究的开展过程中，得到了陈晓鸣研究员、张星耀研究员对本人的精心指导。在与西南林学院进行合作研究期间，承蒙周汝良教授的热心指导与帮助，不胜感激！

本文的完成是在大量借鉴前人的研究成果，特别基础生物学及生态学的研究部分，正是有他们多年研究成果的积累才使本书能顺利完成，因此要特别感谢参考文献作者对我的帮助与支持！同时，我的学生韦雪花、唐玮嘉、梁英扬以及周汝良教授的学生刘志军、黄晓园同学的热情帮助和支持！

本文涉及学科多，综合性强。限于本人的水平有限，加之时间仓促，错漏之处在所难免，敬请读者批评指正。

著　者

2010 年 8 月